日光温室设计建造研究与利用丛书

日光温室果树生产

杜国栋　主编

中原农民出版社

·郑州·

图书在版编目（CIP）数据

日光温室果树生产 / 杜国栋主编 .—郑州：中原农民
出版社，2021.12
　　（日光温室设计建造研究与利用丛书 / 李天来主编）
　　ISBN 978-7-5542-2300-0

　Ⅰ. ①日… Ⅱ. ①杜… Ⅲ. ①果树园艺 – 日光温室 –
温室栽培 Ⅳ. ①S628.5

　中国版本图书馆CIP数据核字（2020）第114691号

日光温室果树生产
RIGUANG WENSHI GUOSHU SHENGCHAN

出 版 人：刘宏伟
选题策划：段敬杰
责任编辑：苏国栋
责任校对：王艳红
责任印制：孙　瑞
封面设计：陆跃天
内文设计：徐胜男

出版发行：中原农民出版社
　　　　　地址：郑州市郑东新区祥盛街 27 号 7 层　　　邮编：450016
　　　　　电话：0371 － 65713859（发行部）　 0371 － 65788652（天下农书第一编辑部）
经　　销：全国新华书店
印　　刷：河南省邮电科技有限公司
开　　本：889mm×1194mm　　1/16
印　　张：42
字　　数：828千字
版　　次：2021 年 12 月第 1 版
印　　次：2021 年 12 月第 1 次印刷
定　　价：880.00 元

前　言

我国日光温室果树生产始于 20 世纪 50 年代，黑龙江省、辽宁省及北京市等地陆续开始日光温室果树生产方面的研究工作。1978 年，以黑龙江省齐齐哈尔市园艺所在加温日光温室内进行葡萄生产获得成功为标志，我国日光温室果树栽培进入一个新的发展阶段。随着以塑料薄膜为日光温室主要覆盖保温透光材料为代表的塑膜日光温室的广泛推广，果树日光温室生产步入快速发展阶段。

20 世纪 90 年代，我国日光温室果树生产在树种及品种选择、打破休眠技术和栽培模式等方面实现了新的突破，涌现出许多丰产和高效的典型，极大地促进了我国日光温室果树产业的快速发展，创造了巨大的经济效益和社会效益。

自 20 世纪 90 代，沈阳农业大学果树课题组就尝试开始日光温室樱桃、草莓和葡萄等树种栽培的研究工作，经过多年的深入探索，逐渐摸清日光温室内多种树种发育特性及对环境条件的适应条件，积累了许多宝贵的生产和管理经验。同期，辽宁省职业学院和辽宁省农业职业学院开展南方果树的"南果北移"工作，尝试枇杷、无花果、越橘、菠萝等树种的日光温室栽培，并取得成功。通过这些研究工作，丰富了日光温室内栽培树种的种类，并逐步建立起日光温室果树生产技术体系。

由于桃和葡萄是目前市场消费量比较大且生产效益较高的水果品种，因此，本书把桃和葡萄的内容作为重点。但由于作者对日光温室果树生产现状、存在问题的浅见，疏漏之处在所难免，希望广大读者提出宝贵意见。

编者

2020 年 5 月于沈阳

目　录

第一章　日光温室果树生产概况

第一节　我国日光温室果树生产的历史　　　　　　　　　　　/ 002

第二节　我国日光温室果树生产的现状及存在的主要问题　　　/ 002

　　一、我国日光温室果树生产现状　　　　　　　　　　　/ 003

　　二、我国日光温室果树生产存在的主要问题　　　　　　/ 004

第三节　我国日光温室果树生产亟待解决的问题和发展方向　　/ 005

　　一、亟待解决的问题　　　　　　　　　　　　　　　　/ 005

　　二、发展方向　　　　　　　　　　　　　　　　　　　/ 007

第四节　日光温室果树生产前瞻　　　　　　　　　　　　　　/ 007

　　一、加大日光温室果树品种资源的选育及创新力度　　　/ 007

　　二、完善日光温室果树生产技术的集成创新　　　　　　/ 008

　　三、加强日光温室果树生产基础理论研究　　　　　　　/ 008

第二章　日光温室果树生产调控技术

第一节　日光温室果树的休眠及打破休眠技术　　　　　　　　/ 012

　　一、日光温室果树的休眠　　　　　　　　　　　　　　/ 012

　　二、打破休眠技术　　　　　　　　　　　　　　　　　/ 012

第二节　日光温室果树生产的环境调控技术　　/ 014

　　一、光照条件及其调控技术　　/ 014

　　二、温度条件及其调控技术　　/ 016

　　三、湿度条件及其调控技术　　/ 017

　　四、气体条件及其调控技术　　/ 020

　　五、土壤条件及其调控技术　　/ 021

第三节　日光温室果树生理生化与调控技术　　/ 022

　　一、日光温室果树生理生化特点　　/ 022

　　二、日光温室果树生理生化调控技术　　/ 023

　　三、日光温室果树限根栽培技术　　/ 025

第四节　日光温室果树生产的物理调控技术　　/ 028

　　一、日光温室电除雾防病促生技术　　/ 028

　　二、烟气电净化 CO_2 增施技术　　/ 029

　　三、日光温室病害臭氧防治技术　　/ 029

　　四、土壤电消毒法与土壤连作障碍电处理技术　　/ 030

　　五、多功能静电灭虫灯技术　　/ 030

　　六、LED 补光技术　　/ 031

第三章　日光温室草莓生产技术

第一节　日光温室草莓生产概述　　/ 034

　　一、日光温室草莓生产历史　　/ 034

　　二、我国日光温室草莓生产现状　　/ 034

　　三、日光温室草莓生产的技术和模式　　/ 035

第二节　日光温室草莓生产的品种　　/ 038

　　一、日光温室草莓生产的品种选择原则　　/ 038

二、日光温室草莓生产的主要品种　　/ 039

第三节　日光温室草莓的生物学习性　　/ 045

一、植株的形态特征、特性　　/ 045

二、草莓对环境条件的要求　　/ 048

第四节　日光温室草莓的育苗技术　　/ 050

一、匍匐茎繁殖　　/ 050

二、分株繁殖　　/ 053

三、种子繁殖　　/ 053

四、无病毒苗的繁育　　/ 055

五、草莓苗培育的其他辅助技术　　/ 055

六、草莓苗质量标准　　/ 058

第五节　日光温室草莓的建园技术　　/ 058

一、日光温室草莓栽培园地的选择　　/ 058

二、日光温室的类型和结构　　/ 059

三、品种的配置　　/ 059

四、栽植时期　　/ 059

五、土壤消毒　　/ 060

六、整地做垄　　/ 061

七、秧苗的准备和选择　　/ 062

八、定植　　/ 062

第六节　日光温室草莓促花技术　　/ 063

一、低温处理　　/ 064

二、断根　　/ 065

第七节　日光温室草莓生产调控技术　　/ 066

一、扣棚保温及地膜覆盖　　/ 066

二、温度及湿度管理技术　　/ 067

三、光照管理技术 / 068

四、肥料及水分管理技术 / 069

五、赤霉素处理技术 / 070

六、植株管理技术 / 070

七、辅助授粉技术 / 073

八、施用 CO_2 / 074

第八节 日光温室草莓生产病虫害防治技术 / 075

一、草莓病虫害防治方法 / 075

二、侵染性病害 / 076

三、非侵染性病害 / 082

四、虫害 / 088

第四章 日光温室葡萄生产技术

第一节 日光温室葡萄生产概况 / 096

一、日光温室葡萄生产的历史 / 096

二、我国日光温室葡萄生产的现状 / 096

三、日光温室葡萄生产的模式 / 097

第二节 日光温室葡萄生产的主要品种 / 098

一、京亚 / 098

二、金星无核 / 100

三、无核白鸡心 / 100

四、藤稔 / 102

五、87-1 / 102

六、京秀 / 103

七、京优 / 104

八、里扎马特　/ 104

九、晚红　/ 105

十、秋红　/ 105

十一、秋黑　/ 108

十二、红脸无核　/ 108

十三、夕阳红　/ 108

第三节　日光温室葡萄的生物学特征　/ 109

一、形态特征　/ 109

二、生长期特征　/ 112

第四节　日光温室葡萄生产的育苗技术　/ 114

一、扦插繁殖　/ 114

二、压条繁殖　/ 121

三、实生繁殖　/ 123

四、嫁接繁殖　/ 124

五、组培快繁　/ 127

六、营养钵繁殖　/ 128

七、葡萄苗木质量标准　/ 128

第五节　日光温室葡萄的建园技术　/ 130

一、园片与设施规划　/ 130

二、栽植密度　/ 130

三、栽植时期与栽植方法　/ 130

四、葡萄园的建立　/ 131

第六节　日光温室葡萄的促花技术　/ 136

一、施肥、浇水技术　/ 136

二、修剪促花技术　/ 136

第七节　日光温室葡萄生产调控技术　/ 145

一、日光温室葡萄休眠调控技术　　/ 145

二、日光温室环境调控技术　　/ 146

三、花果管理技术　　/ 148

四、肥水管理技术　　/ 148

五、整形修剪技术　　/ 151

第八节　日光温室葡萄病虫害防治技术　　/ 155

一、侵染性病害　　/ 155

二、非侵染性病害　　/ 202

三、虫害　　/ 260

四、葡萄病害的识别与防治　　/ 290

第五章　日光温室桃生产技术

第一节　日光温室桃生产概况　　/ 296

一、我国日光温室桃生产的历史　　/ 296

二、我国日光温室桃生产的现状　　/ 296

三、日光温室桃生产的主要模式　　/ 296

第二节　日光温室桃生产的品种　　/ 297

一、日光温室桃生产的品种选择原则　　/ 297

二、日光温室桃生产的主要品种　　/ 298

第三节　日光温室桃的生物学习性　　/ 304

一、根系　　/ 304

二、芽的种类及特性　　/ 304

三、枝条及枝组类型　　/ 306

四、开花与坐果　　/ 308

第四节　日光温室桃的建园技术　　/ 310

一、日光温室的建设 / 310

二、园片与日光温室规划 / 311

三、栽植密度 / 312

四、苗木选择 / 312

五、栽植时期与栽植方法 / 313

六、授粉树的配置 / 313

第五节　日光温室桃生产促花技术 / 314

一、施肥、浇水技术 / 314

二、修剪促花技术 / 314

第六节　日光温室桃生产调控技术 / 317

一、休眠调控技术 / 317

二、日光温室内环境管理技术 / 317

三、花果管理技术 / 319

四、肥水管理技术 / 320

五、整形修剪技术 / 321

第七节　日光温室桃春节成熟关键技术 / 324

一、实施条件要求 / 325

二、容器选择及营养土配方 / 325

三、利用温室促进早生快发 / 326

四、诱导花芽并使其提前完成分化 / 326

五、冷库处理，提前完成休眠 / 326

六、控制温度，保护花粉活力 / 327

七、再入温室，保温防冻 / 328

八、综合防控，确保绿色、安全 / 328

第八节　日光温室桃病虫害防治技术 / 329

一、侵染性病害 / 329

二、非侵染性病害 / 367

三、虫害 / 406

第六章　日光温室樱桃生产技术

第一节　日光温室樱桃生产概况 / 446

　　一、日光温室樱桃生产的历史 / 446

　　二、我国日光温室樱桃生产的现状 / 446

第二节　日光温室樱桃生产的品种 / 447

　　一、日光温室樱桃生产品种选择原则 / 447

　　二、日光温室樱桃生产的主要品种 / 448

第三节　日光温室樱桃的生物学习性 / 454

　　一、樱桃枝芽种类及其特性 / 454

　　二、开花与坐果 / 455

　　三、樱桃对环境条件的要求 / 456

第四节　日光温室樱桃生产的育苗技术 / 457

　　一、分株育苗 / 458

　　二、扦插育苗 / 458

　　三、嫁接繁殖 / 459

第五节　日光温室樱桃的建园技术 / 460

　　一、园地选择与设施规划 / 460

　　二、栽植时期 / 460

　　三、栽植方法 / 461

第六节　日光温室樱桃生产促花技术 / 462

　　一、施肥、浇水技术 / 462

　　二、修剪促花技术 / 463

第七节　日光温室樱桃生产调控技术　/ 465

　　一、设施休眠调控技术　/ 465

　　二、环境管理技术　/ 465

　　三、花果管理技术　/ 467

　　四、肥水管理技术　/ 469

　　五、整形修剪技术　/ 470

第八节　日光温室樱桃病虫害防治技术　/ 474

　　一、侵染性病害　/ 474

　　二、非侵染性病害　/ 478

　　三、虫害　/ 479

第七章　日光温室杏生产技术

第一节　日光温室杏生产概况　/ 484

第二节　日光温室杏生产的品种　/ 484

　　一、日光温室杏生产品种选择原则　/ 484

　　二、日光温室杏的主要品种　/ 485

第三节　日光温室杏的生物学习性　/ 488

　　一、根系　/ 488

　　二、芽和枝种类及其特性　/ 489

　　三、物候期　/ 492

第四节　日光温室杏生产建园技术　/ 493

　　一、园片与设施规划　/ 493

　　二、栽植密度　/ 494

　　三、栽植时期与栽植方法　/ 495

　　四、授粉树的配置　/ 496

第五节 日光温室杏生产管理技术 / 497

一、肥水管理技术 / 497

二、整形修剪促花技术 / 498

三、日光温室休眠调控技术 / 502

四、环境管理技术 / 502

五、花果管理技术 / 503

第六节 日光温室杏生产病虫害调控技术 / 505

一、侵染性病害 / 505

二、非侵染性病害 / 508

三、虫害 / 508

第八章 日光温室越橘生产技术

第一节 日光温室越橘生产概况 / 514

一、越橘栽培的历史 / 514

二、越橘的栽培现状 / 515

第二节 日光温室越橘生产的适宜品种 / 517

一、日光温室越橘品种选择原则 / 517

二、日光温室越橘主栽品种 / 518

第三节 日光温室越橘的生物学习性 / 528

一、树体形态特征 / 528

二、根系和菌根特性 / 530

三、芽、枝、叶的生长特性 / 531

四、开花坐果 / 533

五、果实的生长发育与成熟 / 536

第四节 日光温室越橘生产育苗技术 / 540

　　　　一、绿枝扦插　　　　　　　　　　　　　　　　　／540

　　　　二、组织培养　　　　　　　　　　　　　　　　　／542

　　第五节　日光温室越橘生产建园技术　　　　　　　　　／543

　　　　一、园地选择　　　　　　　　　　　　　　　　　／543

　　　　二、土壤改良　　　　　　　　　　　　　　　　　／543

　　　　三、定植密度和授粉树配置　　　　　　　　　　　／544

　　　　四、定植方法　　　　　　　　　　　　　　　　　／545

　　第六节　日光温室越橘生产环境调控技术　　　　　　　／546

　　　　一、温度的调控　　　　　　　　　　　　　　　　／546

　　　　二、湿度的调控　　　　　　　　　　　　　　　　／547

　　　　三、气体的调控　　　　　　　　　　　　　　　　／548

　　　　四、光照的调控　　　　　　　　　　　　　　　　／548

　　第七节　日光温室越橘生产管理技术　　　　　　　　　／549

　　　　一、整形修剪　　　　　　　　　　　　　　　　　／549

　　　　二、花果管理　　　　　　　　　　　　　　　　　／551

　　　　三、环境调控　　　　　　　　　　　　　　　　　／553

　　　　四、土肥水管理　　　　　　　　　　　　　　　　／554

　　第八节　日光温室越橘病虫害防治技术　　　　　　　　／555

　　　　一、侵染性病害　　　　　　　　　　　　　　　　／556

　　　　二、虫害　　　　　　　　　　　　　　　　　　　／558

第九章　日光温室枇杷生产技术

　　第一节　我国日光温室枇杷生产现状及存在的问题　　　／564

　　　　一、日光温室枇杷生产的历史　　　　　　　　　　／564

　　　　二、日光温室枇杷生产现状　　　　　　　　　　　／565

第二节　日光温室枇杷生产中的主栽品种　/566

　　一、枇杷的分类　/566

　　二、枇杷主要优良品种　/567

第三节　日光温室枇杷的生物学习性　/571

　　一、日光温室枇杷的生物学特性　/571

　　二、日光温室枇杷对环境条件的要求　/573

第四节　日光温室枇杷的育苗技术　/574

第五节　日光温室枇杷的建园技术　/574

　　一、选择优良品种　/575

　　二、改良土壤　/575

　　三、确定株行距　/575

　　四、灌溉设施　/575

　　五、栽植方式　/576

第六节　日光温室枇杷的促花调控技术　/576

　　一、培养健壮的结果母枝　/576

　　二、加强修剪及病虫防治　/576

　　三、做好排灌工作　/577

　　四、露根、晒根或断根　/577

　　五、环割促花　/577

　　六、拉枝　/577

第七节　日光温室枇杷生产调控技术　/578

　　一、温度的调控　/578

　　二、湿度的调控　/578

　　三、光照调控　/579

　　四、土肥水管理　/579

　　五、整形修剪　/580

六、花果管理　　/ 581

七、采收、包装及保鲜　　/ 581

第八节　日光温室枇杷病虫害防治技术　　/ 582

一、枇杷病虫害综合防治技术　　/ 582

二、侵染性病害　　/ 584

三、非侵染性病害　　/ 586

四、虫害　　/ 588

第十章　日光温室无花果生产技术

第一节　日光温室无花果生产概述　　/ 594

一、日光温室无花果生产的历史　　/ 594

二、日光温室无花果生产现状　　/ 594

三、日光温室无花果生产模式　　/ 596

第二节　日光温室无花果生产中的品种选择　　/ 596

一、日光温室无花果生产的品种选择原则　　/ 596

二、日光温室无花果生产中的主要优良品种　　/ 597

第三节　日光温室无花果的生物学习性　　/ 600

一、根系　　/ 600

二、枝　　/ 601

三、叶和芽　　/ 601

四、花与果实　　/ 601

第四节　日光温室无花果的育苗技术　　/ 602

一、扦插繁殖　　/ 602

二、压条繁殖　　/ 603

三、分株繁殖　　/ 604

四、嫁接繁殖 / 605

五、组织培养 / 605

第五节　日光温室无花果生产建园技术 / 606

一、园地准备 / 606

二、栽植技术 / 606

第六节　日光温室无花果生产的促花调控技术 / 608

一、培养健壮的结果母枝 / 608

二、增加光照 / 609

三、加强修剪及病虫防治 / 609

四、做好排灌工作 / 609

第七节　日光温室无花果生产调控技术 / 609

一、温度的调控 / 609

二、湿度的调控 / 610

三、肥水管理 / 611

四、整形修剪技术 / 612

五、综合管理技术 / 616

第八节　日光温室无花果生产病虫害防治技术 / 616

一、侵染性病害 / 616

二、虫害 / 619

第十一章　日光温室菠萝生产技术

第一节　我国日光温室菠萝生产现状及存在的问题 / 624

第二节　日光温室菠萝生产中的主要品种 / 625

一、卡因类 / 625

二、皇后类 / 626

　　　三、西班牙类　　　　　　　　　　　　　　　/ 626

　　　四、杂交种类　　　　　　　　　　　　　　　/ 626

　第三节　日光温室菠萝的生物学习性　　　　　　/ 626

　　　一、日光温室菠萝的生物学特征　　　　　　/ 626

　　　二、日光温室菠萝对环境条件的要求　　　　/ 628

　第四节　日光温室菠萝生产的育苗技术　　　　　/ 629

　　　一、营养钵繁殖　　　　　　　　　　　　　/ 630

　　　二、组织培养繁殖　　　　　　　　　　　　/ 631

　第五节　日光温室菠萝生产的定植技术　　　　　/ 633

　　　一、日光温室菠萝的栽植方法　　　　　　　/ 633

　　　二、日光温室菠萝的栽植深度　　　　　　　/ 635

　第六节　日光温室菠萝生产的促花调控技术　　　/ 637

　　　一、植株生长的要求　　　　　　　　　　　/ 637

　　　二、药剂的要求　　　　　　　　　　　　　/ 637

　第七节　日光温室菠萝生产田间管理技术　　　　/ 637

　　　一、栽培密度　　　　　　　　　　　　　　/ 637

　　　二、肥水管理　　　　　　　　　　　　　　/ 638

　　　三、其他管理措施　　　　　　　　　　　　/ 638

　第八节　日光温室菠萝生产病虫害防治技术　　　/ 638

　　　一、侵染性病害　　　　　　　　　　　　　/ 639

　　　二、非侵染性病害　　　　　　　　　　　　/ 642

　　　三、虫害　　　　　　　　　　　　　　　　/ 643

第一章
日光温室果树生产概况

日光温室果树生产是一类高投入和高产出的农业生产方式，以人工手段模拟自然环境条件，实现调控果实成熟期，从而生产出优质果品的一种技术措施。果农在增收致富的同时，也丰富了果品消费市场。本章介绍了我国日光温室果树生产的历史、我国日光温室果树生产的现状及存在的主要问题、我国日光温室果树生产亟待解决的问题和发展方向、日光温室果树生产前瞻等内容。

第一节
我国日光温室果树生产的历史

　　20世纪50年代，辽宁省、黑龙江省、北京市和天津市等地陆续开始日光温室果树生产的尝试工作。1978年，黑龙江省齐齐哈尔市园艺所在加温日光温室内生产葡萄获得成功。但受当时栽培技术成熟度和整体消费能力所限，日光温室葡萄生产一直没有进行大面积的示范推广。20世纪90年代，新形成的高消费群体对季节性果品的需求增大及各种新型日光温室保温覆盖材料的应用，为日光温室果树生产的进一步发展提供了强大的发展动力。其中，1991年日光温室桃生产在辽宁省获得成功，1994年日光温室樱桃生产在山东省莱阳地区获得成功，1997年日光温室李、杏生产在山东省泰安市获得成功。至此，北方地区日光温室果树生产步入一个全新阶段，极大地促进了我国果树产业的快速发展。

第二节
我国日光温室果树生产的现状及存在的主要问题

　　20世纪90年代中后期我国日光温室果树生产技术迅速发展，日光温室果树种植地域迅速扩大。据不完全统计，截止到2013年全国日光温室果树生产面积超过8.0万 hm^2，面积和产量均位居世界第一位，已形成了以山东、辽宁、北京、河北等地为主要集聚区的日光温室果树生产区。辽宁省作为我国日光温室果树生产的发源地之一，日光温室果树生产面积超过3.5万 hm^2，形成以丹东草莓、营口和大连桃及北镇葡萄为主，樱桃、杏和李为辅的日光温室果树生产基地。20世纪90年代以来，山东省日光温室果树生产发展最快，日光温室果树生产面积已达 4.0 万 hm² 左右，位居全国第一，逐步形成以草莓、桃和葡萄为主的规模化生产区域。随着日光温室避雨生产和延迟生产等栽培模式的研究与推广，以及日光温室果树生产观光休闲功能的开发，湖南、江苏、上海、宁夏、甘肃等地的日光温室果树生产也得到了较快发展，尤其以江苏、上海等南方经济发达地区的日光温室果树生产发展势头更为迅猛。

我国日光温室果树生产形成以促成生产、半促成生产为主，延迟生产为辅，各种生产模式共存的局面。我国日光温室果树生产在早期丰产方面成绩卓著，涌现出诸如辽宁省丹东市草莓定植 9 个月获得亩（1 亩 ≈ 667 m²）产 7 000 kg 的高产典型，大连市日光温室甜樱桃生产实现提早上市、高收益的高效生产典型。这些日光温室果树生产成功的典型事例，对我国日光温室果树产业的发展起到积极的促进作用。

一、我国日光温室果树生产现状

（一）日光温室果树生产涉及的品种多

现阶段，我国日光温室果树生产涉及的品种多，主要以葡萄、草莓和核果类为主，成功栽培的品种包括桃、草莓、樱桃、葡萄、番石榴等，其中栽培面积最大的是草莓（图 1-1），占据面积超过 65%，其次为桃、葡萄及樱桃，其他品种比较少，目前还没有形成规模化生产。

（二）日光温室果树生产地域范围广

我国日光温室果树生产有着较为广泛的地域范围，北方栽培有大量果树日光温室，然而，规模化、分散生产程度明显比花卉、蔬菜低，目前我国已形成辽宁、山东、河北等集中化果树日光温室生产基地。到 2016 年年底，我国已达 6.7 × 10⁴ hm² 的日光温室果树生产面积，年产量达 2.02 × 10⁴ t。

图 1-1　日光温室草莓生产

（三）日光温室果树生产技术日趋完善

葡萄、草莓、杏、桃等树种的日光温室生产技术已达到露天栽培技术水平，其中葡萄、杏等为"四当"生产，也就是说，当年定植、当年促花、当年扣棚及当年丰产；草莓实现周年生产；葡萄实现了一栽多年制。预备苗培养、基质栽培、人工破眠、起垄限根、逆境增糖等日光温室生产技术逐渐得到应用与完善，保障了日光温室果树生产的成功率，而且也提升了日光温室果品的质量。

二、我国日光温室果树生产存在的主要问题

近些年，伴随着在日光温室果树生产面积和产量迅速增长的同时，我国日光温室果树生产取得了迅猛发展。在日光温室果树生长发育规律、优质高效标准化体系、环境智能控制等方面存在很多问题，对日光温室果树生产的进一步健康、可持续发展产生消极的影响。

（一）日光温室果树生产专用品种资源缺乏

我国可开发利用的日光温室果树资源很多，常见果树品种都可进

行栽培。对于我国日光温室果树生产品种，现有栽培的品种及配套栽培技术大多来源于露地栽培模式。加快选育与引进最佳日光温室果树生产专用品种资源是研究的重点。

（二）日光温室果树生产标准化技术体系薄弱

近些年，容器栽培、限根生产以及预备苗培养等技术体系，在生产中发挥出重要作用。然而在实际生产中技术环节缺乏标准，而且应用也不配套。日光温室导致光照减弱，日光温室光照只有自然光照的65% 左右，而其间树体徒长导致群体或者个体光照进一步恶化。因此，控制树体过旺生长是日光温室果树生产的关键环节。

（三）日光温室环境调控技术落后

日光温室果树生产中将特殊区域环境提供给果树，其中二氧化碳（CO_2）浓度、温度、光照、湿度以及土壤等直接影响着果树生长，以上因素是否能够有效地结合或者单独调控，是日光温室生产成功与否的决定性因素。相比于西方国家，我国日光温室果树环境调控技术还比较落后，依旧沿用干旱水灌、温度高开棚放风的方法，并未应用自动化、机械化设备，特别是对各发育物候期比较适宜的因子模型缺乏了解，而且统一适宜标准也比较缺乏。

第三节
我国日光温室果树生产亟待解决的问题和发展方向

一、亟待解决的问题

（一）进一步完善并规范日光温室果树生产技术标准
完善并规范桃、葡萄、李、杏等树种的日光温室早期丰产技术，并尽快在生产中示范推广应用。研究开发多树种的早期丰产、树体控制与连年优质丰产技术。研究开发樱桃、枣、梨、香蕉、无花果等果树早期丰产技术、树体控制及连年优质丰产技术。研究开发多种生产模式、配套技术及专用优良品种。加速开发日光温室延迟栽培技术、一年两树栽培技术、盆栽及盆景果树快速生产技术、连栋温室促早栽培技术。同时，筛选并培育与这些生产模式相配套的专用果树优良品种。

（二）选择适宜日光温室果树生产的品种资源

品种是果树日光温室生产成功的内因，栽培技术只能对品种特性进行优化，而不能从根本上改变。品种选择的正确与否直接关系到日光温室果树生产的成败。日光温室果树生产不仅要考虑果树品种对当地气候和立地条件的适应性，品种的经济性和社会性，还要考虑栽培的目的性和特殊性。日光温室果树生产选择品种的原则是：选择极早熟、早熟和中熟品种；选择自然休眠期短、低温需求量低、易于人工打破休眠的品种；选择花粉量大、自花结实率高、易丰产的品种；选择树冠紧凑、矮化，适于矮化密植栽培的品种；选择耐高温、高湿、弱光和抗病虫害能力强的品种；选择品质优良、售价高的果树品种。

除了要求外观、内在品质好，生产性能好以外，还要根据不同生产模式的特殊要求，选择专用配套的品种，除早熟、极早熟、极晚熟品种外，还可选择中晚熟高档品种。同时，注重研究开发热带、亚热带日光温室果树生产技术，在北方进行常绿果树生产，拓展生产经营的树种及品种数量，满足消费者多品种、多层次的消费需求，创造较高的生产效益。

（三）注重果品的质量提升

果品的质量是日光温室果树生产的保障。由于品种及调控技术等原因，目前日光温室果树生产与露地果树相比，表现为果实品质普遍下降，如糖、酸及维生素 C 含量降低，风味变淡，果实较小等，成为制约我国日光温室果树生产进一步发展的关键因素。今后必须从品种选择、日光温室环境因子调控、土肥水管理、合理负载等方面采取有效措施，全面提升日光温室果树生产的果实品质，以满足流通市场的消费需求。

二、发展方向

日光温室果树生产是一项技术密集型和劳动密集型的高效益农业生产，适宜集中连片发展，走集约化、规模化和产业化发展之路。应选择不同生态气候条件的适宜区，集中连片发展，实现不同树种、不同品种、不同成熟期合理搭配，开展产前、产中和产后系列化服务，建立一批具有一定规模的日光温室果树生产基地，这对于全面提高栽培区域果树生产管理水平、果品档次和整体效益具有重要意义。但在强调规模化、产业化发展的同时，又要从客观条件和市场空间的实际出发去发展，避免盲目上马，一哄而起，给果树生产者造成不应有的损失。

第四节
日光温室果树生产前瞻

我国日光温室果树产业发展势头迅猛，在设施类型、树种选择、环境调控、树体发育和品质调控方面均取得一定的进展。但在日光温室果树基础理论和生长发育规律研究、环境智能控制、优质高效生产标准化技术体系等方面还存在许多问题。随着相关研究与实践工作不断推进，将为我国日光温室果树产业带来更大的发展动力，产业发展的前景十分广阔。

一、加大日光温室果树品种资源的选育及创新力度

选育日光温室果树品种资源应该严格遵循引进国外良种资源与改良国内果树资源的原则，实现育种创新，同时实现生物技术育种和常规育种的有效结合，提升育种效率。日光温室品种资源选育目标上应

该突出以下几点：

（一）选育低需冷量品种

需冷量是决定自然休眠时间的一个重要标志，而较大的品种需冷量，是限制品种成熟上市的一个关键环节，所以通过低需冷量品种实现日光温室栽培，能够实现提前扣棚生产，从根上解决果品成熟上市的时间。

（二）选育耐弱光型品种

弱光照环境是日光温室生产的一个突出问题，因为光照比较弱，导致光合生产能力的下降，由此就会影响到果品质量，所以选育耐光型品种非常重要。

（三）选育矮化砧木或紧凑型品种

改善群体的光照状况，此为提高温室空间利用率的有效途径。

二、完善日光温室果树生产技术的集成创新

创建果树日光温室栽培资源选配、培养预备苗、前促后控、打破休眠、逆境效应提升品质、限根生产及连续丰收的日光温室果树生产技术，实现技术体系的后续配套和组装集成，强化树体的综合有效管理，其中包括授粉组合、肥水管理、整形修剪、病虫害综合防治等，创建不同树种标准技术规程，使日光温室果树果实品质得到很大程度的提升。

三、加强日光温室果树生产基础理论研究

从根本上说，日光温室生产本身就是一种新颖的生产模式，而且日光温室环境导致果树发育周期与生命周期的改变，进而改变了果树

生长发育规律，因此对日光温室果树变化动态与发育规律加以了解，是创建高效、优质新技术体系的前提和基础。现阶段，加强日光温室果树生产基础理论研究包括：

（一）加强对果树变化动态的研究

果树变化动态研究包括对芽自然休眠机制予以研究，同时分析人工技术调控自然休眠的途径与效果，从而实现自然休眠的人工调控。

（二）加强对果树发育规律的研究

果树发育规律包括营养分配特性与生理特性，为实现连年丰产、获得高品质的果品，应加强对果树发育规律的研究。

第二章
日光温室果树生产调控技术

　　日光温室果树生产通过调控温室内气候环境等系列调控技术，实现果树反季节栽培，既可延长鲜果市场供应期，又可提高经济效益。因此，果树生理生化与调控技术是决定日光温室栽培成败的关键。本章主要介绍了日光温室果树的休眠及打破休眠技术、日光温室果树生产的环境调控技术、日光温室果树生理生化与调控技术、日光温室果树生产的物理调控技术等内容。

第一节
日光温室果树的休眠及打破休眠技术

一、日光温室果树的休眠

（一）果树的休眠

果树的休眠是指果树的芽或其他器官处于维持微弱生命活动而暂时停止生长的现象。处于休眠阶段的果树，需要在一定的低温条件下经过一段时间才能解除休眠正常地进入生长发育阶段。休眠是落叶果树在进化过程中形成的一个特殊生命现象。落叶果树的休眠有自然休眠和被迫休眠2种：自然休眠指即使给予适宜生长的环境条件仍不能发芽生长，而要经过一定低温条件解除休眠后才能正常萌芽生长的现象；被迫休眠指植株已经通过自然休眠，但外界的环境条件不适合而无法正常萌芽生长的现象。日光温室条件下，果树只有打破休眠，植株的萌芽、开花、结实等才能正常进行，否则将影响植株的发育进程，造成日光温室生产的失败。

（二）果树的需冷量

果树解除自然休眠需要的一定时间和一定程度的低温条件，叫低温需冷量。自然休眠要求的低温需冷量，一般以芽需要的低温量表示，即在7.2℃以下需要的小时数。各种日光温室栽培模式对不同熟期品种的需求，往往与该品种通过自然休眠的需冷量直接相关，即促成栽培需要休眠浅的早熟和极早熟品种，延迟栽培需要休眠深的晚熟品种。

二、打破休眠技术

（一）低温打破休眠技术

通常采用的方法是在外界稳定出现低于7.2℃温度时扣棚，同时覆盖保温被或草帘，白天温室内处于黑暗条件，降低温室内温度，夜间打开保温被或草帘的通风口，创造 0~7.2℃ 的低温环境，快速打破休眠。这种方法简单有效，运行成本低，是日光温室生产上应用最为广泛的打破休眠技术。

生产中有利用冷库进行低温处理打破休眠的技术，其中在草莓生产中已广泛应用。在草莓苗花芽分化后将秧苗挖出，捆成捆，放入 0~3℃ 的冷库中，保持 80% 的空气相对湿度，处理 20~30 d，即能打破休眠。生产中进行甜樱桃促成栽培上有采用人工制冷促进休眠的例子，采用容器栽培的果树均可以将果树置于冷库中处理，满足需冷量后再移回日光温室内栽培，进行促成栽培，或人为延长休眠期，进行延迟栽培。

（二）人工调控休眠技术

在自然休眠未结束前，欲使其提前萌芽、开花需采用人工打破自然休眠的技术。目前应用比较成功的是用石灰氮（$CaCN_2$）打破葡萄休眠、用赤霉素（GA_3）打破草莓休眠。

1. 用石灰氮打破葡萄休眠　石灰氮化学名称叫氰氨化钙，在设施条件下对葡萄、桃、油桃、观赏桃等有打破休眠的作用。在葡萄上应用效果显著，可使日光温室葡萄提早 15~20 d 发芽，提早 10~12 d 开花，提早 14 d 成熟。使用方法是用 5 倍石灰氮澄清液涂抹休眠芽，即在 1 kg 石灰氮中加 5 L 温水，多次搅拌，勿使其凝结，等 2~3 h 后，用纱布过滤出上清液，加展着剂或豆浆后涂抹休眠芽。通常在自然休眠趋于结束前 15~20 d 使用，涂抹后即可升温催芽。

2. 用赤霉素打破草莓休眠　在草莓上应用赤霉素处理具有打破休眠、提早现蕾开花、促进叶柄果柄伸长的效果。使用方法是用 10 mg·L^{-1} 赤霉素喷布植株，尽量喷在苗心上，每株 5 mL 左右，处理适宜温度为 25~30℃，低于 20℃ 效果不明显，高于 30℃ 易造成植株徒长，处理时间选在阴天或傍晚时进行。赤霉素处理通常在日光温室内开始保温后 3~4 d 处理，如配合人工补光处理，喷 1 次即可。对没有补光处理或休眠深的品种可在 10 d 后再处理 1 次。

第二节
日光温室果树生产的环境调控技术

一、光照条件及其调控技术

（一）光照条件

日光温室内的光照条件主要指光照强度、光照时数、光照分布和光质4个方面。

1.光照强度　光照强度是透入日光温室内的可见光强度，与果树的光合作用有直接关系。由于日光温室生产主要在冬春弱光季节进行，室外自然光照弱，加上透明屋面材料对光照的减弱，日光温室内光照强度较弱是普遍问题。影响光照强度的因素主要有日光温室方位、屋面角度、薄膜透光率及天气状况等。

2.光照时数　光照时数是一天内光照时间的长短，它直接影响果树光合作用时间，从而影响光合产物的积累。日光温室果树生产主要在冬春季进行反季节栽培。此时昼短夜长，白天光照时间较露地正常生产缩短了很多。这对果树生长发育是很不利的。所以，在北方冬季日光温室生产过程中，应尽量做到早揭帘、晚放帘，有条件的可利用灯光补充光照，延长光照时间。

3.光照分布　只有光照分布均匀，果树生长发育一致，才能获得高产。但日光温室内的光照往往由于建筑方位不当，骨架遮阳等原因，使光照分布不均匀。一般规律是由南向北光照强度逐渐减弱。另外，日光温室栽培的果树栽植密度都比较大，如果修剪不当，往往造成郁闭现象长期存在，同时由于室内无风，树冠内膛及下部叶片处于微弱的光照条件下，光合效率低而成为无效叶片。所以内膛及下部枝条生长细弱，花芽分化不良，落花落果严重，果品质量差。

4.光质　日光温室内进入的光在质量上要全面，不仅要有足够的可见光，还应有必要的紫外光，这样才能保证果树生长健壮。聚乙烯薄膜虽然透过可见光的能力弱，但透紫外光的能力较强，所以聚乙烯薄膜日光温室的果树生长较好。

（二）光照条件调控技术

1. 减少遮阴面积　建造采光强度大、立柱少、土地利用率比较高的温室类型。除减少骨架遮阴外，日光温室可采用梯田式栽培，后高前低，减少遮阴，增加光照面积；南部光照好，可以密植，北侧光照差宜稀植；采用南北行栽植，加大行距，缩小株距或采用主副行栽培等可减少植株间遮阴。树体生长期适时搞好夏剪，通过疏密、拉枝及剪截等方法改善树冠光照条件，另外，树体过于高大郁闭不易控制时要适时间伐换苗，可以隔行换苗逐步更新，不影响产量。

2. 清洁透明屋面　经常擦扫透明屋面，减少污染，可以增强透光率；采用保温幕和防寒裙的设施，白天要及时揭开增加透光率；草苫、纸被等防寒物要早揭晚盖，尽量增加光照时间。为减少薄膜老化污染对透光率的影响，最好每年更新薄膜。

3. 增加反射光　在冬春弱光季节，利用张挂反光幕改善室内光照分布，增加光照强度。阳光照到反光幕上后可以被反射到树体或地面上，离反光幕南侧越近，增光效果越好；距反光幕越远，增光效果越差。反光幕反光的有效范围一般为距反光幕 3 m 以内。不同季节太阳高度不同，反光幕增光效果不同。冬季太阳高度角低，反光幕上直射光照射时间长，增光效果好。但由于张挂反光幕，会减少墙体蓄热量，对缓解日光温室夜间降温不利，这是张挂反光幕的不利一面。因此，在果树日光温室升温后至大量展叶之前以保温为主时期，一般不张挂反光幕；在大量展叶后，树体生长发育旺盛，叶片光合作用对光要求较高，并且外界夜间气温较高时可张挂反光幕，改善光照条件。

4. 温室补光　光照不足是日光温室内普遍存在的问题，日光温室内通常采用白炽灯（长波辐射）与白色日光灯（短波辐射）相结合进行补光。遇到连阴天会严重影响日光温室内植物的正常生长，这时就要考虑利用人工照明的方法来补充光照。一般可在日光温室内悬挂生物效应灯，既可补充光照，又能提高日光温室内温度。

5. 遮阴　遮阴的目的是降低室温或减弱光照强度。日光温室果树生产普遍存在着光照不足的问题，遮阴是在室内高温难以控制时，以降温为目的进行短时间遮阴。可用遮阴网或草帘遮阴，也可采用有色薄膜进行遮阴，或扣膜后覆盖草苫遮阴。

6. 延长光照时间　天气正常情况下，要尽量早揭晚盖草苫以增加光照。阴天的散射光也可增光，只要温度下降不严重就要揭开草苫。

7. 选择优质棚膜　日光温室的覆盖材料应使用透光率高、保温性能好、无滴的优质棚膜。利用各色农膜的功能，也可达到显著增产效果。目前生产中应用较为普遍的果树日光温室覆盖材料主要是塑料薄膜，也称棚膜，按合成的树脂原料可分为聚乙烯棚膜、聚氯乙烯棚膜、乙烯-醋酸乙烯棚膜。其中聚乙烯棚膜应用最广，其次是聚氯乙烯棚膜。生产中按性能特点又分为普通棚膜、长寿棚膜、无滴棚膜、漫反射棚膜、复合多功能棚膜等。对挂有较大水滴，严重影响棚内透光的普通膜，可通过喷施无滴剂消除水滴增加透光。

二、温度条件及其调控技术

（一）温度条件

1. 气温条件　日光温室内的温度受外界温度的影响有明显的日变化和季节性变化。日出后揭开覆盖物，阳光射入日光温室内，温度迅速上升，14时左右达到最高温，以后随外界气温下降而降低，16时以后迅速降温。晴朗、无云的白天，日光温室内经常出现高于30℃，甚至达40℃以上高温，如不采取通风换气等降温措施将影响植株的发育，生产中在白天高温期必须采取通风换气等降温措施把温度控制在30℃以下。室内气温的季节性变化与外界气温变化趋势基本相同，但室内气温的季节性变化幅度较外界气温变化幅度小。1~4月室内外温差大，温室效应明显；5月以后，室内外温差逐渐减小，所以从4月下旬开始可逐步撤除防寒覆盖物。

2. 土壤温度　土壤温度也是影响日光温室栽培的一个重要因素。土壤散热途径多，升温缓慢，在开始升温后，往往气温已达到生育要求，但地温不够，使果树迟迟不萌动。日光温室内具有特殊的热传递情况，特别是薄膜阻止了土壤向室外的直接热辐射，这是温室内土壤温度高于外界土壤温度的原因。土壤温度日变化不像日光温室内气温变化那么明显，昼夜温差也较气温小。由于日光温室内大幅度提高了冬春季节的室内气温，从而使植物有效生育期得到了大大延长。

（二）温度调控技术

日光温室内果树不同树种、不同物候期对温度要求不尽相同。应根据植株对环境条件的要求加以调控，使果树处于生长发育最为有利条件下。

1.降温　晴朗的白天，密闭温室高温现象经常出现，超过果树生育适宜温度要求，需要进行降温。降温方法主要有以下几种：

（1）遮阴降温　主要在果树休眠期应用，扣膜后马上覆盖草苫，室内得不到太阳辐射，创造较低温度环境，满足果树需冷量要求及早解除休眠。在生长期出现高温，而其他方法降温有困难时，可短时间采用遮阴方法。由于遮阴削弱太阳光照强度，影响光合作用，不能长时间使用。

（2）通风换气降温　通过换气窗口排出室内热气换入冷空气以降低室温。换气分自然换气和强制换气2种，目前生产中绝大多数都采用自然换气。

2.保温　保温措施是日光温室内重要的环境调控技术手段，可根据果树各生育期对温度要求进行调控。室温偏低时应加强增温保湿，夜间保温除覆草苫外，可采用增加棉被覆盖，双层草苫覆盖，前层面下部搭脚草苫和撩草等，提高保温效果。此外，采用地膜覆盖可以减少土壤水分蒸发，增加土壤蓄热量，有利保温。

三、湿度条件及其调控技术

（一）湿度条件

1.空气相对湿度　空气相对湿度与果树蒸腾作用和吸水有着密切的关系。在空气相对湿度较小时，果树蒸腾较旺，吸水较多，因而需水量较大。因此，在一定程度上相对较小的空气相对湿度对果树生长有利。空气相对湿度太大，抑制了果树蒸腾作用，对果树生长有一定影响，同时还影响果实成熟，降低产量和品质，并易造成虫害的蔓延。日光温室栽培空气相对湿度的日变化与室温日变化曲线恰好相反。在晴天早晨气温低，空气相对湿度大，随日出后气温升高空气相对湿度开始下降，到8~9时急剧下降，14时左右，空气相对湿度降至20%~40%，达最小值；以后随室温降低，空气相对湿度增大，15~16时急剧增至90%左右，一直保持到翌日日出以前，夜间湿度变化很小。阴天及雨雪天，室内气温低变化小，而且换气量小呈密闭状态，室内空气相对湿度较大，日变化很小，整天处于高湿状态（空气相对湿度90%左右），对果树生长极为不利。另外，空气相对湿度还与日光温室大小有关，高大日光温室内空气相对湿度小，而局部湿度大，如日光温室两头湿度大，中间湿度小。一般情况而言，在果树生长季内，以日平均空气相对湿度在80%左右为宜，高于90%或低于60%都是不利的，需要加以调节。

2. 土壤相对湿度　土壤相对湿度直接影响果树根系的生长及对肥料的吸收，间接影响地上部生长发育。土壤干旱，果树蒸腾失水，水分平衡状态受到破坏，抑制果树生长；土壤积水，土壤中气体减少，根系缺氧。一般来讲，土壤容水量在80%以上时，土壤空气就会缺少；土壤容水量在60%~70%，果树生育最好。日光温室由于薄膜覆盖与外界隔离，没有天然降水，土壤相对湿度只能靠人工灌水来调控，同时考虑到土壤相对湿度与空气相对湿度和土壤蓄热量的密切相关性，因此，日光温室内灌水技术要求更严格。

（二）湿度调控技术

日光温室内的湿度调节，必须根据果树各生育期对湿度的要求合理进行。湿度过低时，可用增加灌水、地面和树上喷水等方法将湿度提高。日光温室内湿度过低现象很少，而高湿现象普遍存在。降低日光温室内湿度最有效的办法是换气和覆地膜。

1. 换气　日光温室内湿度过大时，要及时通风换气，将湿气排出室外，换入外界干燥空气。但是必须正确处理保温和降湿之间的矛盾。因为通风换气后，排到室外的空气既是湿空气，也是热空气；而从室外进来的空气，既是干空气也是冷空气。换气的结果必然是空气相对湿度降低，温度也随之下降。室内空气相对湿度的变化，不少情况下，正好与温度的变化相反。一般都是温度提高，空气相对湿度变小；温度降低时，空气相对湿度加大。日光温室的空气相对湿度是早晨最高，14时最小，如果在早晨高湿时换气，室温本来就很低，再通风换气造成降温，果树就要受害。所以换气要在9时前后室温开始升高并且外界气温稍高时进行，换气量和换气时间都应严格掌握。

2. 地膜覆盖　日光温室内覆地膜，可使覆盖地面蒸发大大减少，从而达到保持土壤水分，降低空气相对湿度的目的。还可以减少灌水次数，保持土壤温度，效果很好。地膜覆盖一般在日光温室升温前后灌一次透水后进行，株、行间全部用地膜覆盖严密，接缝用土压好。

3. 灌水　灌水既能增加土壤湿度又能增加空气相对湿度，同时还能改变土壤的热容量和保热性能。灌水应根据果树各时期的需水特点和土壤含水量情况综合考虑，为防止因灌水造成空气相对湿度过大，应选在晴朗白天的上午进行，并加大换气量排湿。灌水后及时中耕，既疏松了土壤，减少了土壤水分蒸发，降低空气相对湿度，又有利于增温保墒。目前棚室灌水方法还比较落后，多数还采用大水漫灌方法，不仅浪费水，而且造成土壤和空气相对湿度过大，地温降低，对果树生长不利。科学的灌水方法是采用滴灌和喷灌技术。滴灌的特点是连续地或间断地小定额供水，给作物根部创造一个良好的水分、养分和空气条件，室内湿度很小，病害很少。喷灌是用动力将水喷洒到空中，充分雾化后成为小水滴，然后像下雨一样缓慢地落在树体及地面上，这对改善棚室内的小气候作用很大，喷灌后土壤湿润，但室内空气相对湿度并不很大，而且喷灌可以结合施用化肥、农药等农业措施一齐进行。日光温室内无风影响，喷雾均匀，喷灌后土壤不易板结，肥料很少流失，盐分不会上升，综合效果很好。当然，滴灌和喷灌机械需要材料投资和一定的技术要求。

当室内空气相对湿度过低，土壤湿度又不宜过大时，可中午前后高温期进行喷雾，既能增加空气相对湿度，又能达到降温目的。还可在地面少量洒水或在通风处设置一定大小的自由水面等，都可以有效地增加空气相对湿度。

四、气体条件及其调控技术

（一）二氧化碳（CO_2）调控技术

1.CO_2 浓度条件　大气中 CO_2 的含量为 0.03%，若人工提高 CO_2 浓度，就可以使光合作用效率就高，获得更高的产量。日光温室栽培条件下，由于设施密闭，室内 CO_2 含量通常较高。白天太阳出来以后，随着植株光合作用的进行，室内 CO_2 含量逐渐减少，而且往往低于外界大气；但随着温度上升，通过揭开草帘换气后又接近大气含量。

2.CO_2 的调控方法　日光温室内早晨的 CO_2 浓度较高，但光线弱，温度低，光合速率低；中午前后 CO_2 浓度低，而光合速率较高。因此，中午前后增施 CO_2，能提高群体的光合速率，提高果树的产量。施用 CO_2 一般有直接施用法和间接施用法。直接施用法是利用固态 CO_2（干冰）补充日光温室内 CO_2 的浓度。间接施用法是增施有机肥料，不仅可以增加土壤营养，同时有机肥料分解时所产生的 CO_2，可增加日光温室内 CO_2 的含量。

（二）有毒气体调控技术

日光温室内除了进行 CO_2 调控以外，也要重视防止一氧化碳（CO）、氯气（Cl_2）、二氧化碳（NO_2）等各种有毒气体的累积，以免对果树植株造成伤害。

1.氨（NH_3）和二氧化氮（NO_2）条件及调控　日光温室内若过多施用氮肥，特别是施用碳酸铵和硝酸铵肥料会分解释放出 NH_3 和 NO_2，对果树的叶片产生伤害。防止有毒气体的措施是合理选用适当的薄膜和肥料，并注意适时进行通风换气。具体为：施氮肥少量多次，最好与过磷酸钙混施，可抑制 NH_3 挥发；酸性土壤施用石灰，可防止 NO_2 挥发；避免大量施用未腐熟厩肥、鸡粪和人粪等有机肥；施肥后及时覆土，多浇水；适量施用碳酸氢铵和硝酸铵；加强通风换气，经常检查室内水滴的 pH。

2.二氧化硫（SO_2）和一氧化碳（CO）条件及调控　日光温室内 SO_2 和 CO 的来源主要由于不合理施肥以及日光温室内增温材料不完全燃烧产生的，对果树的危害以慢性伤害为主，长期积累会对影响果树的正常生长。日光温室内应预防 SO_2 和 CO 气体危害，应用含硫低的燃料，并充分燃烧，封闭烟道缝隙；不施未腐烂有机肥；加强通风换气，发现有刺激性气体，应立即通风等措施调控。

3. 乙烯（CH＝CH）和氯气（Cl_2）条件及调控　日光温室内乙烯和氯气等主要是由于使用不符合环保要求的塑料薄膜产生的，是劣质聚氯乙烯农膜经阳光暴晒或高温下挥发产生。乙烯是重要的植物激素之一，广泛存在于植物体内，对植物生长发育尤其是植物成熟和衰老起着十分重要的调节作用，但浓度过高就会对果树产生危害，表现为植株矮化、顶端优势消失、叶片下垂、花果畸形等。氯气主要通过叶片上的气孔进入植物体内，与植物细胞中的水分子结合，形成盐酸和次氯酸。通过使用安全无毒、符合生产使用标准的塑料薄膜，及时通风，降低日光温室内的气体浓度。

五、土壤条件及其调控技术

（一）土壤条件

日光温室内的土壤往往出现盐分过高的现象，主要原因是肥料的施用量大，特别是氮肥施用过多，造成土壤溶液中 NO^{3-}、NO^{2-}、NH_4^+ 及土壤溶液中的 Cl^-、SO_4^{2-}、Ca^{2+}、Mg^{2+} 等离子发生积聚，并在水分的不断蒸发过程中在表层积累下来。土壤中的盐分主要集中分布在 0~10 cm 的表层，对果树根系生长造成严重的影响。此外，日光温室内还会产生土壤连作障碍问题，造成土传病虫害加重，果树根系分泌自毒物质也会对植物生长产生抑制作用。

（二）土壤调控技术

针对日光温室内土壤条件实际情况，应注意合理施肥，减少盐分积累，减少次生盐渍化、减少硝酸盐积累；消灭土壤中的有害病原菌、虫害等；夏季高温季节，利用温室环境休闲期进行太阳能消毒；增施有机肥、施用秸秆改善土壤理化性状，疏松透气，提高含氧量，促进果树根系发育。

第三节
日光温室果树生理生化与调控技术

一、日光温室果树生理生化特点

日光温室果树生产是人为地创造一个符合果树生长发育的光照、温度、水分及土壤等条件，使季节性生长特性明显的果树通过自然休眠期，实现提早或延迟开花结果的生产形式；是在遵循果树自然生长原理的条件下，改变冬季不适宜的环境条件，促使果树发芽、开花、结果的一项技术。日光温室创造了果树生长发育的特殊环境，对果树的生长发育产生全面影响，使日光温室果树与露地果树表现出较为明显的时空差异。但由于受制于设施结构，日光温室内光照、温度、水分、二氧化碳浓度及热量分配等因素，日光温室果树发育又表现出不同于露地果树发育规律的生理特点。果树生理基础研究是确立优质高产栽培技术的依据。目前，对日光温室条件下果树生长发育模式及生理基础的系统研究较少，优质高效日光温室生产技术多沿袭已有的栽培知识，加强日光温室果树周年生长与生理方面的研究，对日光温室果树产业意义重大。

（一）果树生长发育周期规律变化大

不同于露地果树的正常发育规律，日光温室果树的生长发育受设施类型结构及其环境条件影响，果树年生长周期中枝、芽、叶的特性及整个树体的生长变化较大，不同的生产目的表现出果实采收期大大提前或延迟。由于日光温室内光线相对差，日光温室内果树的生长较弱，叶片大而薄，光合性能降低，使果树的营养生长和生殖生长比例表现不同于露地，植株生长发育周期规律变化非常明显。

（二）植株二次生长发育明显

日光温室栽培期间受环境条件所限，果树的生长发育周期变化明显。果树结束休眠时间早，果实采收后，大多数果树出现生长补偿效应，表现为果树枝条返旺徒长，影响花芽分化。采果后的植株控长保叶、保稳促壮对第二年的产量形成尤为必要。

（三）花芽分化异常与隔年结果

在日光温室条件下，果树的发育时间加长，花芽分化规律受到很大的影响。果树花芽分化所需营养的吸收、运转与分配发生明显变化，体内激素代谢也明显不同于露地果树。如果生产中的管理调控措施不善，就会导致碳氮代谢严重失衡，影响植株的花芽分化，容易出现秋季二次花不结实现象，严重影响当年的产量。

日光温室果树生产容易出现隔年结果现象，如日光温室葡萄栽培发生隔年结果现象最为严重，大多数品种经过一年栽培后，第二年的产量很低。桃、杏、李等经过日光温室栽培后，设施内形成花芽数量和质量下降，连续进行生产则造成第二年结果部位大量外移，产量锐减，品质低劣。

（四）叶片光合能力下降，果实品质变劣

通常，日光温室条件下果树的产量比露地栽培有显著提高。但连续多年日光温室栽培，由于地上地下发育不均衡，导致储藏养分不足，使得树势衰弱，花序发育不良，造成减产和品质下降。目前，影响果实产量提高的重要因素之一是叶片的光合能力下降，制造的光合产物少，造成果实坐果率低，畸形率高，生理障碍严重，糖、酸等指标影响果实的内在品质。因此，研究不同树种、品种的果实品质调控技术，尤其是生长调节剂的应用是急需解决的问题之一。

二、日光温室果树生理生化调控技术

（一）激素调控

内源激素及外源生长调节剂应用是影响日光温室果树发育的重要调控措施，是提高果树花芽质量和果树优质丰产的基础。日光温室果

树生产由于前期的低温条件，常造成果树生长变弱，生长后期的高温多湿条件，则易引起植株生长较旺，所以需要应用生长调节剂加以调控。为防止枝叶徒长多喷施 250 mg·L^{-1} 的多效唑溶液，果树始花期喷 80~200 倍 PBO 粉剂，促进开花坐果。用赤霉素、细胞分裂素等植物生长调节剂配制坐果药剂，花开始落瓣时喷 1 次，硬核期之前再喷 1~2 次，在生产中应用的实际效果良好。

（二）水肥调控管理

1.水分管理　日光温室内良好的土壤环境，为果树根系形态构建和功能发挥创造条件，通过合理的土壤肥、水管理，进而有效地调控树体的发育。设施升温灌水后，及早在地表覆盖地膜，通过滴灌等方式进行水分管理，可保持土壤湿度稳定。升温前要灌透水，促进萌芽；开花前灌水，促进开花坐果；落花后灌水，促进幼果膨大；硬核期灌水，促进果实生长；采前灌水，促进果肉生长；采后灌水，促进花芽分化。灌水应在晴天进行，注意放风降低湿度，果实成熟期灌水应在膜下进行。

2.肥料管理　肥料种类主要为有机肥和化肥。有机肥主要用作基肥，一般要在 8 月中旬施入，要用充分发酵成熟的有机肥料。化肥的施用结合灌水冲施或叶面喷施，花前以速效氮肥为主进行追施，提高坐果率，促进幼果膨大；花后每隔 7~10 d 进行 1 次冲施肥，尽量选用优质水溶肥、微生物肥、腐殖酸等，最好应用水肥一体化技术；果实膨大以后以磷、钾肥为主。在果实生长期可进行冲施肥料，一般 7~10 d 冲施 1 次，但是必须地温达到 8~15℃时方可进行。叶面喷施 0.3% 磷酸二氢钾或 0.3% 光合微肥，每 10 d 喷施 1 次。

（三）调节休眠期

不同树种、品种完成生理休眠由所需低温需冷量决定。若低温冷量不足，则果树无法通过自然休眠，加温后不能正常萌芽、开花，即使开花也持续时间长，花期不整齐，坐果率低。不同树种、品种自然休眠所需要的有效低温不同，且范围较窄。当外界最低温度低于 7.2℃时，白天覆盖保温被，晚上打开，促进树体提前进入休眠期；当最低温度低于 0℃时，全天覆盖，防止土壤上冻。升温前 1 d 喷 60~80 倍荣芽打破休眠。升温时间为 11 月中旬至 12 月底，北部地区早，南部地区晚。不同树种、品种对低温反应规律，是日光温室生产中树体生长周期调节的依据。

（四）整形修剪调控

日光温室内的空间有限和光照条件差，通过整形修剪方式可有效地控制果树树体大小，同时改善光照状况。例如，核果类营养枝摘心后，可萌发二次枝和三次枝，是植株主要的成花部位。因此，通过加强夏季修剪有利于改变光合产物分配，促发中庸健壮的分枝、促进花芽形成。但由于群体的枝叶量小于露地栽培，要注意采取合理的修剪措施，避免刺激过重引起枝梢徒长。

（五）气肥调控

在日光温室条件下，与产量构成密切相关的叶片光合能力是调控的重点。由于光照减弱及 CO_2 的持续无补偿消耗下降，增施气肥提高光合效能，已成为日光温室生产管理的常规技术。日光温室条件下对果实品质的影响较为复杂。与露地相比，日光温室生产的果实含糖量降低，酸含量增加，品质下降。日光温室 CO_2 气肥调控，是提高果实品质的一个重要方面。

三、日光温室果树限根栽培技术

（一）限根的概念

限根是指采取各种措施限制、调控果树根系的生长发育，从而调控植株整体生长发育。这一新技术的原理是将根系置于一个可控的范围内，通过控制根系生长来调节地上部和地下部、营养生长和生殖生长的关系。限根栽培则是指将根系限制在一定范围内，通过改变其体积和数量、结构与分布，来合理调节根系，优化根系功能，从而调节整个根系功能，实现高产、高效、优质的一项技术。

（二）限根栽培的作用

阻碍了根系的生长，根的数量减少，总根长和总根重减少，根系的密度增加，细根量显著增加。限根后地上部的生长受到的影响很明显，叶片数、叶面积减少。限根栽培使树冠体积减小，能使果树花期延后，花芽数、花芽密度增加。限根后由于根系受到逆境胁迫，根系和木质部汁液中脱落酸（ABA）含量增高，植株根冠比增加。

（三）栽植方式

1.台式栽植　日光温室内采用台式栽植具有提高土壤温度、改善土壤通透性、提升土壤肥力、便于管理等诸多优点。具体起垄（高台）规格为：垄高40~50 cm，垄宽80~120 cm（图2-1）。采用台式栽植的果树吸收根多，根系垂直分布浅，树体矮化紧凑，易花早果。草莓、樱桃、杏、桃、葡萄栽培可采用台式栽植。

图 2-1　果树台式栽植

2.平面栽培　利用日光温室的土地平面进行果树定植栽培的模式，是目前最常规的栽培方式。（图2-2）

图 2-2　果树平面栽培

3. 立体栽培　立体栽培技术是充分利用日光温室内的空间，采用具有一定高度的栽植架、栽植槽和吊盆进行日光温室果树生产的一项技术（图2-3）。采用立体栽培技术具有提高单位面积产出，增加经济效益的作用。日光温室草莓栽培中采用立体栽培技术获得成功的实例较多。

图 2-3　果树立体栽培

第四节
日光温室果树生产的物理调控技术

　　物理农业是物理技术和农业生产的有机结合，是利用具有生物效应的电、磁、声、光、热、核等物理因子操控植物的生长发育及其生活环境，促使传统农业逐步摆脱对化学源肥料、化学农药、抗生素等化学品的依赖及自然环境的束缚，最终获取高产、优质、无毒农产品的农业。在日光温室密闭条件下，果树生长空间和周围的环境条件发生很大变化，对植株生长发育规律及对环境适应性产生很大的影响。采用现代化的物理农业技术，将有力地改善日光温室内的环境条件，为日光温室果树成功栽培创造良好的条件，推广利用的前景十分广阔。

一、日光温室电除雾防病促生技术

　　日光温室电除雾防病促生技术，采用物理方式杀灭病虫害，可以防治空气传播的病害，杜绝化学农药的使用，从根本上解决日光温室内环境安全和农药残留问题。通过日光温室电除雾防病促生技术可打破以往"先污染，后治理"的恶性循环模式，改善空气质量，具有经济效益和环境保护的双重优势。利用该技术产生的空间电场能够极其有效地消除日光温室内的雾气、空气微生物等微颗粒，彻底消除果树在封闭环境的闷湿感，建立空气清新的生长环境。

　　日光温室电除雾防病促生技术是果树等优质无公害作物，在寒冷季节生产的保障措施。该技术对日光温室内果树的生长有很好的促进作用，不仅加快果树对 CO_2 的吸收，促进果树植株体内糖类、蛋白质等干物质的合成，快速促进果树生长并提高果实品质和产量；而且降低果树的光补偿点，延长光合作用时间，建立提高果树的根系活力及果树生长速度的空间电场。在空间电场的作用下，植株体内钙离子浓度随电场强度的变化而变化，进而调节植物多种生理活动，促进植物在低地温环境中对肥料的吸收，增强植物对恶劣气候的抵御能力。

二、烟气电净化 CO_2 增施技术

增施 CO_2 能促使果树花芽分化，控制开花时间，且高浓度 CO_2 与空间电场结合具有产量倍增效应，而且果实口感好，特别是糖度增加显著。在日光温室内建立空间电场是提高果树的 CO_2 吸收速率和同化速度的最有效措施。烟气电净化 CO_2 增施技术不仅可以净化烟气获得 CO_2，还可以电离空气产生空气氮肥，同时将烟气转化为预防白粉病的特效药剂。

烟气电净化 CO_2 增施技术适用于占地 1 亩以内的日光温室使用，特别适用于寒冷季节有人居住的、带有操作间、耳房的温室使用或设有集中供暖的温室园区使用。主要解决冬季日光温室植物产品生产中的 CO_2 亏缺以及白粉病预防问题，最大限度地提高产量和果实含糖量。利用烟气电净化 CO_2 增施技术净化获得的净化气体能够有效预防多种气传病害，对白粉病、白霉病、灰霉病、霜霉病等真菌性病害的预防十分有效。该机器主要由烟气电净化主机、吸烟管、送气管、液肥管组成，其中烟气电净化主机包含烟气电净化本体、控制器。铺设技术要点：送气管铺设在地面，铺设高度一般为 1.2~1.5 m，果树植株叶片越浓密管道铺设愈低。

三、日光温室病害臭氧防治技术

臭氧是一种非常强的氧化性气体，能够很有效地对空气进行灭菌消毒和除臭作用。在设施植物保护领域的应用始于 1993 年，2000 年才开始正式推广应用。日光温室内臭氧浓度在一定范围内且作用时间一定的条件下，果树生长期间的气传病害，诸如灰霉病、霜霉病等病害可得到有效控制。

日光温室病害臭氧防治技术适用于占地 1 亩以内的温室使用，主

要解决冬季日光温室植物产品生产中诸如灰霉病、霜霉病等气传病害以及疫病、蔓枯病等部分土传病害的防治问题。特别应注意，冬季长期使用时，臭氧输送管内易积水，且因臭氧化空气含有氮氧化物，日积月累，积水就会形成强硝酸，使用时应格外注意，不要溅洒在身上或植株上。

四、土壤电消毒法与土壤连作障碍电处理技术

土壤电处理技术是指通过直流电或正、负脉冲电流在土壤中引起的电化学反应和电击杀效应，消灭引起果树生长障碍的有害细菌、真菌、线虫和韭蛆等病虫害，并消解前茬果树根系分泌的有毒有机酸的物理植保技术。利用土壤电处理技术进行土壤消毒灭虫是通过埋设在土壤中相距一定距离的两块极板通电完成的，其中在极板中央土壤中还需布设介导颗粒和撒施强化剂以及灌水。土壤电处理技术具有操作方便，消毒灭虫效果好，可在植物生长期进行处理等优点，将成为土壤处理领域的先进技术。截至目前，土壤电处理技术已在瓜菜类蔬菜枯萎病、黄萎病、根结线虫病防治方面取得了成功。在果树生长过程中也可采用电处理方法防治土壤病虫害，对于微生物引起的枯萎病、黄萎病、猝倒病等，可在大水灌溉后的第三天至第五天处理，处理时间 2 h 为好。

五、多功能静电灭虫灯技术

在日光温室生产过程中，蚜虫、白粉虱、斑潜蝇、双翅目害虫、鞘翅目害虫、鳞翅目害虫、蚊子、苍蝇等一直是传播病害影响作物生长的主要因素。多功能静电灭虫灯能有效地杀灭多种害虫，如苍蝇、蚊子、蚜虫、白粉虱、斑潜蝇、蓟马等，电极产生的高压静电还可吸附空气中的病菌和灰尘，起到净化空气的作用。

1. 工作原理　设备分为灭虫筒体、托盘、黑光灯、光控器、吊绳、静电电源六大部分。其中，灭虫筒体分为诱虫蓝色和黄色 2 种，其上

涂有吸附电极，通电时灭虫筒周围的电极就会产生高压静电，设备所带的高压静电具有强力的吸附能力，能将邻近的飞虫吸附到电极上，电极所带的高压电能将其迅速杀死。黄色引诱趋黄色的蚜虫、白粉虱、斑潜蝇等接近灭虫筒体，蓝色引诱蓟马接近灭虫筒体，黑光灯也能有效地吸引双翅目害虫、鞘翅目害虫、鳞翅目害虫、蚊子、苍蝇等害虫。在日光温室内则利用光控器控制黑光灯白天熄灭，夜晚开启。

2.注意事项　不得使用尖锐器物刻划筒体表面；不得使用火焰或高温烘烤；灭虫灯工作时不得用手触碰电极；清理电极时一定要在切断电源半小时后再开始；做简单的维修时一定要切断电源；灭虫灯应放在包装箱内，放置通风干燥处，如包装箱损坏，应将灭虫灯吊于室内保管；装车或运输时一定要按照包装箱上的标识装车，严禁平放或倒置；仓库要阴凉干燥，叠放高度不得超过4层。

六、LED补光技术

光照是植物生长最重要的环境因子，适宜的光环境是实现药用植物优质高产的首要前提。目前常用的人工光源，荧光灯含有较多的蓝光，白炽灯和高压钠灯含有较多的红外光，其发射的光谱均是固定的，不能进行有效的光环境调节。采用LED作为植物光合作用的补充照明，不仅能够克服传统的人工光源因产生过多的热量造成发光效率低下等劣势，而且具有改善植物生存环境的作用。日光温室内采用LED照明，电能高效转变为有效光合辐射后，最终产生的植物物质得以增加。而在光合作用中补照某种颜色的LED光可以大大提高植物光合作用的效率与速率。在混有蓝光的红光条件下，果树的光合作用效果比较理想。

第三章
日光温室草莓生产技术

　　草莓果实营养丰富，经济价值高，是深受人们喜爱的一类小浆果。日光温室草莓生产技术成熟度高，栽培面积大，是目前最为高效的设施栽培树种之一。本章介绍了日光温室草莓生产概述、日光温室草莓生产的品种、日光温室草莓栽培的生物学习性、日光温室草莓的育苗技术、日光温室草莓的建园技术、日光温室草莓促花技术、日光温室草莓生产调控技术、日光温室草莓生产病虫害防治技术等内容。

第一节
日光温室草莓生产概述

一、日光温室草莓生产历史

草莓是蔷薇科草莓属的多年生常绿草本植物，是一种在世界范围内广泛栽培的小浆果，世界上进行草莓生产始于14世纪。目前世界各国几乎都有草莓生产，涌现出美国、波兰、西班牙、日本和韩国等草莓生产大国。19世纪，在荷兰和法国等国家出现了双面玻璃日光温室，用于草莓日光温室生产，世界各国逐渐开始草莓日光温室生产的研究工作。19世纪后期，日光温室生产技术从欧洲传入美洲及世界各地，建造单面日光温室逐渐得到应用推广，以地面生产为主的日光温室草莓生产模式得以快速发展。日本在日光温室草莓品种选育、生产技术革新及温室环境条件调控等方面一直处于世界领先水平，20世纪90年代后期，对日光温室草莓生产模式进行革新，作为省力化栽培典范的草莓高设生产方式应运而生，并逐渐推广应用，成为目前生产中一种重要的日光温室生产形式。

二、我国日光温室草莓生产现状

我国草莓栽培始于1915年，目前北起黑龙江，南至广州均有草莓栽培。到2010年，草莓栽培面积已超过200万亩，年产量达200万t，产量和面积均跃居世界第一位，成为世界性的草莓生产大国。从20世纪80年代中后期，我国开始发展草莓设施栽培，逐渐形成了日光温室，大、中、小棚等多种设施栽培形式，并根据不同区域气候条件和资源优势特点，形成了具有地方特色的规模化生产基地，涌现出辽宁省东港市、河北省满城县等重要的草莓生产及出口基地。20世纪90年代后期，辽宁省、河北省、山东省、浙江省、安徽省、四川省、上海市和北京市等成为重要的草莓产区，草莓设施栽培模式、育苗方式和栽培技术处于相对发达的水平，实现草莓鲜果供应期从 11 月到翌年 6 月，不仅延长了市场供应期，而且增加了生产者和经营者的经济效益，成为许多地区高效农业的主导产业。

三、日光温室草莓生产的技术和模式

（一）日光温室草莓生产的技术

日光温室草莓生产有促成生产和半促成生产 2 种技术。

1. 日光温室草莓促成生产技术　日光温室草莓促成生产是指采用休眠浅的早熟品种，使植株不经过休眠过程而直接进行加温生产草莓鲜果的一种生产模式。采用促成生产进行草莓生产具有鲜果上市早、供应期长、产量高、效益好等优点，受到广大消费者和生产者的欢迎。在我国冬季气候寒冷、寡日照的北方地区，为了给日光温室中的草莓植株创造符合生长发育的环境条件，日光温室中常有加温设备等设施进行草莓促成生产；而在我国南方地区，由于冬季气候不是十分寒冷，在塑料大棚内加扣中、小拱棚或挂幕帐可替代加温设备进行草莓促成生产。采用促成生产可使果实在当年 12 月至翌年 2 月提早成熟上市，果实主要供应元旦和春节市场。

2. 日光温室草莓半促成生产技术　日光温室草莓半促成生产是指采用中等休眠深度的品种，使植株经历低温打破休眠而生产鲜果的一种生产模式。半促成生产选择适宜的升温时间，对成功生产尤为重要。如果保温过早，则植株经历的低温量不足，升温后植株生长势弱，叶片小，叶柄短，花序也短，抽生的花序虽然能够开花结果，但是所结果实小而硬，种子外凸，既影响产量，又影响品质；若保温过晚，草莓植株经历的低温量过多，植株会出现叶片薄、叶柄长等徒长症状，而且大量发生匍匐茎，消耗大量养分，不利于果实的发育。在我国北方地区，利用日光温室进行草莓半促成生产，冬季不用加温，所以生产成本较低，效益也较好。

（二）日光温室草莓生产的模式

日光温室草莓生产模式有平面生产、立体生产和高设生产3个模式。

1. 日光温室草莓平面生产　日光温室草莓平面生产（图3-1）是指利用地表平面进行草莓生产的一种生产方式。目前我国绝大部分草莓生产采取这种方式。与立体生产相比，平面生产投资少、技术简单，但对日光温室内的空间利用率不高。草莓平面生产一般以普通园土为养分来源，采用膜下滴灌的灌溉方式。

图 3-1　日光温室草莓平面栽培

2. 日光温室草莓立体生产　日光温室草莓立体生产（图3-2）指充分利用日光温室的地表、后墙空间，达到高产的一种生产模式。采用立体方式生产草莓可以充分利用日光温室的空间，增加草莓定植数量，提高单位面积的产出，获得高产。草莓立体生产的方式有多种，常见的有：利用日光温室后墙的立体生产，利用整个日光温室空间的槽式立体生产等。

图 3-2　日光温室草莓立体生产

　　3. 日光温室草莓高设生产　日光温室草莓高设生产（图3-3）指利用一定的架式设备，在距地表一定距离的栽植槽中进行草莓生产的一种模式。草莓定植在装有基质的槽中，通过滴灌管供应营养液。采用高设生产有以下优点：①可以减小劳动强度。高设生产模式下的草莓植株距离地表大约 1 m，可以减小弯腰工作的强度，节省日常管理的时间。②减少果实病虫害的发生。草莓果实悬在半空中，减少了与灌溉水的接触，在很大程度上能减少因湿度过大造成的病害。③优质果率高。采用高设生产草莓，花序授粉充分、果实发育正常、果形端正、颜色鲜艳，提高了优质果比例。

图 3-3　日光温室草莓高设生产

第二节
日光温室草莓生产的品种

一、日光温室草莓生产的品种选择原则

　　日光温室草莓促成栽培要求选择具有休眠浅、果形整齐、果颜色亮丽、丰产性好及抗逆性强等特点的早熟品种。目前生产上适合日光温室草莓促成栽培的品种主要分为 2 类：一类是日本品种，其特点是休眠浅、早熟、香甜、品质好，但是果实较软，较不耐储运，一般在大城市郊区或经济发达地区种植；另一类是欧美国家的早熟品种，其特点

是休眠较浅，一般比日本品种略晚熟，品质略差，但产量高，果实硬度大、耐储运，因此，一般在较偏远地区种植。

二、日光温室草莓生产的主要品种

目前国内日光温室草莓促成栽培广泛种植的品种主要有红颜、枥乙女、章姬、幸香、丰香、图得拉和甜查理等。日光温室草莓半促成栽培和早熟栽培要求选择低温需求量中等（需冷量在400~800 h），果大、丰产、耐储性强的草莓品种。通过近几年的生产实践来看，全明星、新明星和宝交早生等品种比较适合。

（一）红颜（图3-4）

日本草莓品种，是日本静冈县杂交育成的早熟生产品种，亲本为章姬 × 幸香。红颜植株较直立，生长势强，叶色淡绿色，有光泽。果实整齐，外形圆锥形，果面呈鲜红色，果肉黄白色，味甜，风味浓，有香气。一级、二级果平均单果重28 g，最大单果重100 g，可溶性固形物含量12%~14%，丰产性能好，亩产可达2 700~3 300 kg。适合日光温室及大棚设施促成栽培。

（二）枥乙女（图3-5）

日本草莓品种，中熟品种。1990年在枥木县杂交育成，亲本为久留米49号 × 枥峰，从后代中选出优系枥木15号，1996年正式定名为枥乙女。植株长势强旺，叶色深绿，叶大而厚，大果型品种。果圆锥形，鲜红色，具光泽，果面平整，外观品质好。果肉淡红，果心红色。果实汁液多，酸甜适口，品质优。果实较硬，耐储运性较强。抗病性较强，较丰产。

（三）章姬（图3-6）

日本草莓品种，1985年在静冈县杂交，亲本为久能早生 × 女峰，1992年正式登录命名。植株高，生长强旺。叶片大但较薄，叶片数较

图 3-4 红颜

图 3-5　枥乙女

少。果实较大，长圆锥形，外观美，畸形果少。果面红色，略有光泽。果肉淡红色，果心白色，品质好，味甜。果较软，不适于远距离运输。花序长，每花序上果较少，第一级序果大，但后级序果较小，与第一级序果相差较大。极早熟品种，休眠期很短。章姬在丰产性、果实硬度等方面不如女峰，但果实早熟及果形呈长圆锥形是其突出特点。适合日光温室促成栽培。

（四）幸香（图 3-7）

日本草莓品种，1987 年在久留米杂交，亲本为丰香 × 爱美，1996 年正式登录命名。植株长势中等，叶片小，且明显小于丰香、章姬、爱美、枥乙女、女峰等大多数品种，植株新茎分枝多。果实中等大小至较大，大果率略低于丰香，圆锥形，光泽好。果面红色至深红色，明显较丰香色深。部分果实的果面具棱沟。果肉淡红色，香甜适口，品质优。果实硬，明显硬于丰香，耐储运性优于丰香。单株花序数多，多时可达 3~8 个，丰产性强。中熟品种，植株较易感白粉病和叶斑病。适合日光温室促成栽培。

图 3-6　章姬

图 3-7　幸香

（五）丰香（图 3-8）

日本草莓品种，1984 年公布发表，亲本为绯美 × 春香，现为日本的主栽品种之一。植株生长势强，株形半开张，匍匐茎粗，繁殖能力较强。叶片大且厚，浓绿，叶面平展。花低于叶面。果实圆锥形，一级果平均单果重 25 g，果面鲜红，有光泽。果肉浅红或黄白色，果心较充实，酸甜适中，香味浓、品质好。该品种休眠浅，5℃以下低温经 40~50 h 即可打破休眠，适于保护地促成栽培。早熟丰产，抗病性、抗逆性强，但对草莓白粉病抗性弱，生产上应注意防治。适合日光温室促成栽培。

图 3-8　丰香

图 3-9　图得拉

（六）图得拉（图 3-9）

西班牙早熟草莓品种。植株生长健壮，半开张。叶片大，浅绿色。果面鲜亮红色，果肉硬，表皮抗机械压力能力强。果形呈长圆形，一级序平均单果重 33 g，最大果重超过 75 g。果实品质中上，耐储运性较强，

在日光温室生产时具有连续结果能力，丰产性强，亩产可达 3 500 kg
以上。适合日光温室半促成栽培。

（七）甜查理（图 3-10）

美国早熟草莓品种。该品种植株生长势强，株形半开张。叶色深绿，
椭圆形。叶片近圆形，大而厚，光泽度强。叶缘锯齿较大钝圆，叶柄粗
壮有茸毛。浆果圆锥形，大小整齐，畸形果少，表面深红色有光泽，种
子黄色，果肉粉红色，香味浓，甜味大。一级序果平均单果重 41 g，平
均果重 28 g，最大果重 105 g。单株结果平均达 500 g，每亩产量可达
4 000 kg。该品种休眠期较短，抗病害性强，适应性广。适合日光温室栽培。

图 3-10　甜查理

（八）全明星（图 3-11）

美国品种。植株生长健壮，叶片颜色深。果实为大果型，平均单
果重 21 g，最大果重达 50 g。果硬，耐储运性强，丰产，一般日光温
室生产亩产可达 2 000~2 500 kg。中熟，品质偏酸，有香味。适于半促
成栽培和早熟栽培。

（九）新明星

从全明星植株中选育的优良品种。该品种植株长势强，植株高大
直立。叶片较大，椭圆形。果实呈圆锥形，平均单果重 25 g，果肉橙
红色，髓部时有中空，多汁，甜酸适口。果实坚韧，硬度大，耐储性好。
植株丰产性好，适合日光温室半促成栽培。

图 3-11　全明星

（十）宝交早生

日本品种，由八云和达娜杂交育成，是日本主栽品种之一。植株长势较强，较开张，抽生匍匐茎能力强。花序平或稍低于叶面。果实中等大小，一级序果平均单果重 20 g，最大单果重 36 g。果实圆锥形，果面鲜红色有光泽。种子红色或黄绿色，凹入或平嵌在果面。果肉橙红色，髓心稍空。早熟品种，味香甜，品质优，丰产性好。一般亩产2 000 kg 以上。植株抗寒力较强，抗病力较弱，特别易感灰霉病和黄萎病。适合半促成栽培和早熟栽培。

第三节
日光温室草莓的生物学习性

一、植株的形态特征、特性

草莓是多年生常绿草本植物，植株矮小，呈丛状生长，株高一般20~30 cm。短缩的茎上密集地着生叶片，并抽生花序和匍匐茎，下部生根。

草莓的器官有根、短缩茎、叶、花、果实、种子和匍匐茎等（图3-12）。

图 3-12　草莓植株形态示意图

（一）茎

草莓的茎有 3 种，即新茎、根状茎、匍匐茎。

1. 新茎　为草莓的当年生茎，着生于根状茎上。新茎是草莓发叶、生根、长茎形成花序的重要器官。新茎顶部长出花序，下部产生不定根。新茎直径是评价日光温室草莓苗木质量的重要指标之一。

2. 根状茎　是草莓的多年生短缩茎，是储藏营养物质的器官，其上着生叶片，叶腋部位可形成腋芽。腋芽具有早熟性，当年可形成腋花芽，在日光温室内可保证实现连续结果的能力。

3. 匍匐茎（图 3-13）　是草莓的营养繁殖器官，由新茎的腋芽萌发形成。草莓植株都具有抽生匍匐茎的能力，抽生匍匐茎的多少因品种、年龄等而不同。要使母株发生匍匐茎，必须先获得足够的低温，然后长日照和高温条件也得到满足，才能促进匍匐茎的发生。

（二）叶

草莓的叶片（图3-14）由 3 片小叶组成的基生羽状复叶。由于外界环境条件和植株本身营养状况的变化，不同时期长出的叶片寿命为 30~130 d。设施条件下，保留更多的健康功能叶片，对提高产量有显著效果。

图 3-13　草莓的匍匐茎

图 3-14　草莓的叶片

（三）花和花序（图 3-15）

草莓的花是虫媒花，大多数品种为两性花，自花授粉能结实。在配置 2 个以上品种时互相授粉，产量则可显著提高。草莓的花序属聚伞或多歧聚伞花序，一个花序上可生长 7~20 朵花。花序上的花是陆续开放的，顶端的中心花先开，结果也最大，称一级序果。花期较长（15~20 d），花序上后期开的花，往往有明显的开花而不结果的现象，这种花称为无效花。在日光温室条件下，进行花序整理对果实产量形成和品质影响很大。

图 3-15　草莓的花和花序

（四）果

草莓的果实（图3-16）由花托膨大发育而成，柔软多汁属于浆果。果实的形状、颜色因品种和生产条件而异。形状有圆形、圆锥形、楔形等，果面及果肉颜色有红色、粉色、橙红色，也有白色微带红色。果心有空心、实心之别。由于花序上花的开放先后不同，因而同一花序上的果实成熟期和果实大小也不相同。早开放的花早结果，果个也最大。以后结的果逐渐变小，小到无采收价值，这样的果称为无效果。

图 3-16　草莓的果实

图 3-17　草莓的根系

（五）根系

草莓的根由生长在新茎和根状茎上的不定根组成，属于须根系（图 3-17）。根系分布较浅，主要分布在地表下 20 cm 深的土层内。因此，在日光温室条件下，进行肥水管理时要注意控制施肥数量和距离根系的远近。

二、草莓对环境条件的要求

（一）温度

温度是草莓生存的必要生态因子，草莓植株对温度的适应性较强，喜温暖，但怕炎热天气条件，生长发育期需要较凉爽的气候。栽培品种多不耐严寒。日光温室内 10 cm 地温稳定在 1~2℃时，草莓根系开始活动，气温在 5℃时，植株萌芽生长，此时抗寒能力低，遇到 -7℃的低温时就会受冻害，-10℃时则大多数植株死亡。因此，一定要注意日光温室内的早期保温措施。草莓植株生长发育最适宜温度为 20~26℃。开花期低于 0℃或高于 40℃都会影响授粉受精过程，影响种子的发育，致使产生畸形果。日光温室内草莓畸形果比例高，与开花期经历低温有很大关系。草莓花芽分化必须在低于 17℃的低温条件下进行，降到 5℃以下花芽分化停止。

（二）水分

草莓对水分反应非常敏感，喜潮湿又怕水涝。一方面草莓喜潮湿，草莓根系分布浅，加之植株小而叶片大，水分的蒸发面积大。在整个植株生长期，叶片几乎都在进行着老叶死亡、新叶发生的频繁更替过程，这些特性都决定草莓对水分的高要求。草莓苗期缺水，阻碍植株茎、叶的正常生长；结果期缺水，影响果实的膨大发育，严重地降低产量和质量；草莓繁殖期缺水，匍匐茎发出后扎根困难，明显降低出苗数量。另一方面草莓又不耐涝，长时期积水会影响植株的正常生长，降低抗寒性，严重时会使植株窒息死亡。此外，日光温室内较高的空气相对湿度也会加重植株病害的发生及传播。因此，日光温室内草莓水分控制显得尤为重要，可通过地膜覆盖、滴管灌水等措施调控水分。

（三）光照

草莓是喜光的植物，但又比较耐阴。进行日光温室草莓生产的时期正逢低温、寡日照的冬季，受覆盖材料透光率等条件限制，日光温室内往往出现弱光现象，影响植株的生长发育和浆果的品质形成。因此，加强对日光温室内光照条件的调控管理，是日光温室草莓成功栽培的关键因素之一。

（四）土壤

草莓的根系分布浅、叶片蒸腾大，要达到优质、丰产的生产要求，栽植的表层土壤应具备良好条件。此外，草莓适于在 pH 5.5~6.5 的土壤中生长，盐碱地、石灰土、黏土的土壤条件都不适宜栽植草莓。因此，日光温室内疏松、肥沃、透水、通气良好及微酸性的土壤环境条件，是获得日光温室草莓栽培高产的关键因素之一。

第四节
日光温室草莓的育苗技术

一、匍匐茎繁殖

草莓有发生匍匐茎的特性，利用匍匐茎繁殖是草莓生产上普遍采用的繁殖方式。匍匐茎繁殖方法简单，管理方便，既可建立专门的育苗圃，又可利用生产田直接采苗。匍匐茎苗生命力强，生长旺盛，苗木质量好，繁殖系数高，生产田每 1 年可繁殖 3 万株左右的匍匐茎苗，在育苗圃内，每亩 1 年可繁殖 5 万 ~6 万株。

（一）育苗圃育苗技术

1. 苗床准备　选择地势平坦、土质疏松、土层深厚、富含有机质、排灌条件好、光照充足、无病虫害的地块，最好是选择没栽过草莓的地带繁苗，种过茄科类作物而又未轮作其他作物的不宜作草莓苗圃地用。苗圃选好后，每亩施腐熟厩肥 4 000~5 000 kg，过磷酸钙 30 kg 或磷酸二铵 25 kg。结合施基肥，深翻土地，使地面平整，土壤熟化。耕匀耙细后做成宽 1~1.5 m 平畦或高畦，长度根据地形情况而定，一般控制在 30~50 m。畦埂要直，畦面要平，以便灌水。定植前土壤要适当沉实，以防定植后灌水时幼苗栽植深浅不一或露根。

2. 母株选择　栽植的母株应选用脱毒原种苗，或选用 1 年生品种纯正、具有 4 片以上展开叶、根茎直径在 1.2 cm 以上、根系发达、无病虫害的健壮匍匐茎脱毒苗。

3. 母株栽植

（1）栽植时期　春季或秋季均可，春季当10 cm地温稳定在10℃以上时便可定植，一般在3月下旬至4月上旬，秋季栽植可比生产园栽植稍晚，华北地区可在8月下旬至9月上旬进行。从近几年生产上应用结果看，秋季定植要优于春季定植。秋季定植由于天气逐渐转冷，苗木成活率高，而且翌年春不经缓苗即可进入快速生长期。

（2）栽植方式　定植的株、行距应根据草莓品种抽生匍匐茎的能力确定，抽生匍匐茎能力强的品种株距宜大，反之则小。一般如果畦面宽1 m，将母株单行定植在畦中间，株距60~80 cm；如果畦面宽1.5 m，每畦栽2行。定植时应该带土坨移栽，以确保成活率。草莓苗根颈部弯曲处的凸面是匍匐茎发生的集中部位，所以栽植时应注意将凸面朝畦中央方向，使匍匐茎抽生后向畦面延伸，以减少后来整理匍匐茎带来的麻烦。植株栽植的合理深度是根颈部与地面平齐，做到深不埋心，浅不露根。另外，母株的花蕾要摘除。

4. 苗期管理

（1）土肥水管理　定植后灌一遍透水，以后要保证充足的水分供应。成活后，进行多次中耕锄草，保持土壤疏松。秋季定植的母株，一般在4月中下旬开始抽生匍匐茎，春季定植的母株，在5月中旬抽生匍匐茎，匍匐茎开始发生后，可以不再中耕，但应及时除去杂草。如果水分充足，就会不断发生又粗又壮的匍匐茎，而且马上发根，接着二次、三次匍匐茎也会很快发生。如果6月中旬还没有发生匍匐茎，说明水分不足，需及时灌水。灌溉方式最好采用滴灌。

春季开始旺盛生长时，施1次复合肥，每亩追施氮磷钾复合肥10 kg。在植株两侧15~20 cm处开沟施入，施肥时结合灌水。匍匐茎发生后，叶面喷施0.5%尿素1次，以后每隔15 d叶面喷施1次0.5%磷酸二氢钾溶液。

（2）引茎和压茎　匍匐茎伸出后，及时将匍匐茎向母株四周均匀摆开，以利充分利用土地。当匍匐茎长至一定长度，子苗有2片叶展开时，在生苗的节位处挖一个小坑，培土压茎，促进子苗生根。压茎是一项经常性的工作，子苗随时发生应随时压茎，后期发生的匍匐茎生长期短，生长弱，应及时去掉，以便集中养分供应前期子苗的生长。

（3）去花蕾　见到花蕾应立即去除，去除时间越早越好，以免消耗养分，有利于早生、多生匍匐茎。去除花蕾是育苗的关键性措施，不可忽视。

（4）去老叶　当新叶展开后，应及时去掉干枯的老叶。在整个生长期，随着新叶和匍匐茎的发生，下部叶片不断衰老，应及时将老叶除去，防止老叶消耗营养，利于通风透光，减少病害的发生。在去除老叶的同时要及时人工除草。

（5）应用植物生长调节剂　为促使早抽生、多抽生匍匐茎，在母株定植成活后喷施1次赤霉素溶液，浓度为50 mg·L^{-1}。对抽生匍匐茎能力差的品种，可以在6月上、中、下旬和7月上旬各喷1次50 mg·L^{-1}赤霉素溶液。7月底至8月中旬，当匍匐茎苗爬满畦时，会出现子苗过密而拥挤的现象，造成茎苗徒长，可以在8月上中旬各喷1次2 000 mg·L^{-1}矮壮素，以抑制匍匐茎的产生，保证前期形成的匍匐茎苗生长健壮，减少产生不必要的小苗。此外，8月底形成的茎苗根系差，应及时间苗以保证前期形成的茎苗生长。

（6）病虫害防治　草莓病毒主要由蚜虫传播，为了防止母株受到蚜虫的侵害，必须防治草莓蚜虫。育苗期高温多雨容易发生炭疽病，应注意预防。

5.子苗出圃　可分为2个时期，一个时期是在花芽分化前的8月上中旬，此时子苗已长出5~6片复叶，出圃后可直接移栽至生产园，也可以作为假植苗移栽至假植育苗圃；另一个时期是在花芽分化后，北方地区一般在9月下旬，出圃后可直接移栽至生产园，也可置于低温库中冷藏，打破休眠后定植于保护地中，提早果实采收期。土壤干旱时，在起苗前2~3 d适量灌水。起苗时从苗床的一端开始，取出草莓苗，去掉土块、老叶和病叶，剔除弱苗和病虫危害苗木，然后分级。

（二）生产田直接繁殖育苗技术

该方法是利用草莓在浆果采收后，母株大量发生匍匐茎苗的特点进行繁殖。首先选择母株生长健壮、无严重病虫害的地块作为繁殖匍匐茎的育苗地，隔一行去一行，并拔除过密株、病株、弱株和杂株，对选留母株加强管理，及时追肥、灌水和中耕除草，促进匍匐茎的发生。匍匐茎大量发生后，要及时将匍匐茎向母株四周均匀摆开，并在匍匐茎偶数节上培土，促发根系。当匍匐茎苗长到 3~4 片叶时，即可从母株上剪下作为定植苗用。生产田直接繁殖秧苗，因母株开花结果消耗大量营养，秧苗的质量较差，不整齐，病害严重，繁殖量少。因此，在有条件的地区，应建立专门育苗的母本圃，用于繁殖秧苗。

二、分株繁殖

又称根茎繁殖或分墩繁殖，生产上应用不多，适用于以下 2 种情况：一是需要更新换地的老草莓园，将所有植株全部挖出来，分株后栽植；二是用于某些不易发生匍匐茎的草莓品种。

具体方法是在果实采收后，对母株加强管理，适时施肥、灌水、除草、松土等，以促进新茎叶芽发出新茎分枝，去掉过弱的新茎分枝，并少许培土，促进不定根的产生和生长。当母株地上部有一定新叶抽出，地下根系有新根生长时，将母株挖出，选择上部一至二年生根状茎逐个分离，这些根状茎上一般具有 5~6 片叶、4~5 条长 4 cm 以上的生长旺盛的不定根，可直接栽植到生产园中，定植后要及时灌水，加强管理，促进生长，翌年就能正常结果。对分离出来的只有叶片没有须根的根状茎，可保留 1~2 片叶，其余叶片全部摘除，进行遮阴扦插育苗，待其发根长叶后再在秋季定植，越冬前培育成较充实的营养苗。

分株繁殖法的优点是不需要专门的繁殖田，不需要摘除多余的匍匐茎和在匍匐茎节上压土等工作，节省了劳动力，降低了成本。但其缺点是繁殖系数较低，一般 3 年生的母株，每株只能分出 8~14 株适宜定植标准的营养苗，而且分株的新茎苗，多带有分离伤口，容易受土传病菌侵染而感病。

三、种子繁殖

用种子繁殖，由于后代性状发生分离，不能保持母本的优良性状，成苗率也低,生产上一般不采用。但在杂交育种、实生选种、驯化引种中,或对于某些难以获得营养苗的品种,仍然需要用种子繁殖。

(一)采集种子

从优良单株上选取充分成熟、发育良好的果实,用刀片将果皮连同种子一起削下,平铺在纸上阴干,然后揉碎,果皮与种子即可分离;也可将带种子的果皮放入水中,洗去浆液,滤出种子,晾干,去除杂质,装入袋内,置于冷凉通风处保存。

(二)播前处理

在室温条件下,草莓的种子发芽力可保持2~3年。草莓的种子没有明显的休眠期,可随时播种,但一般以春播或秋播较好。为了提高种子的出苗率,可在播前将种子包在纱布袋内用水浸泡24 h,然后放在冰箱内,经0~3℃低温处理15~20 d,再进行播种;或播前对种子进行层积处理1~2个月,也可在播种前将种子浸泡12 h,待种子膨胀后播种。在播前即使不进行任何处理,也能出苗,但出苗率较低。

(三)播种

草莓的种子粒小,适宜播在育苗盆或穴盘内,容器内装入肥沃疏松并过筛的营养土。如在苗床播种,土壤要平整好,多施腐熟厩肥。播前先灌透水,水渗后在土面上均匀撒播种子,然后覆盖0.2~0.3 cm厚过筛的细沙土。在育苗容器上可加盖玻璃片或塑料薄膜,不仅能保持表层土壤湿润,还能增加地温、提早出苗。

(四)播后管理

在20~25℃的条件下,播种后15 d左右即可出苗。幼苗生长2~3个月,长出1~2片真叶时分苗,可将幼苗栽入装有营养土的小盆或育苗钵中,每盆栽1株,摆入育苗床精心培育,待苗长到4~5片复叶时,即可带土移栽到大田或育苗圃内继续培育。一般春播的秋季即可在大田定植,秋播的要在翌年春季才能定植。

四、无病毒苗的繁育

草莓被病毒侵染后，植株生长衰弱，叶片皱缩，果实变小并且畸形、品质变劣、产量严重下降，给草莓生产者带来极大的经济损失。但迄今为止，对病毒病还没有有效的治疗方法，目前只能通过培育无病毒苗和控制病毒传播来减少病毒的发生。

经过脱毒和病毒检测，确定为无病毒苗后，可作为无病毒原种进行保存。利用草莓无病毒原种，进行组织培养快速繁殖原种苗，然后以无毒原种苗作母株。在隔离网室条件下繁殖草莓无毒苗，土壤要经严格消毒，避免在栽过草莓的地块重茬繁殖无毒苗，并注意防治蚜虫。无病毒草莓苗的繁殖，主要采用匍匐茎繁殖法。无病毒原种苗可供繁殖 3 年，以后再用则应重新鉴定检测，确认无毒后，方可继续用作母株进行繁殖。

五、草莓苗培育的其他辅助技术

（一）营养钵育苗

将草莓育苗圃中母株发生的匍匐茎小苗移入营养钵中集中管理培养，可有效地避免土传病害，控制氮素营养，促进花芽分化，并且有利于根系发育，栽植成活率高，生长发育快，果实成熟早，产量高。

1. 营养钵及营养土准备　一般采用口径 10~12 cm、高 10 cm 的黑色圆形塑料营养钵；保水性好、疏松肥沃、不带病菌及杂草的营养土，多选用 70% 花岗岩细山沙加 30% 谷壳灰，pH 6.5~6.8。

2. 栽植入营养钵　营养钵育苗要求在花芽分化前进行。在 6 月中旬至 7 月中旬，把育苗圃中具有 2~3 片叶的发根小苗起出，移栽在营养钵内，集中管理。亦可于 5 月下旬至 6 月匍匐茎抽生期，把营养钵埋在植株旁，露出钵口，将具有 2~3 片叶的小苗不剪断匍匐茎直接压入营养钵内，使小苗在营养钵中生根，20 d 后将营养钵苗移入苗圃集中管理。

3. 幼苗的管理　把营养钵苗放在用遮阳网遮阴的棚内，以防夏季强光高温伤害小苗。秧苗上钵后要排放好，在7月之前需每天灌1次水，以免影响秧苗的生长发育，使花芽分化延迟；8月以后灌水次数可适当减少。7月初开始至8月上旬，每7~10 d追肥1次，每个营养钵追400~600倍氮磷钾复合肥液100 mL。8月中旬以后即花芽分化之前停止施用氮肥。只追施磷、钾肥，每7 d左右施1次，以促进花芽分化，秋季即可定植。

（二）假植

为提高秧苗质量，达到壮苗的目的，必须对匍匐茎苗进行假植。假植就是把育苗圃中由匍匐茎形成的子苗在栽植到生产田之前，先移植到固定的场所进行一段时间的培育。通过假植，把幼苗分类集中管理，促使苗木生长整齐，提高苗木质量，定植到生产田后，缓苗快，成活率高。

1. 假植的时期　以8月底至9月初为宜。假植育苗期需50~60 d，超过60 d根系出现老化，容易形成老化苗。因此，假植期应为当地定植前的50~60 d。

2. 假植苗的选择　将育苗圃中的子苗按顺序取出，选择具有3片以上展开叶的匍匐茎苗，摘净残存匍匐茎蔓，去掉老叶。

3. 假植　选择土质疏松、肥沃的沙壤土，做1 m宽的畦。按秧苗的大小、强弱分畦假植，以便于管理。株、行距为15 cm×15 cm，也可用12 cm×18 cm。假植时根系应垂直向下，不弯曲，埋土做到深不埋心、浅不露根。

4. 假植后的管理　假植后要充分灌水，避免缓苗，如遇日照强烈、干旱高温，要在白天适当遮阴降温。成活后再掀除遮阴物，一般假植后15 d左右，营养苗就可恢复生长。对假植苗要精细管理，及时进行中耕除草，追肥灌水。适时摘除枯叶、病叶。前期每隔10 d左右追施速效复合肥1次，后期只追施磷、钾肥，并控制灌水，以利促进营养苗的花芽分化和健壮生长。9月下旬至10月上旬是假植苗的花芽形成期，应及时摘除匍匐茎促进花芽的形成。如果发现苗木出现徒长，应及时进行断根处理。到10月中旬便可培育出理想的优质壮苗，提供移栽定植。

（三）草莓苗的储藏

随着草莓生产的发展，草莓栽培技术的提高，品种交流、苗木流通、苗木储藏逐渐增多。目前，草莓苗储藏方法主要有假植沟储藏和冷库储藏。

1.假植沟储藏　在我国北方，冬季气温低，土壤冻结，苗圃内的草莓苗无法提取，须在上冻前将苗圃内的草莓苗起出来，集中储藏保管，以便使用。主要方法是挖假植沟沙藏。

（1）假植沟的规格　在背风向阳、方便管理的地块挖假植沟，最好是东西走向，宽60~80 cm，深30~40 cm，一般放苗后，叶片与地面平齐即可，沟底可留细土或细沙，假植沟之间留适当距离，通常5~6 m，以方便取苗和管理。

（2）假植时间　储藏的开始时间宁晚勿早，尽量推迟起苗时间。随着起苗时间的延迟，气温逐渐降低，有利于苗木的保鲜存放。同时，苗圃内的草莓苗营养积累和回流的数量也增加，草莓苗的营养就愈加充足，草莓苗的储藏效果也愈好。具体时间为，当气温降至0℃以下时起苗，选用壮苗，按每20~30株捆为一捆假植。

（3）假植方法　将草莓苗在沟内逐捆摆齐放成一排，然后用细沙填充空隙，用秸秆覆盖好草莓苗。土壤封冻时，在假植沟的草莓苗上覆盖地膜，并覆厚20~25 cm碎草，再向碎草上洒少量的水保湿、保温。在假植沟的迎风面距沟30~50 cm处用秸秆设置防风障。

苗木储藏期间根据需要随时取苗，注意加强管理，防止牲畜毁坏，春季当气温升高至0℃以上时，对于没有提取的苗木要及时通风，防止高温烧苗。

2.冷库储藏　草莓生产形式不同，需要草莓苗的时间也有所不同，如反季节栽培和延迟栽培等，在生长季节需要处于休眠状态的储藏苗，可以通过冷库储藏的方法来实现。

（1）冷藏草莓苗的质量要求　用作冷藏的草莓苗，最好是有7~8个叶柄，新茎粗在1.5 cm以上，根系发达，初生根健壮，苗重40 g左右，而且顶花序已经分化。草莓苗入库前应尽量减少叶片，保留2~3片即可。为便于管理，可用水把根土洗净，装入塑料袋内，装箱准备入库或入库时直接摆放在冷库的货架上。

（2）冷藏类型及方法

1）低温黑暗储藏　在育苗期为促进花芽提早形成，8 月下旬将子苗放进温度为 13~15℃冷库中，存放 25~30 d。

2）半促成栽培冷藏　为打破休眠，于 11 月中下旬把苗放进库温为 -1~1℃冷库中，存放 20~25 d。

3）长期冷藏　为抑制花芽发育，长期将草莓苗储藏在冷库中 (-2~0℃)。

由于冷库内和田间温差较大，在入库前和出库后需在 20℃左右气温的环境下进行适应性锻炼 1~3 d，防止温度骤变伤苗。

六、草莓苗质量标准

草莓的壮苗标准是：植株完整，具有 4~5 片以上展开叶，顶花芽分化完成，根径直径 1.2 cm 以上，根系发达，有较多的新根，一般要求 20 条以上，直径 1 mm 以上，多数根长 5~6 cm 以上，苗重 20 g 以上，无病虫害。

注意事项

具体的育苗技术请参阅《当代果树育苗技术》（ISBN 978-7-5542-1166-3）

第五节
日光温室草莓的建园技术

一、日光温室草莓栽培园地的选择

根据草莓植株对土壤、水分及光照等条件的要求，日光温室草莓生产的园地应选择地势稍高、地面平坦、排灌方便、土壤肥沃、通气性强的地块。栽植前彻底清除地里杂草，施足有机肥，认真整地、做畦或打垄。翻耕过的土壤必须强调整地质量，要求沉实平整，以免栽植后浇水引起秧苗下陷，埋住苗心或秧苗被冲、被埋、影响成活。

二、日光温室的类型和结构

详见《日光温室设计建造与设备》（本套书第一卷）。

三、品种的配置

虽然草莓自花授粉能结果，且有一定产量，但异花授粉后增产效果明显，加之日光温室内昆虫较少，无传粉途径。因此，除主栽品种外还应配置授粉品种。大面积栽培时品种应不少于 3 个；主栽品种与授粉品种相距一般为 25~30 m；同一品种在园内配置应相对比较集中，以便于管理和采收。

四、栽植时期

草莓的适宜栽植时期因地而异，应根据当地的气候条件、土壤准备（茬口）、劳力安排情况、秧苗发育状况和准备情况来确定适宜的栽植时期。生产多在温度适宜，栽植成活率高的秋季进行。一般北方在立秋前后栽植，如辽宁的沈阳及以北地区宜在立秋前栽植，而辽宁省的大连地区、山东省及河北省可在立秋后栽植。江苏省、浙江省则在国庆节前后栽植。在条件具备时，原则是宜早不宜晚，而具体确定栽植日期应记住栽早不如栽巧，利用阴天或傍晚栽植成活率高。此外，要考虑栽植成活后应有足够的生育期，使秧苗生长发育健壮，形成充实饱满的花芽，为丰产奠定良好基础。

五、土壤消毒

草莓植株忌重茬，长期连作后草莓黄萎病、根腐病、枯萎病等土传病害发病严重，影响草莓植株的长势和产量，严重时甚至整株绝收。为了确保草莓的优质、丰产，每年草莓植株定植前要对日光温室内的连作土壤实施消毒。目前最安全的方法是利用太阳热结合石灰氮进行土壤消毒。具体做法是：每 1 000 m² 连作土壤施用稻草或麦秸（最好铡成 4~6 cm 小段，以利于翻耕）等未腐熟的有机物料 1 000 kg，石灰氮颗粒剂 80 kg，均匀混合后撒施于土壤表面。将土壤深翻做垄，垄沟内灌满水，在土壤表面覆盖一层地膜或旧棚膜，为了提高土壤消毒效果，将用过的旧棚膜覆盖在日光温室的钢骨架上，密封温室。太阳热土壤消毒在 7 月、8 月进行，利用夏季太阳热产生的高温（土壤温度可达 45~55℃，图3-18），杀死土壤中的病菌和害虫，太阳热土壤消毒的时间至少为 40 d，以有无杂草为评判处理效果的优劣（图3-19）。

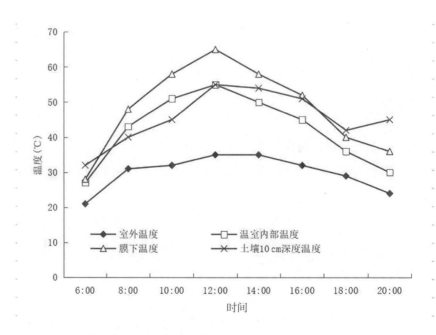

图 3-18　土壤消毒处理温度的日变化

图 3-19　草莓土壤消毒

六、整地做垄

9月初平整日光温室内土地，每亩施入腐熟的优质农家肥 5 000 kg，氮磷钾复合肥 30 kg，然后做成南北走向大垄。日光温室内采用大垄栽培草莓可以增加光面积，提高土壤的温度，有利于草莓植株管理和果实采收。生产中草莓定植用大垄规格（图3-20）是：垄面上宽 50~60 cm，下宽 70~80 cm，高 30~40 cm，垄沟底宽达 20 cm。

图 3-20　草莓定植大垄规格

七、秧苗的准备和选择

为确保栽后成活和高产，秧苗的质量是十分重要的。因此，栽前一定要对秧苗进行严格的选择，备好足够数量优质秧苗。日光温室栽培是要求栽植后短期内开花结果，因此秧苗必须是经过低温短日照已形成花芽的健壮秧苗。健壮秧苗的标准是6~8片完全功能叶，新茎直径15~20 mm，全株重25 g以上，地下重10 g以上。粗白根多，已有1~2个花序分化完毕。秧苗随起随栽或用清水洗净泥土，剪留2~3片心叶，装塑料袋内，然后储藏在 -2~0℃条件下（冷库或冷窖内），随用随取随栽。

八、定植

根据育苗方式确定草莓植株定植时期。对于草莓营养钵假植苗，当顶花芽分化的植株达假植总量的80%时即可定植，时间通常在9月中旬。营养钵假植苗定植过早，会推迟花芽分化，从而影响植株前期产量；定植过迟，会影响腋花芽分化，出现采收间隔拉长现象，影响整体产量。对于非假植苗，一般是在顶花芽开始分化的前10 d（8月底至9月初）定植。定植后的草莓植株处于缓苗期，而外界的环境条件适合植株花芽分化，此时植株从土壤中吸收氮素营养的能力比较差，有利于花芽分化。定植的草莓植株要求具有5~6片展开的叶片，叶片大而厚，叶色浓绿，新茎直径要求至少1.2 cm，根系发达，全株鲜重35 g以上，无明显病虫害。

日光温室内草莓植株采取大垄双行的定植方式，植株距垄沿10 cm，株距15~18 cm，小行距25~30 cm，每亩用苗量8 000~10 000株。定植时应保持土壤湿润，最好先用小水将整个垄面浇湿。一般在晴天傍晚或阴雨天进行定植，应尽量避免在晴天中午阳光强烈时定植。定植的深度要求"上不埋心、下不露根"。定植过浅，部分根系外露，吸水困难且易风干；定植过深，生长点埋入土中，影响新叶发生，时间过长引起植株腐烂死亡。定植时一般植株弓背定向朝向垄沟（图3-21），这样花序全部排列在垄沿上，有利疏花疏果和果实采收。定植后土壤表面要及时浇水，保证植株早缓苗。定植后 1 周内每天早晨和傍晚各浇水 1 次，有条件的要适当遮阴。

图 3-21　草莓苗定植方向（弓背朝外）

第六节
日光温室草莓促花技术

草莓花芽质量的优劣很大程度上决定了植株的产量，创造适宜植株花芽分化的环境条件，是日光温室草莓栽培成功的关键因素之一。通常外界温度在 17~24℃和光照时数少于 12 h 的条件下，草莓植株就可以开始进行花芽分化。自然环境条件下，草莓植株在 9 月上旬开始进入花芽分化期，但采用一些人工调控措施可以提早草莓的花芽分化时间，从而为草莓早期丰产奠定良好的基础。促进花芽分化的措施有以下几种。

一、低温处理

在营养钵假植育苗期间进行低温处理，可以满足草莓花芽分化所需的温度条件，进一步促进草莓花芽的提早分化。低温处理主要分为 3 种方式：株冷处理、夜冷处理和短日照处理。

（一）株冷处理

将草莓子苗放在温度较低的冷库中处理约半个月，以满足花芽分化对低温的需求。在 8 月中下旬选择具有 3 片完全展开叶、新茎在 1 cm 以上的壮苗进行处理。入库时库内温度略低，一般为 12~13℃，1 周后升至 13~15℃。日本的试验结果表明，在 8 月 16~31 日对丰香草莓子苗进行株冷处理，果实的开始收获期可提前到 11 月 1 日。

（二）夜冷处理

白天将草莓子苗置于自然条件下，夜间置于低温条件下，以提早花芽分化。在 8 月中下旬，对具有 3 片完全展开叶、新茎在 0.8 cm 以上的营养钵假植苗进行处理。每天光照 8 h（8~16 时），晴天用遮阳网适当遮阴，黑暗低温 16 h（16 时至翌日 8 时，温度控制在 12~14℃）。用可移动多层假植箱将营养钵苗送入特定的冷库，具体方法是把生长健壮的草莓苗，于 8 月下旬假植在育苗箱内，从每天 16 时 30 分到翌日 8 时 30 分放入 10~15℃冷藏库中，进行低温处理，白天从库中取出接受阳光照射，每天照光时间以 8 h 为宜，处理 17~22 d，可使花芽分化比常规育苗方法提早 2 周以上。

（三）短日照处理

利用草莓花芽分化需要低温、短日照的特点，在草莓花芽分化以前，给予适当的遮光短日照处理，可使草莓花芽分化期提前。遮光处理可用遮光率为 50%~60% 的遮阳网，遮盖育苗畦，或将遮阳网覆盖在大棚骨架上进行遮光处理（图3-22）。遮光处理在降低光照强度的同时也降低了植株所处环境的温度，从而起到了促进花芽分化的作用。遮光时间一般自 8 月中旬开始，到 9 月中旬花芽分化开始后结束。据试验，这种方法可使气温降低 2~3℃，地温降低 5~6℃。另外，还可用黑色或银色塑料薄膜覆盖苗畦，从 16 时至翌日 8 时进行覆盖处理，把白天日照长度控制在 8 h，处理时期为花芽分化前 15~20 d 开始，连续处理 15 d 以上。由于遮光不利于光合作用，所以花芽分化开始后应及时除去覆盖物，使植株多接受直射光，以促进根系生长和花器官的良好发育。

图 3-22　遮光处理

二、断根

断根一般是在专用育苗圃或假植育苗圃中进行，在定植前 3 周开始，隔 1 周左右断根 1 次，共 1~2 次，定植前 1 周结束。方法是用铁锹或小铲在离植株基部 5 cm 处切断四周根系，深达 10 cm，将土坨向上轻轻撬动，或把植株切断根系后，将植株与土坨一起铲起，并摘除老叶及匍匐茎。然后依次向一边移植 1 个株距，被移植的苗间要填土覆平。这种方法比较费工，生产上一般只进行 1 次。断根育苗，可促使草莓苗健壮整齐，使草莓花芽分化期提前约 15 d，并可提高果实产量。

第七节
日光温室草莓生产调控技术

一、扣棚保温及地膜覆盖

（一）扣棚时间

扣棚是将塑料棚膜覆盖到日光温室骨架上进行保温的一项管理工作。草莓日光温室促成栽培覆盖棚膜时间是在外界最低气温降到 6~10℃时进行。保温过早，日光温室内温度高，植株徒长不利于草莓腋花芽分化；保温过晚，植株进入休眠，不能正常生长结果，从而影响植株的产量。

（二）地膜覆盖

地膜覆盖是日光温室草莓栽培中的一项重要土壤管理措施。通过覆盖地膜，不仅可以减少土壤中水分的蒸发，降低日光温室内的空气相对湿度，减少病虫害发生率，而且能够提高土壤温度，促进草莓根系的生长，从而使植株生长健壮，利于鲜果提早上市。此外，覆盖地膜可以使花序避免与土壤直接接触，防止土壤对果实污染，提高果实商品质量。目前生产中普遍使用黑色地膜，因其透光率差，可显著抑制杂草的生长。覆盖地膜一般在扣棚后 10 d 左右进行。盖膜后立即破膜提苗，地膜展平后，立即浇水。覆膜过晚，提苗时易折断叶柄影响植株生长发育。

二、温度及湿度管理技术

（一）温度管理技术

温度是草莓日光温室促成栽培成功与否的重要限制因子之一。根据草莓植株的生育特点，扣棚保温后的温度管理指标如下：

（1）显蕾前 日光温室内白天温度保持在24~30℃，超过30℃要及时放风降温；夜间保持在12~18℃。这样的温度条件可保证草莓植株快速生长，提早开花。

（2）显蕾期 日光温室内白天温度保持在25~28℃，夜间8~12℃。

（3）开花期 日光温室内白天温度保持在22~25℃，夜间8~10℃。开花期若经历-2℃以下的低温，会出现雄蕊花药变黑，雌蕊柱头变色现象，严重影响授粉受精和草莓前期产量。

（4）果实膨大期和成熟期 日光温室内白天温度保持在20~25℃，夜间5~10℃。此期温度过高，果实膨大受影响，造成果实着色快，成熟早，但果实小、品质差。

（二）湿度管理技术

湿度管理在草莓日光温室促成栽培中处于十分重要的地位。日光温室内的空气相对湿度一般较室外的大，通常在凌晨时分达最大值，随着太阳升起空气相对湿度逐渐变小，12~14时是一天中湿度最小的时候，傍晚太阳落下后湿度又逐渐增加并趋于饱和。草莓植株开花期间，若空气相对湿度维持在40%~50%，草莓花药开裂率最高，花粉易散出，且发芽率亦最高。若空气相对湿度在80%以上，则花药开裂率降低，花粉无法正常散开，无法完成授粉。因此，在草莓开花时期，日光温室内空气相对湿度应控制在40%~50%，以利于花粉散出和花粉发芽。日光温室内空气相对湿度过大也容易发生病害，影响草莓的正常生长发育，因此整个植株生长发育期间应尽可能降低日光温室内的空气相对湿度。除了通过覆盖地膜及膜下灌溉来降低日光温室内空气相对湿度以外，还要特别重视通风换气，即使在寒冷的冬季，也要注意在卷帘后放风换气（图3-23），这样做可以大大降低日光温室内的空气相对湿度。

图 3-23　日光温室通风管理

三、光照管理技术

光照不足一直是日光温室草莓促成生产中的一个重要问题。冬季的日照时间短，而揭放草帘进行保温更引起日光温室内日照时间的不足。塑料薄膜表面常因静电作用吸附大量灰尘，降低了透光率，造成日光温室内光照强度不足，影响叶片的光合作用，进而影响草莓植株生长发育。增加光照时数和光照强度对于提高叶片光合能力，维持草莓植株生长势显得尤为重要。生产上常采用电照补光方法（图3-24）来延长光照时间，具体做法是：日光温室内每亩安装 100 W 白炽灯泡 30~40 个，

图 3-24　补光

在 12 月上旬至翌年 1 月下旬，每天放帘子后补光 3~4 h 或者在夜间补光 3 h。在后坡、后墙内侧挂反光幕以及墙上涂白等方法可以增强日光温室内的光照强度，提高草莓植株的光合效率。

四、肥料及水分管理技术

草莓植株在日光温室中生长周期加长，对水分和肥料需要量增加。因此，要充分、不断地供给水分和养分，否则会引起植株早衰而造成减产。在生产上判断草莓植株是否缺水不仅仅是看土壤是否湿润，更重要的是要看植株叶片边缘是否有吐水现象，如果叶片边缘没有吐水现象，说明土壤出现干旱，应该进行灌溉补水。日光温室内不能采取大水漫灌的灌溉方式，因为大水漫灌不仅容易增大日光温室内空气相对湿度，引发病害，同时还会造成土壤升温慢，延迟植株生长发育进程。因此，日光温室内必须采用膜下灌溉的方式，生产中通常采用膜下滴灌方式给水（图3-25）。采用该技术可以使植株根颈部位保持湿润，利于植株生长，而且既节约了用水量，又防止土壤温度过低。

图 3-25　草莓滴灌设备

除了在草莓植株定植前施入基肥外，在整个植株生长发育期间还要及时追施肥料以补充养分的不足。一般追肥与灌水结合进行，每次追施的液体肥料浓度以 0.2%~0.4% 为宜，注意所采用肥料中氮、磷、钾的合理搭配。追肥时期分别是：

第一次追肥在植株顶花序显蕾时，此时追肥的作用是促进顶花序生长。

第二次追肥在顶花序果实开始转白膨大时，此次追肥的施肥量可适当加大，施肥种类以磷、钾肥为主。

第三次追肥在顶花序果实采收前期。

第四次追肥在顶花序果实采收后期。植株会因结果而造成养分大量消耗，及时追肥可弥补养分亏缺，保证植株随后的正常生长。

以后每隔 15~20 d 追肥 1 次。

五、赤霉素处理技术

在草莓促成栽培中喷洒赤霉素可以防止植株进入休眠，促使花梗和叶柄伸长生长，增大叶面积及促进花芽发育。在草莓日光温室促成栽培中，赤霉素的使用也发挥着重要作用。赤霉素处理（图3-26）时期以保温后 1 周为宜，使用浓度为 5~10 mg·L^{-1}，使用量为 5 mL/ 株。喷施时要求药液呈迷雾状均匀喷布，对于休眠浅、生长势强的草莓品种，喷施 1 次即可；对于休眠略深、生长势弱的品种，可以喷施 2 次，间隔 1 周。喷施剂量、浓度应严格掌握，过多施用，易发生徒长、坐果率下降，并影响根系生长。喷施效果与温度关系较密切，喷施赤霉素的时间以阴天或晴天傍晚时为宜。植株喷施赤霉素后若出现徒长迹象，要随时放风来降低温度，以减轻赤霉素的药效。

六、植株管理技术

在草莓日光温室促成栽培中，从植株定植到果实采收结束持续时期较长，植株一直进行着叶片和花茎的更新，为保证草莓植株处于正常的生长发育状态，具有合理的花序数，要经常进行植株管理工作。

A. 对照　　B. 处理

图 3-26　草莓植株是否使用赤霉素处理对比

（一）摘除老叶、病叶

草莓是常绿植物，一年中新叶不断发生，老叶不断枯死。随着日光温室内草莓生长发育周期的延长，植株上的叶片会逐渐发生老化和黄化现象，整个叶片呈水平生长状态。作为光合作用的场所，黄化、老化的草莓叶片不仅制造光合产物能力逐渐下降，无法满足自身的消耗，而且叶片衰老时也容易发生病害。因此，在新生叶片逐渐展开时，要定期去掉病叶、黄叶和老叶（图3-27），改善植株间的通风透光情况和减少病害发生，并可将植株上生长弱的侧芽及时疏去，以减少草莓植株养分消耗。

图 3-27　摘除老叶、病叶

（二）掰芽

日光温室中的草莓植株生长较旺盛，易分化出较多的腋芽，引起养分分流，减少大果率和产量，所以应将植株上分化的多余腋芽掰掉（图3-28）。方法是在顶花序抽生后，每个植株上选留 2 个方位好且粗壮的腋芽，其余全部掰除，以便促进新花序抽生，后再抽生的腋芽也要及时掰除。

图 3-28 掰芽

（三）花序整理

草莓花序（图3-29）属二歧聚伞花序或多歧聚伞花序，低级次花序上的花分化好结实大，而高级次花分化较差，往往不能形成果实而形成无效花，即使有的花能形成果实，也由于太小而无采收价值，成为无效果，对产量形成的意义不大，因此，日光温室内要进行花序整理以合理留用果实。通常花序上花蕾彼此分离而便于摘除时（最迟不晚于第一朵花开放），将后期才能开的小花蕾适量疏去，可减少养分消耗，增进果个大小，使之大小均匀，成熟期较集中，减少采收次数，节约采收用工。疏果是疏花的补充，可使果形整齐，提高商品率，一般每个花序留果实7~12个。此外，结果后的花序要及时去掉，以促进新花序的抽生。

（四）摘除匍匐茎

草莓的匍匐茎和花序都是从植株叶腋间长出的分枝，若抽生的匍匐茎发育成子苗，会大量消耗母株的养分，影响植株的产量。因此，在植株开花结实过程中要及时摘除匍匐茎（图3-30）。

为了提高工作效率，避免由于多项植株管理工作而多次在田间行走，应把摘除老叶、病叶、疏芽、整理花序和摘除匍匐茎工作尽量结合在一起同时进行，以避免园地土壤被踩硬、踩紧。

图 3-29 草莓花序

图 3-30　摘除匍匐茎

七、辅助授粉技术

草莓属于典型的自花授粉植物，即不通过异花授粉便可结实，但利用异花授粉可大大提高草莓植株的坐果率。另外，授粉还可降低草莓畸形果数量、减少无效果比例，提高草莓果实的商品率。目前生产上使用的主要辅助授粉措施为蜜蜂授粉技术。该技术利用蜜蜂在18℃以上温度可访花授粉的习性，在日光温室中创造适合的温度条件，使蜜蜂进行辅助授粉，提高草莓植株的坐果率。一般每亩的日光温室放1~2箱蜜蜂（图3-31），蜜蜂总数在1万~2万只，保证1株草莓有1只以上的蜜蜂。蜂箱应在草莓开花前1周放入日光温室中，以便使蜜蜂能更好地适应日光温室中的环境。蜂箱要放在日光温室的西南角，离地面50 cm，箱口向着东北角，避免蜜蜂出箱后飞撞到墙壁和棚膜上。蜜蜂不能生活在湿度太大环境中，白天要注意放风排湿，放风时要在放风口处罩上纱网，防止蜜蜂飞出。在日光温室中进行药剂防治时，注意密闭蜂箱口，最好将蜂箱暂时移到别处，以免农药对蜜蜂产生伤害。在没有蜜蜂情况下也可进行人工辅助授粉，即每天10时以后，用毛笔在开放的花上涂几下，使开裂花药中的花粉均匀洒落到整个花托上。在一些草莓老产区，有的农户在草莓开花期用扇子扇植株上的花

图 3-31　蜜蜂箱

朵进行辅助授粉，可大大节省人工，效果也比较好。

八、施用 CO_2

CO_2 是植物进行光合作用的主要原料，大气中的浓度约为 360 mg·L^{-1}，基本可满足植物光合作用的需要。但在日光温室密闭条件下，CO_2 被植物叶片大量利用后浓度会逐渐降低，有时甚至降到 70 mg·L^{-1}，无法满足光合作用需要，影响植株生长发育，导致产量降低，品质下降。因此，在日光温室内提高 CO_2 浓度可以提高草莓植株光合作用的能力，增加植株产量，改善草莓浆果的品质。在日光温室中 CO_2 浓度也有日变化的规律，即日出前 CO_2 浓度最高，揭帘后随着光合作用的逐渐加强，CO_2 浓度急剧下降，近中午时达最低值，出现严重亏缺现象，午后放帘子保温后 CO_2 浓度又逐渐升高。虽然可以通过通风换气使日光温室中的 CO_2 得以补偿，但在寒冷冬季不可能总以此种方法来补偿 CO_2，因此人工施用 CO_2 显得尤为重要。目前提高日光温室内 CO_2 浓度的方法有以下几种：①增施有机肥。增施有机肥是增加日光温室内 CO_2 浓度的有效措施之一，因为土壤微生物在缓慢分解有机肥料的同时会释放大量的 CO_2 气体，使日光温室内 CO_2 浓度不断得到提高，供给植株光合作用所需。②使用液体 CO_2。在日光温室内可直接施放液体 CO_2，因液体 CO_2 具有清洁卫生、用量易控制等许多优点，可快速提高温室内 CO_2 的浓度。③放置干冰。干冰是固体形态的 CO_2，将干冰放入水中或在地上开条状沟，放入干冰并覆土使之慢慢汽化。这种方法具有所得 CO_2 气体较纯净、释放量便于控制和使用简单的优点。此外还可以利用煤炭、液化石油燃烧产生 CO_2 来补偿日光温室中 CO_2 的亏缺。

第八节
日光温室草莓生产病虫害防治技术

一、草莓病虫害防治方法

草莓病虫害防治是实现日光温室草莓优质丰产的重要保障。防控的指导思想是坚持"预防为主，综合防治"的植保方针。提倡生物防治和物理防治，科学使用化学防治方法。具体措施分为农业防治法、物理防治法、化学防治法与生物防治法。

1. 农业防治法　是指利用自然因素控制病虫害的具体表现，通过农事操作，创造适于草莓生长发育而不利于病虫害生长发育的环境条件，达到消灭或抑制病虫害发生的目的，如微生态环境，合理作物布局，轮作间作等。

2. 物理防治法　应用各种物理因子、机械设备以及多种现代化工具防治病虫害的方法，称为物理防治法，如器械捕杀、诱集诱杀、驱避阻隔等。

3. 化学防治法　利用化学农药直接杀死或抑制病虫害发生、发展的措施，称为化学防治法。根据病虫害综合治理的基本原理，化学防治法是在考虑其他防治方法难以控制病虫危害的情况下才应用的措施，可对病虫种群密度起到暂时的调节作用。由于目前的技术水平，化学防治仍是最常用的防治手段，今后应努力使用高效低毒、与环境相容性好的农药。

4. 生物防治法　利用有益生物及生物的代谢产物防治病虫害的方法，称为生物防治法，包括保护自然天敌，人工繁殖释放、引进天敌，病原微生物及其代谢产物的利用，植物性农药的利用，以及其他有益生物的利用。这是现在提倡的治理方法。

二、侵染性病害

引起草莓发病的侵染性病害主要有草莓黄萎病、草莓枯萎病、草莓白粉病、草莓灰霉病、草莓炭疽病、草莓红中柱根腐病等。

（一）草莓黄萎病

1. 发病症状　如图3-32所示。

图 3-32　草莓黄萎病危害症状

2. 识别与防治要点　见表3-1。

表 3-1　草莓黄萎病识别与防治要点

危害部位	叶片，叶柄
发病症状	初侵染的叶片和叶柄上产生黑褐色长条形病斑，叶片失去光泽，从叶缘和叶脉间开始变成黄褐色，萎蔫，干燥时叶片枯死。新叶感病后，变成灰绿色或淡褐色，下垂。受害植株的叶柄、果梗和根茎横切面上可见维管束部分或全部变褐。病害严重时可导致植株死亡，其地上部分变黑、腐败
发病条件	在气温20~25℃，土壤相对湿度25%以上时发病严重，28℃以上停止发病
防治措施	用50%代森锰锌可湿性粉剂500倍液，或50%多菌灵可湿性粉剂600~700倍液喷布。定植前，用50%甲基硫菌灵可湿性粉剂1 000倍液浸苗5 min，待药液晾干后栽植

（二）草莓枯萎病

1. 发病症状　如图3-33所示。

图 3-33　草莓枯萎病

2. 识别与防治要点　见表3-2。

表 3-2　草莓枯萎病识别与防治要点

危害部位	根
典型症状	初期症状为心叶变黄绿色或黄色，卷曲，狭小，失去光泽，植株生长衰弱。植株下部老叶片呈紫红色萎蔫，后枯黄，最后全株枯死。根系变黑褐色，叶柄和果梗的维管束也变为褐色至黑褐色。受害轻的病株结果减少，果实不能正常膨大，品质变劣
发病条件	高温可导致该病发生严重，25~30℃时枯死植株猛增。地势低洼、排水不良的地块病害严重。该病原菌无论在旱田还是水田均能长期生存
防治措施	1.农业防治　从无病田分苗，栽植无病苗；栽培草莓田与禾本科作物进行3年以上轮作，能与水稻等水生作物轮作效果更好；发现病株及时拔除，集中烧毁或深埋，病穴施用生石灰消毒 2.化学防治　定植前，用50%甲基硫菌灵可湿性粉剂1 000倍液浸苗5 min，待药液晾干后栽植。生长期间发病可用50%多菌灵可湿性粉剂600~700倍液，或50%代森锰锌可湿性粉剂500倍液喷淋茎基部

（三）草莓白粉病

1. 发病症状　如图3-34、图3-35所示。

图 3-34　草莓白粉病危害果实症状

图 3-35　草莓白粉病危害叶片症状

2. 识别与防治要点　　见表3-3。

表 3-3　草莓白粉病识别与防治要点

危害部位	叶、花、果梗和果实
发病条件	草莓白粉病菌是专性寄生菌，环境中如果没有病原菌存在，草莓就不会得白粉病。温度和空气相对湿度是影响草莓白粉病发病的最主要环境因子，适宜的发病温度是15~20℃，低于5℃或高于35℃均不能发病。适宜发病的空气相对湿度是40%~80%，分生孢子在有水滴的情况下不能萌发，降雨抑制孢子传播。该病是日光温室草莓栽培的主要病害，严重时可导致绝产
发病症状	叶上发病初期，叶面上长出薄薄的白色菌丝层，随着病情加重，叶缘向上卷起，叶片呈汤勺状，呈现白色粉状颗粒，严重时叶片失绿呈铁锈状 花蕾受害，花瓣不能正常开放，幼果不能正常膨大 果实后期受害，果面覆有一层白粉，出现"白果"现象
防治措施	1.农业防治　白粉病防治要注意选用抗病品种，合理密植；加强植株管理，注意温、湿度调控；栽前种后要清洁苗地；草莓生长期间应及时摘除病残老叶和病果，并集中销毁；要保持良好的通风透光条件，雨后及时排水，加强肥水管理，培育健壮植株 2.化学防治　果实发育期可采用12.5%腈菌唑乳油2 000~3 000倍液、40%福星乳油5 000~8 000倍液等内吸性强的杀菌剂进行喷雾防治 3.硫黄熏蒸（图3-36）　在傍晚，将硫黄粉放在金属器皿上，通过调节电炉子与盛放硫黄粉的金属器皿间的距离来达到适宜的加热程度，在密闭熏蒸几个小时条件下，硫黄可变成气体挥发，达到很好的防治效果  图 3-36　硫黄熏蒸管理

（四）草莓灰霉病

1. 发病症状　如图3-37所示。

图 3-37　草莓灰霉病危害症状

2. 识别与防治要点　见表 3-4。

表 3-4　草莓灰霉病识别与防治要点

危害部位	叶、花、果梗和果实
发病症状	在叶上发病时，产生褐色或暗褐色水渍状病斑，有时病部微具轮纹。干时病部褐色干腐，湿润时叶片背面出现乳白色茸毛状菌丝团。果实被害时最初出现油渍状淡褐色小斑点，进而斑点扩大，全果变软，出现由病原菌分生孢子和分生孢子梗组成的灰色霉状物
发病条件	在气温18~20℃、高湿条件下大量繁殖，孢子在空气中传播。栽植过密、氮肥过多、植株生长过于繁茂、灌水过多、阴雨连绵、空气相对湿度过大时发病严重
防治措施	及时通风减少日光温室的空气相对湿度，药剂防治选用50%乙烯菌核利可湿性粉剂800倍液，或用50%甲基硫菌灵1 000倍液于花前喷施。也可用50%腐霉利可湿性粉剂1 000倍液，65%硫菌霉威可湿性粉剂1 500倍液，或50%异菌脲可湿性粉剂1 000倍液，7~10 d喷1次，连喷2~3次。果实大量成熟时期，只能采用烟剂熏蒸的方法防治，每亩用20%腐霉利（速克灵）烟剂80~100 g，傍晚时候分散放置在温室内，点燃后迅速撤离，密闭温室过夜熏蒸

（五）草莓红中柱根腐病

1. 发病症状　如图3-38所示。

图 3-38　草莓红中柱根腐病

2. 识别与防治要点　见表3-5。

表 3-5　草莓红中柱根腐病识别与防治要点

危害部位	根
典型症状	开始发病时，在幼根根尖腐烂，至根上有裂口时，中柱出现红色腐烂，并且可扩展至根颈，病株容易拔起
发病条件	该病是低温病害，地温6~10℃是发病适温，大水漫灌、排水不良加重发病
防治措施	1.农业防治　①实行轮作。4年以上轮作，减少土壤病菌的传播。②施用充分腐熟的有机肥，注意磷、钾肥的使用，增强植株的抗性。③利用高畦栽培。可以覆盖地膜，提高地温，减少病害。雨后及时排水，可通过翻地降低土壤湿度。④土壤消毒。每亩用47%加瑞农可湿性粉剂200~300 g,在移2~3 d或者盖地膜前地面喷雾消毒，每亩用水量60~100 kg，可对病害起到很好的预防作用 2.化学防治　定植前，用50%锰锌·乙铝可湿性粉剂浸苗；定植后用50%锰锌·乙铝可湿性粉剂喷雾防治或用甲霜·锰锌灌根防治

三、非侵染性病害

非侵染性病害是由非生物因子引起的病害，如营养、水分、温度、光照及有毒物质等，阻碍植株的正常生长而出现不同病症。这些由环境条件不适而引起的果树病害不能相互传染，故又称为非传染性病害或生理性病害，主要表现为缺素症及其他一些环境引起的病害症状。侵染性病害的发生与非侵染性病害的发生是相辅相成的，植物由于非侵染性病害出现时抵抗力下降，容易遭受侵染性病原的侵染。因此，控制日光温室内草莓苗生长的环境条件，可以有效预防非侵染性病害，降低侵染性病害发生的可能。

（一）草莓生理性障碍主要表现

日光温室草莓生产不同于传统露地草莓生产，受季节、棚室结构及栽培方式等因素影响，易出现低温、寡日照、干旱、土壤养分亏缺等现象，草莓植株则表现出生长缓慢、萎蔫、矮化、死苗及叶片缺素症 (图3-39) 等生理障碍症状，对草莓产量和品质产生很大的负面影响。因此，针对草莓植株表现出的生理性障碍问题，开展有针对性的调控措施，可有效改善植株生长环境，达到日光温室草莓优质高产目的。

图 3-39　草莓缺素症状

（二）日光温室草莓发生低温障碍症状及防治

1.发生症状　北方地区，冬春季节低温障碍(图3-40)发生时，草莓的叶片呈阴绿状，并伴有萎蔫的现象。这是由于草莓植株长期处在寒冷的环境里，根系由于低温或冬季霜冻很少有新根和须根产生。长期处于低温状态的植株便停止生长，在低温、高湿度下或遇急降温气候重症受冻时，整株会呈深绿色浸水状萎蔫。在花芽分化时遇低温，花序减数分裂障碍，形成多手畸形果、双子畸形果，授粉不良形成的半畸形果等。低温还会使雌雄花器分化不完全，从而影响授粉，导致受精不良，这样草莓就会产生各种畸形果。

图3-40　花器官受冻

2.防治措施

（1）选择抗低温品种　应选择对低温适应强的品种，如丰香、全明星等。

（2）采取保苗措施　霜冻来临之前，应尽早覆膜保持地温。定植之后提倡全地膜覆盖栽培，可有效地保持温室温度。同时进行滴灌和膜下渗浇，小水勤浇，切忌大水漫灌，有利于保温排湿。

（3）采用蜜蜂授粉　一般半亩日光温室，可放置1~2箱蜜蜂。但应注意蜜蜂对刺激性的气味比较敏感，所以在蜜蜂授粉期间，要严禁使用化学肥料和农药。另外，日光温室的天窗之类的封口要设有纱网，以防蜜蜂飞出。

（4）喷施抗寒剂 在生产上可选用 3.4% 碧护可湿性粉剂 7 500~10 000 倍液或选用复硝酚钠 4 000~5 000 倍液，还可以选用红糖 +0.3% 磷酸二氢钾进行喷施，防治效果较好。

（三）草莓生理性白化叶症状及防治

1.症状识别 叶片上出现不规则、大小不等的白色斑纹，白斑部分包括叶脉完全失绿，但细胞依然存活。白斑通常在细胞尚未充分长大时出现，此时叶面出现局部由绿变白，细胞停止生长，而绿色部分仍正常生长，因此造成叶片扭曲、畸形。发病早的，叶片和株型严重变小，病株系统发病，可由母株经匍匐茎传给子株，子株发病常重于母株，重病子株常极度畸小，不能展叶，光合能力下降或基本丧失，根部生长发育极差，越冬期间极易死亡。秋季发病最重。

2.发病原因 不完全清楚，某些方面具有病毒感染的特征。

3.防治方法 发现病株立即拔除，不能作母株繁苗使用，不栽病苗，选用抗病品种。

（四）草莓缺氮症状及防治

1.症状识别 幼叶或未成熟叶片颜色淡绿。成熟叶缺氮初期，尤其是草莓生长盛期，逐渐由绿变成淡绿色。随着缺氮的加重，老叶开始变黄，甚至出现局部干枯，叶柄和花萼呈红色，叶片进而呈锯齿状红色。

2.防治方法 主要防治方法是施足基肥或发现缺氮时追施氮肥，每亩追施尿素 8.5 kg 或硝酸铵 11.5 kg 后灌水，或花期叶面喷施 0.3%~0.5% 尿素溶液 1~2 次。

（五）草莓缺钾症状及防治

1.症状识别 缺钾症对老叶的危害较重，先发生于草莓植株上部的成熟叶片，叶片边缘出现褐色或者干枯，在叶脉间出现斑点，并向中心发展。光照会加重对叶片的灼伤，与日灼症不同。缺钾草莓的果实着色程度低、颜色浅，口感差。

2. 防治方法　施用充足的有机肥料，每亩追施硫酸钾 7.5 kg 左右，或叶面喷施 0.1%~0.2% 磷酸二氢钾溶液 50 kg，隔 7~10 d 喷施 1 次，喷施 2~3 次。

（六）草莓缺磷症状及防治

1. 症状识别　缺磷植株生长弱，发育缓慢，叶片带青铜暗绿色。缺磷严重时，上部叶片有紫红色的斑点出现。草莓缺磷植株的花、果均较正常植株小。含钙多或酸性土壤及疏松的沙质土或有机质多的土壤易发生缺磷现象。

2. 防治方法　在症状刚出现时叶面喷施 1% 过磷酸钙溶液 50 kg 或 0.1%~0.2% 磷酸二氢钾溶液 50 kg，每隔 7 d 喷施 1 次，喷施 2~3 次。

（七）草莓缺钙症状及防治

1. 症状识别　叶片缺钙就是俗称的叶焦病，最典型的症状一般发生在新叶上，造成叶片顶端皱缩，叶尖焦枯。花器缺钙会造成花萼焦枯，花蕾变褐，新芽顶端干枯。果实缺钙时幼果期会出现僵果，成熟期的果实缺钙会导致细胞壁薄，细胞密度小，果实发软，耐储运性差，果实重量降低。根系缺钙的草莓根系短，根毛少，根尖从黄白色转为棕色，严重时死亡。

2. 防治方法　若是施用的钙肥过少，可以增施钙肥，向土壤施入含钙丰富的肥料。常用的钙肥有过磷酸钙、翠康钙宝、氨基酸钙、中化流体钙等。如果为其他元素过多，影响了钙质元素的吸收，则可以叶面喷施钙肥来补充植株的钙质元素，同时调整施肥配方，达到肥料均衡。

（八）草莓缺镁症状及防治

1. 症状识别　一般由上部叶片开始，叶片边缘黄化或变褐焦枯，进而叶脉间失绿并出现暗褐色的斑点，部分斑点发展为坏死斑。焦枯加重时，茎部叶片呈淡绿色并肿起。焦枯现象随着叶龄的增长和缺镁的加重而加重。一般在沙质土栽培草莓或氮肥、钾肥过多易出现缺镁症。

2.防治方法　每亩叶面喷施 1%~2% 硫酸镁溶液 50 kg，每隔 10 d 喷施 1 次，喷施 2~3 次即可。

（九）草莓缺铁症状及防治

1.症状识别　缺铁症表现为幼叶受害严重，幼叶失绿黄化，随着黄化加重叶片变白。中度缺铁时，叶脉为绿色，叶脉间为黄白色。严重缺铁时，新长出的小叶变白，叶片边缘坏死或小叶黄化。碱性土壤或酸性较强的土壤易缺铁。

2.防治方法　改善植株缺铁症状。首先应调节土壤酸碱度，将土壤 pH 调至适宜草莓植株正常生长的范围，然后叶面喷施 0.2%~0.5% 硫酸亚铁溶液，2~3 次即可有效改善植株缺铁症状。

（十）草莓缺锌症状及防治

1.症状识别　轻微缺锌的草莓植株一般不表现症状。缺锌严重时，较老叶片会变窄，特别是基部叶片，缺锌越重窄叶部分越伸长，但缺锌不发生坏死现象，这是缺锌的特有症状。缺锌植株在叶龄大的叶片上往往出现叶脉和表面组织发红的症状。严重缺锌时新叶黄化，但叶脉仍保持绿色或微红，叶片边缘有明显的黄色或淡绿色的锯齿形边。缺锌植株纤维状根多且较长。果实一般发育正常，但结果量少，果个小。

2.防治方法　增施有机肥，改良土壤。发现缺锌，及时用 0.05%~0.1% 硫酸锌溶液叶面喷施。

（十一）草莓缺硼症状及防治

1.症状识别　草莓早期缺硼的症状表现为幼龄叶片出现皱缩和叶焦，叶片变小，生长点受伤害，根短粗、色暗。随着缺硼的加剧，老叶有的叶脉间失绿，有的叶片向上卷。缺硼植株的花小，授粉和结实率降低，果小，果实畸形或呈瘤状。种子多。有的果顶与萼片之间露出白色果肉，果实品质差，严重影响产量。

2.防治方法　①增施有机肥料，尤其要多施用腐熟厩肥，因为厩肥中含硼较多。有机肥不仅营养元素较为齐全，而且可以使土壤肥沃，增强土壤保水能力，缓解干旱危害，促进根系扩展，增加植株对硼的吸收。②在基肥中适当增施含硼肥料。出现缺硼症状时，应及时叶面喷布 0.1%~0.2% 硼砂溶液，7~10 d 喷施 1 次，连喷 2~3 次。由于草莓对过量硼比较敏感，所以花期喷施浓度应适当降低，也可每亩撒施或随水追施硼砂 0.5~0.8 kg。③保证植株的水分供应，适时浇水，可提高土壤可溶性硼含量，以利植株吸收，防止土壤干旱或过湿，影响根系对硼的吸收。

（十二）草莓重茬障碍症状

1.症状识别　重茬（图3-41）是草莓种植过程中一个突出的问题，主要田间表现为株高下降，叶片数减少，生物量下降，生育期延迟，死苗率上升，病害重，易早衰，品质差，产量低。有句俗语"一年好，二年平，到了三年就不行"，很形象地描述了这一问题。根据河北满城草莓基地调查，第二年连茬种植草莓地发病率达 82.9%，第三年发病率可达 100%。长安地区调查，重茬地草莓的产出不及新茬地的 1/10，直接影响种植草莓的经济效益。

图 3-41　重茬障碍症状

2.防治方法　针对草莓重茬障碍，应当采取多种手段，综合治理技术，从土传病害方法、土壤状况改善、有机质提升、根际生态环境等方面解决，从而让草莓健康生长。

通过引进高有机质含量的外源有机物（如腐熟好的各种厩肥或堆肥），使用土壤酸碱性调理剂，施用长效可控尿素，减少氮在土壤中的积累等措施控制土壤环境。

采用横翻、斜翻、深翻等翻耕方法，在高温季节利用太阳能高温闷棚，进行土壤高温消毒等方法防治连作病害的发生。

应用在土壤中无残留的氯化苦（硝基三氯甲烷）、棉隆（必速灭）等药剂进行土壤熏蒸消毒，可使草莓黄萎病、炭疽病和地下害虫的危害得到有效的控制，使草莓明显增产。

通过土壤根际微生物分离得到病原菌和病原菌的拮抗菌，加工成含有病原菌拮抗菌的生物制剂防止重茬障碍的发生。这种方法在老草莓生产区使用，效果非常好。

四、虫害

危害草莓的害虫有几十种，其中危害严重的主要有螨类、蚜虫、白粉虱等。

（一）螨类

螨类（图3-42）对日光温室内草莓植株危害很大，通过吸食叶片的汁液，破坏叶片组织和叶绿素，造成叶片发育迟缓，失绿，抑制植株生长和果实发育。危害草莓的螨类主要有二斑叶螨、朱砂叶螨等。

1.二斑叶螨　二斑叶螨在国内也称作白蜘蛛，是世界性分布的害螨。其寄主植物广泛，各种寄主植物上的二斑叶螨可以相互转移。二斑叶螨刺吸草莓叶片汁液，被害部位出现针眼般灰白色小斑点，随后逐渐扩展，致使整个叶片布满碎白色花纹，严重时叶片黄化卷曲或呈锈色，植株萎缩矮化，严重影响产量。

雌螨体长 0.43~0.53 mm，宽 0.31~0.32 mm，背面呈卵圆形，若虫和成虫为黄色或绿色，体背两侧各有黑斑一块，滞育越冬期的雌螨体

图 3-42　螨类危害症状

色变为橙色。雄螨体长 0.36~0.42 mm，宽 0.19~0.25 mm，背面呈菱形，淡黄色或淡黄绿色。卵为球形，透明，孵化前变为乳白色。二斑叶螨一年可繁殖 10~20 代，但在草莓上定居的，一般只有 3~4 代。以雌螨滞育越冬，早春气温上升到 10℃ 以上时开始产卵大量繁殖。在日光温室内，二斑叶螨可以周年繁殖，没有明显的越冬迹象。

　　防治措施：可用 20 % 双甲脒乳油 1 000~1 500 倍液或 1% 甲氨基阿维菌素苯甲酸盐乳油 2 000~3 000 倍液喷雾防治，1.8% 阿维菌素乳油 1 000 倍液，或 1.3% 苦参碱 2 000 倍液防治。10 d 左右喷施 1 次，连续防治 2~3 次。一般采果前 2 周要停止用药。

2. 朱砂叶螨　朱砂叶螨也被称作棉红蜘蛛、红蜘蛛、红叶螨，是世界性分布的害虫。朱砂叶螨刺吸草莓叶片汁液，造成叶片苍白、生长萎缩，严重时可导致叶片枯焦脱落。

朱砂叶螨是与二斑叶螨亲缘关系非常近的一种螨类，其雌螨体长0.42~0.56 mm，宽0.26~0.33 mm，背面呈卵圆形，红色，渐变为锈红色或褐红色，无季节性变化。体两侧有黑斑2对，前一对较大，在食料丰富且虫口密度大时前一对大的黑斑可向后延伸，与体末的一对黑斑相连。雄螨背面呈菱形，体色呈红色或淡红色。卵为圆球形，无色至深黄色带红点，有光泽。朱砂叶螨在东北地区一年可以繁殖12代，在南方一年可以繁殖20多代。在华北及以北地区，以雌螨滞育越冬；在华中地区，以各种虫态在杂草丛中或树皮缝中越冬；在华南地区，冬季气温高时，可以继续繁殖活动。早春气温上升到10℃以上时开始产卵、大量繁殖。在日光温室内，同二斑叶螨一样，没有明显的越冬迹象，周年危害。

防治措施：螨类危害要早期防治，可用20%双甲脒乳油1 000~1 500倍液，或1%甲胺基阿维菌素苯甲酸盐乳油2 000~3 000倍液喷雾防治，1.8%阿维菌素乳油1 000倍液，或1.3%苦参碱2 000倍液防治。10 d左右防治1次，连续防治2~3次。一般采果前2周要停止用药。

（二）蚜虫

蚜虫对草莓的危害很大，特别是对日光温室草莓的危害严重。蚜虫不仅吸食草莓的汁液，而且可以传播病毒。危害草莓的蚜虫主要有桃蚜、棉蚜（瓜蚜）和草莓根蚜等。

1. 桃蚜　又名桃赤蚜，在世界广泛分布，在全国各地的草莓产区多有发生。主要在草莓的嫩叶、嫩心和幼嫩花蕾上繁殖取食汁液，造成嫩叶皱缩卷曲、畸形、不能正常展开，嫩心萎缩。

有翅胎生雌蚜成虫体长1.6~1.7 mm，无翅胎生雌蚜成虫体长2.0~2.6 mm，体色有绿、黄绿、褐色等多种颜色，体表粗糙。若蚜与无翅胎生雌蚜相似，淡红色或黄绿色。卵长约1.2 mm，长椭圆形，初产时淡绿色，后变为黑色。桃蚜一年发生大约30代，以卵在树上越冬。第二年春季开始孵化繁殖，4~5月出现有翅迁飞蚜，飞向各种田间植物，开始在草莓植株上危害。深秋，有翅蚜再飞回树上，产生有性蚜，交配产卵越冬。

防治措施：可喷洒 80% 敌敌畏乳油 1 500 倍液，或 20% 杀灭菊酯乳油 4 000 倍液，或 10% 氯氰菊酯乳油 4 000 倍液等。喷药时要侧重叶片背面。

2. 棉蚜 又称腻虫，是世界性大害虫，国内各地都有发生。主要在草莓的嫩叶背面、嫩心和幼嫩花蕾上繁殖取食汁液，造成嫩叶皱缩卷曲、畸形、不能正常展开。

无翅胎生雌蚜成虫体长 1.5~1.9 mm，夏季黄绿色、春秋季墨绿色。若蚜黄色或蓝灰色。卵为椭圆形，初产时橙黄色，后变为黑色。棉蚜一年繁殖几十代，以卵在树上及枯草基部越冬。第二年春季开始孵化繁殖，是春季最早迁移到草莓植株上的蚜虫。棉蚜无滞育现象，在冬季的日光温室和大棚中可以危害作物。

防治措施：每亩可用 20% 速灭菊酯或其他菊酯类乳油 10~20 mL，50% 西维因可湿性粉剂 30~50 g。

3. 草莓根蚜 草莓根蚜主要群集在草莓心叶及茎部吸食汁液，使心叶生长受抑制，植株生长不良，严重时植株可枯死。

无翅胎生雌蚜的体长约 1.5 mm，青绿色；若虫体色稍浅；卵为长椭圆形，黑色。在寒冷地区以卵越冬，在温暖地区则以无翅胎生雌蚜越冬。

防治措施：每亩可选用 22% 敌敌畏烟剂 500 g，分放 6~8 处，傍晚点燃，密闭温室，过夜熏蒸。喷雾防治可采用 1% 苦参碱醇溶液 800~1 000 倍液，或 50% 抗蚜威可湿性粉剂 2 000 倍液，或 3% 啶虫脒乳油 2 000~2 500 倍液，或 10% 吡虫啉可湿性粉剂 1 500~2 000 倍液，一般采果前 2 周停止用药。

（三）白粉虱

危害草莓的白粉虱有多种，包括温室白粉虱和草莓白粉虱等，其中温室白粉虱的危害最为严重。白粉虱群集在叶片上，吸食汁液，使叶片的生长受阻，影响植株的正常生长发育。此外，白粉虱分泌大量蜜露，导致烟霉菌在植株上大量生长，引发煤污病的发生，严重影响叶片的光合作用和呼吸作用，造成叶片萎蔫甚至植株死亡。

白粉虱成虫体长 1~1.5 mm，具有 2 对翅膀，上面覆盖白色蜡粉。卵为长椭圆形，约 0.2 mm，黏附于叶背。一年可以发生 10 余代，以各种虫态在温室越冬，可以周年危害。

防治措施：可进行敌敌畏烟剂熏蒸，方法同蚜虫防治。喷雾防治选用 25% 噻嗪酮可湿性粉剂 2 500 倍液，或 2.5% 氯氟氰菊酯乳油 3 000~4 000 倍液，一般采收前 2 周停止用药。

（四）地老虎

此虫害主要在夜间活动，白天潜伏在 6~7 cm 以上的表土层。危害草莓新茎，吃果和叶片。在近地面的叶背面产卵。

防治措施：深翻土地，消灭虫卵，清除杂草，集中烧毁。消灭杂草上的虫卵和小幼虫，危害严重地块，在幼虫 3 龄前撒 2.5% 敌百虫粉。每亩 2.5~3 kg，或用麦麸 25~30 份，辛硫磷 1 份，水 30 份，炒好麦麸，与药和水拌均匀配成毒饵，均匀地撒在地面，诱杀地老虎。

（五）蛴螬

金龟子的幼虫。食性很杂，危害多种蔬菜，也危害草莓。不同种类的金龟子幼虫，其主要形态都类似，头部为红褐色，身体为乳白色，体态弯曲，有 3 对胸足，后 1 对最长，头尾较粗，中间细。危害草莓新茎。

防治措施：发现草莓局部地块萎蔫，应及时扒开根部的土，看到幼虫马上杀死。虫口发生密度大的地块用药剂防治，每亩用 80% 的敌敌畏 100 g，配成炉渣颗粒使用，效果好。每亩地用辛硫磷乳油 250~300 mL 加水 2.5~3 kg，喷在干细土上拌成毒土，撒在根际。

（六）蝼蛄

蝼蛄，俗名耕狗、拉拉蛄、扒扒狗、土狗子，蝼蛄属直翅目，蝼蛄科昆虫。不全变态。蝼蛄的触角短于体长，前足宽阔粗壮，适于挖掘，属开掘式足，前足胫节末端形同掌状，具 4 齿，跗节 3 节。前足胫节基部内侧有裂缝状的听器。中足无变化，为一般的步行式。后足脚节不发达。覆翅短小，后翅膜质，扇形，广而柔。尾须长。雌虫产卵器不外露，在土中挖穴产卵，卵数可达 200~400 粒，产卵后雌虫有保护卵的习性。刚孵出的若虫，由母虫抚育，至一龄后始离母虫远去。

蝼蛄为多食性害虫，喜食各种蔬菜，对蔬菜苗床和移栽后的菜苗危害尤为严重。蝼蛄成虫和若虫在土中咬食刚播下的种子和幼芽，或将幼苗根、茎部咬断，使幼苗枯死，受害的根部呈乱麻状。蝼蛄在地下活动，将表土穿成许多隧道，使幼苗根部透风和土壤分离，造成幼苗因失水干枯致死，缺苗断垄，严重的甚至毁种，使草莓大幅度减产。

防治措施：

1. 药剂拌种　可用 50% 辛硫磷，或 50% 对硫磷乳油，按种子量的 0.1%~0.2% 用药剂并与种子重量 10%~20% 的水对匀，均匀地喷拌在种子上，闷种 4~12 min 再播种。

2. 毒土、毒饵毒杀法　每亩用上述拌种药剂 250~300 mL，对水稀释 1 000 倍左右，拌细土 25~30 kg 制成毒土，或用辛硫磷颗粒剂拌土，每隔数米挖一坑，坑内放入毒土再覆盖好。也可用炒好的谷子、麦麸、谷糠等，制成毒饵，于苗期撒施田间进行诱杀，并要及时清理死虫。

3. 诱杀　可用鲜马粪进行诱捕，然后人工消灭，可保护天敌。或灯光诱杀，蝼蛄有趋光性，有条件的地方可设黑光灯诱杀成虫。

第四章
日光温室葡萄生产技术

　　葡萄是一种重要的浆果，在果树生产中占有非常重要的地位。日光温室葡萄生产以其不可替代的发展态势，调节淡季水果销售市场。本章主要介绍了日光温室葡萄生产概况、日光温室葡萄生产的主要品种、日光温室葡萄的生物学特征、日光温室葡萄生产的育苗技术、日光温室葡萄的建园技术、日光温室葡萄的促花技术、日光温室葡萄生产调控技术、日光温室葡萄病虫害防治技术等内容。

第一节
日光温室葡萄生产概况

一、日光温室葡萄生产的历史

葡萄是世界上分布范围最广，栽培面积最大，产量最多的落叶果树之一，其产量高居世界水果产量第二位。葡萄设施栽培最早始于中世纪的英国宫廷园艺，随后荷兰、比利时和意大利等国家葡萄设施栽培也步入较快的发展阶段。在亚洲，日本是葡萄日光温室栽培最发达的国家，明治十五年（1882 年）就开始了小规模温室生产。1953 年，日本以冈山县为中心，利用塑料薄膜日光温室进行了规模化生产，1995 年，日本葡萄设施面积已达 5 150 hm^2，占全部葡萄种植面积的 30% 以上。且设施葡萄已采用计算机自动控制与专家系统相结合，达到高度自控化水平，其果实产量、品质及目标管理较露天自然栽培得到很大的提高和改善，经济效益也明显提高。

二、我国日光温室葡萄生产的现状

我国葡萄设施生产已有较长的历史，葡萄设施生产始于 20 世纪 50 年代初期，最早在黑龙江、辽宁和山东等地进行小规模尝试，但由于种种原因一直未能在生产上大面积推广。1979 年，巨峰葡萄薄膜日光温室生产在黑龙江省获得成功。1979~1985 年，辽宁省先后利用地热加温的玻璃温室、塑料薄膜日光温室和塑料大棚等进行了葡萄设施栽培研究，同样获得良好的效果。20 世纪 90 年代初期，围绕当时设施栽培上存在的品种选择、设施结构、环境调控等问题，北京农学院、沈阳农业大学、辽宁高等农林专科学校、天津市农业科学院果林研究所等单位开展了许多研究和试验，均取得良好的效果。20 世纪 90 年代中后期，随着我国市场经济的发展，葡萄设施促成生产在我国北方迅速发展起来。在我国南方，设施避雨和促成栽培也开始发展。原浙江农业大学（1985年）首先报道白香蕉葡萄的避雨栽培试验。1992年，浙江省农业科学院首先报道巨峰葡萄大棚促成栽培的试验结果，至20世纪90年代中期，大棚促成生产逐渐在上海、浙江、江苏、云南等地区普及推广，已成为近年我国南方葡萄栽培发展最快的一项新技术。葡萄延迟栽培开始于1992年，河北怀来县暖泉乡果农侯文海对牛奶品种进行后期覆盖，延迟到11月下旬采收，显著提高了生产效益。以后，山东平度等地也相继开展了葡萄设施延迟栽培试验。目前，河北省怀来县、北京市延庆区、山东省平度市等地葡萄延迟栽培面积增长很快。20世纪90年代以后，随着全国设施农业的发展，葡萄设施生产发展十分迅速。截至2000年年底，全国设施葡萄栽培总面积已达4 000 hm^2，基本形成了以辽宁（盖州、营口），河北（唐山、秦皇岛、怀来），天津（武清），北京（通州），山东（潍坊、莱西），宁夏（银川），上海（嘉定），江苏（张家港）及浙江（金华）为重点产区的葡萄设施栽培新格局。

　　目前，北方以日光温室促成栽培和延迟栽培为目的、南方以大棚促成栽培和避雨栽培为目的的葡萄设施栽培正在蓬勃发展。日光温室葡萄生产已成为我国鲜食葡萄生产中一个新的组成部分，以其结果早、产量高、适应性广、栽培技术措施要求高、经济效益高而受到普遍关注，成为贫困地区农民脱贫致富、增加收入的有效途径。

三、日光温室葡萄生产的模式

（一）葡萄促成栽培

　　葡萄促成栽培是利用日光温室条件和保温覆盖材料栽培早熟和极早熟葡萄品种，实现果实提早成熟，提前上市，补充淡季市场供应的一种栽培形式。目前。葡萄促成生产是我国的主要日光温室生产模式。

（二）葡萄延迟栽培

　　葡萄延迟栽培是指利用日光温室条件，栽培晚熟葡萄品种，实现葡萄果实延迟成熟，延迟采收，供应市场的一种栽培形式。

第二节
日光温室葡萄生产的主要品种

　　葡萄属于葡萄科、葡萄属多年生藤本植物。葡萄属按照地理分布和生态特点，一般划分为四大种群：欧亚种群、北美种群、东亚种群、杂交种群。葡萄品种众多，主要来源于欧洲种、美洲种及欧美杂交种。按有效积温和生长日数常把葡萄品种分为 5 类（表 4-1）。这些类型品种对采取何种设施栽培模式，具有重要的指导建议。

表 4-1　不同葡萄品种对有效积温和生长日数的要求

品种类型	活动积温（℃）	生长日数（天）	代表品种
极早熟品种	2 100~2 500	< 110	87-1
早熟品种	2 500~2 900	110~125	金星无核、京亚、京秀、京优、无核白鸡心、里扎马特
中熟品种	2 900~3 300	125~145	藤稔、红脸无核、美人指
晚熟品种	3 300~3 700	145~160	晚红、夕阳红
极晚熟品种	> 3 700	> 160	秋红、秋黑

　　目前，北方地区适于日光温室葡萄促成栽培的品种主要有：京亚、金星无核、无核白鸡心、藤稔、87-1、京秀、京优、里扎马特等品种。适合日光温室葡萄延迟栽培的品种有：晚红、秋红、秋黑、红脸无核、美人指、夕阳红等耐储品种。

一、京亚

　　欧美杂种，四倍体。中国科学院植物研究所从黑奥林实生苗中选育的新品种，1992 年通过品种审定（图 4-1）。果穗圆锥形，平均穗重 400 g，最大可达 1 000 g。果粒短椭圆形，平均粒重 11.5 g。果皮紫黑色，果肉较软，汁多，味浓，稍具草莓香味，可溶性固形物含量

图 4-1　京亚

15.3%~17.2%，较抗病、易丰产，是目前全国各地葡萄更新换代较为理想的早熟品种之一，较适宜日光温室生产。

二、金星无核

欧美杂种，美国阿肯色州农业试验站培育，1977 年发布。沈阳农业大学葡萄试验园 1983 年从美国引进，1994 年通过品种审（认）定。新梢绿色，有稀疏茸毛，梢尖幼叶正背两面密被白色茸毛。成叶 3 裂，裂刻浅，叶背着生较厚的白色茸毛。果穗圆锥形，紧密，平均穗重 350 g。果粒近圆形，平均粒重 4.4 g，经葡萄膨大剂处理后果粒重可达 7~8 g，果皮蓝黑色，肉软，汁多，味香甜，含糖量为 15%，品质中上，有的浆果内残存退化的软种子，较耐运输。该品种树势强，结果枝率 90%，枝条成熟度极好，抗病力强，丰产性好，能适应高温多湿气候，是一个适应性强的优良早熟无核品种。

三、无核白鸡心

沈阳农业大学葡萄试验园 1983 年从美国引进，1994 年通过品种审（认）定（图 4-2）。幼叶微红，有稀疏茸毛。成叶光滑无毛，5 裂，裂刻极深，上裂刻常呈闭合状，叶柄紫红色。果穗大，圆锥形，平均穗重 620 g，最大穗 1 700 g，中等紧密。果粒长卵形、略呈鸡心形，黄绿色，平均单果粒重 6 g，在无核品种中属罕见的大粒品种。经赤霉素或膨大剂处理后，果粒可长达 5 cm，粒重可达 10 g 以上。果皮薄，不裂果，果肉硬脆，微具玫瑰香味，甜酸适口，可溶性固形物含量 16% 以上。果粒的果刷长，拉力强，较耐运输。该品种树势强旺，枝条粗壮，较丰产，果实成熟一致，结果枝率 75%，抗霜霉病能力稍强于巨峰，抗黑痘病、白腐病能力差。该品种由于外观美、品质好，商品价值高，很受栽培者和消费者欢迎，是一个极有发展前途的早熟、大粒、优质、丰产的无核品种。目前已成为东北、京津、华北等地理想的早熟更新换代葡萄无核品种之一。

图 4-2　无核白鸡心

四、藤稔

欧美杂交种，四倍体，中熟品种（图 4-3）。以井川 682 与先锋杂交育成，1985 年注册登记。嫩梢绿色带浅紫红。一年生枝条赤褐色，粗壮。叶片大近圆形，深 5 裂，叶背茸毛稀，叶柄带红晕。两性花，坐果好。果穗圆锥形，穗重 400~500 g。果粒特大，粒重 15~18 g，经严格疏粒、疏穗后，最大果粒可达 39 g，纵径 4 cm，横径 4.26 cm。果皮紫红至紫黑色，皮薄肉厚，不易脱粒，味甜，品质中上，可溶性固形物含量在 15%~16%。该品种树势强旺，极丰产，抗病力强。

图 4-3　藤稔

五、87-1

欧亚种，果穗圆锥形，平均穗重 600 g，果粒着生紧凑，穗形整齐（图 4-4）。果粒短椭圆形，粒重 5~6 g。果皮深紫色，果肉硬脆，酸度低，含糖量 14% 左右，有玫瑰香味，味道纯正。该品种抗病性中等，是适合日光温室生产的早熟品种之一。

图 4-4　87-1

六、京秀

欧亚种，中国科学院植物研究所杂交育成，1994 年通过品种审定（图 4-5）。嫩梢绿色，具稀疏茸毛，成叶中大，近圆形，5 裂，光滑无毛。果穗圆锥形，平均穗重 513.6 g，最大 1 000 g。果粒椭圆形，平均粒重 6.3 g，最大 9.3 g。果皮玫瑰红或紫红色，果肉脆，味甜，酸度低，可溶性固形物含量 14.0%~17.5%，含酸量 0.39%~0.47%，品质上等。果枝率 60%，较丰产，抗病力中等，易染炭疽病。早熟品种，果实不易裂果、不掉粒，果肉脆，品质佳，适宜日光温室生产。

图 4-5　京 秀

七、京优

欧美杂种，四倍体。中国科学院植物研究所从黑奥林实生苗选出，为京亚的姊妹系，1994 年通过品种审定。嫩梢绿色，带有紫红色，具稀疏茸毛。一年生枝条红褐色，叶片中大，近圆形，深 5 裂，叶柄洼为开张矢形。两性花。紫色，肉厚而脆，酸甜，微具草莓香味，品质好，近似欧亚种风味。可溶性固形物含量 14.0%~19.0%，含酸量 0.55%~0.73%，是巨峰群中品质较好的品种之一。早熟品种，丰产性好，抗病性强，耐储运。

八、里扎马特

里扎马特又名玫瑰牛奶、红马奶，欧亚种，是世界上著名的二倍体大粒、早熟葡萄品种之一 (图 4-6)。嫩梢绿色，茸毛稀；一年生枝条土黄色。叶片中等大小，圆形或肾形，浅 3~5 裂，平滑无毛。两性花。果穗特大，圆锥形，平均穗重 800 g，最大穗重可达 3 000 g 以上。果粒长椭圆形或长圆柱形，粒重 10.2~12.0 g，最大粒重可达 20 g。果皮鲜红色至紫红色，外观艳丽。皮薄肉脆，味甜，可溶性固形物含量

14%~15%，清香，口感优雅。生长势强，丰产，抗病性较弱。

九、晚红

晚红又名红地球、美国红提（图4-7）。欧亚种，美国加州大学欧姆教授培育出的大粒、晚熟、耐储、优质新品种，1982年发布。植株嫩梢先端稍带紫红色纹，中下部为绿色；一年生枝浅褐色。梢尖1~3片幼叶微红色，叶背有稀疏茸毛；成叶5裂，上裂刻深，下裂刻浅，叶正背两面均无茸毛，叶缘锯齿较钝，叶柄淡红色。该品种果穗长圆锥形，平均纵径26 cm，横径17 cm，穗重800 g，大的可达2 500 g。果粒圆形或卵圆形，粒重12~14 g，最大可达22 g，每穗果粒着生松紧适度。果皮中厚，暗紫红色；果肉硬脆，能削成薄片，味甜，可溶性固形物含量为17%，品质极佳。果刷粗而长，着生极牢固，耐拉力强，不脱粒，特耐储藏运输。该品种树势强壮，结果枝率70%，栽后2年开始结果，3年株产16 kg，5年亩产2 500 kg左右，极丰产。

十、秋红

欧亚种，美国加州大学欧姆教授培育，1981年在美国发布。沈阳农业大学葡萄试验园1987年从美国引入，1995年通过品种审定。植株嫩梢紫红色，一年生枝深褐色，节与节之间呈"之"字形曲折。幼叶绿色，光滑无毛；成叶较大，5裂，上裂刻较深，下裂刻中等或浅，主脉分叉处向上凸起，叶正背两面均光滑无毛，叶缘锯齿较尖，叶柄紫红色。果穗长圆锥形，平均纵径30 cm、横径24 cm，穗重880 g，最大穗重3 200 g。果粒长椭圆形，平均粒重7.5 g，着生较紧密。果皮中等厚，深紫红色，不裂果。果肉硬脆，能削成薄片，肉质细腻，味甜，可溶性固形物含量17%，品质佳。果刷大而长，果粒附着极牢固，特耐储运，长途运输不脱粒。果实易着色，成熟一致，不裂果，不脱粒。该品种树势强，枝条粗壮，结果枝率78%，栽后2年见果，5年亩产2 500 kg左右，极丰产。

图 4-6　里扎马特

图 4-7 晚红

十一、秋黑

欧亚种，美国加州大学欧姆教授培育，1984 年发布。沈阳农业大学葡萄试验园 1987 年从美国引入，1995 年通过品种审定。植株嫩梢绿色，有稀疏茸毛；一年生枝浅黄褐色。幼叶黄绿色，背面有稀疏茸毛；成叶 5 裂，裂刻浅，叶正背两面均光滑无茸毛，叶缘锯齿尖。果穗长圆锥形，平均纵径 27 cm、横径 16 cm，穗重 270 g，最大穗重 1 500 g 以上。果粒阔卵形，粒重 9~10 g，着生紧密。果皮厚，蓝黑色，外观极美，果粉厚；果肉硬脆，能削成薄片，味酸甜，可溶性固形物含量 17%，品质佳。果刷长，果粒着生极牢固，极耐储运。植株生长势很强，结果枝率 70%，5 年亩产 2 500 kg 左右。

十二、红脸无核

欧亚种，美国加州大学欧姆教授培育，1982 年发布 (图 4-8)。沈阳农业大学葡萄试验园 1983 年从美国引进，1995 年通过品种审（认）定。幼叶密被白色茸毛，叶缘橙色；成叶 5 裂，裂刻深，叶面光滑，叶缘锯齿尖，叶柄深红色，叶柄洼闭合。果穗大，长圆锥形，平均穗重 650 g，最大穗重 2 150 g。果粒椭圆形，平均粒重 3.8 g。果皮鲜红色，果粉薄，外观鲜艳，果肉硬脆，味甜，品质上，可溶性固形物含量 15.4%~16.5%。果刷长，果粒着生牢固，较耐储运。树势强，结果枝率 88.6%，产量高，抗病力中等。

图 4-8　红脸无核

十三、夕阳红

欧美杂种，四倍体。辽宁农业科学院园艺所采用沈阳玫瑰与巨峰杂交育成，1993 年通过品种审定。嫩梢绿色，茸毛稀疏。幼叶带紫红色，背面茸毛中密。成叶 3~5 裂，上裂刻深下裂刻浅。果穗圆锥形，平均穗重 600 g，最大穗重可达 1 500 g 以上。果粒长圆形，平均粒重 12 g。

果皮较厚，暗红至紫红色，果肉软硬适度，汁多，具有浓玫瑰香味，味甜，可溶性固形物含量 16%，品质上。植株树势强壮，抗病性强，易形成花芽，坐果率高，丰产。果实成熟后不裂果，不脱粒，耐运输，较耐储藏。

第三节
日光温室葡萄的生物学特征

一、形态特征

（一）根

葡萄的根系非常发达，主要分布在 20~60 cm 土层中，距离主干 1 m 左右的范围里。葡萄根系生命力很强，当移栽折断时，从伤口处可迅速发生大量新根。在晚秋时节和施肥后，葡萄根系具有最强的再生能力。在设施条件下，葡萄根系在土壤温度 6~7℃ 时开始活动；土温上升至 12~13℃ 时发生新根，在 15~22℃ 时生长最快。因此，在日光温室促成生产的前期，应注意提高日光温室内土壤温度。

（二）枝

葡萄枝蔓由主干、主蔓、一年生结果枝等部分组成（图4-9）。带有花序的新梢称结果枝，不带花序的新梢称发育枝。由夏芽萌发的枝条为副梢。日光温室条件下，葡萄生长量很大，可促发多次副梢。日光温室内应进行多次的副梢夏季修剪，对改善架面的通风透光作用明显。

（三）芽

葡萄的芽是混合芽，有夏芽、冬芽和隐芽之分。夏芽是在新梢叶腋中形成的；冬芽是在副梢基部叶腋中形成的，当年不萌发。葡萄的芽又是复芽，即由一个主芽和多个副芽组成。在生长季中往往出现多芽萌

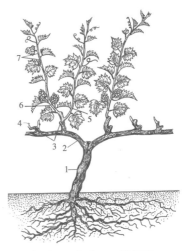

1.主干　2.主蔓　3.结果枝组　4.结果母枝　5.营养枝　6.结果枝　7.副梢

图 4-9　葡萄植株各部分名称

发的现象，严重影响架面的光照条件。因此，日光温室条件下应及时进行抹芽、定梢等夏季修剪工作，有利于改善光照和节省葡萄树体养分。

（四）叶

葡萄叶由托叶、叶柄、叶片组成（图4-10），叶片表面有角质层，一般叶有光泽，叶背面有茸毛。因日光温室内光照条件相对较差，易形成颜色较浅、大而薄的叶片，影响光合产物的积累。因此，日光温室生产通常要加强肥水和光照等管理，维持葡萄叶片较强的光合能力。

图4-10　葡萄叶片

（五）花和果实

葡萄的花序为圆锥状花序，由花梗、花序轴、花朵组成，通称花穗。葡萄的花分为两性花、雌花和雄花（图4-11）。果穗由穗轴、穗梗和果粒组成（图4-12）。由于日光温室条件改变了葡萄固有的生长规律，原结果枝形成的冬芽受棚内光照和营养的影响，花芽分化不良，往往易导致隔年结果现象，已成为日光温室葡萄生产的一大障碍。加强日光温室葡萄的水肥管理，提高营养储备；控制好发育节奏，增强

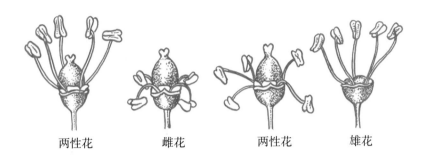

两性花　　　雌花　　　两性花　　　雄花

图 4-11　葡萄花的类型

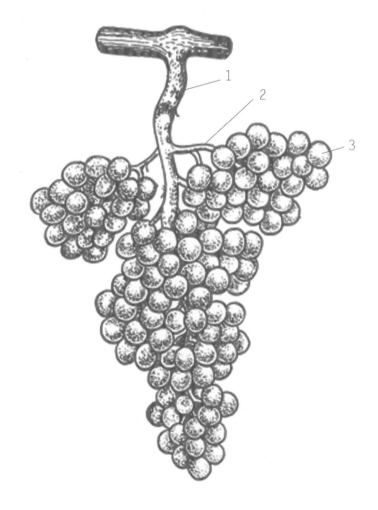

1.穗轴　2.穗梗　3.果粒

图 4-12　葡萄果穗

叶片质量；日光温室内通过适当实行补光和二氧化碳气体施肥等多种途径共同作用，提高光合性能，增加光合碳素生产，可有效克服上述现象。

二、生长期特征

葡萄生长年周期随着环境变化而有节奏地通过生长期与休眠期，完成年周期发育。在生长期中进行萌芽、生长、开花、结果等一系列的生命活动，这种活动的各个时期称为物候期。

（一）生长期

已结果的植株，生长期一般分为6个阶段：

1. 伤流期　由树液流动开始，至芽开始萌动为止。当土温升至6~9℃时葡萄根系开始活动，将大量的营养物质向地上部输送，供给葡萄发芽之用。由于葡萄茎部组织疏松导管粗大，树液流动旺盛，若植株上有伤口，则树液会从伤口处流出体外，称为伤流。日光温室内进行葡萄枝蔓修剪时，尤其要注意伤流现象的发生。

2. 萌芽生长期　从芽眼萌发到开花始期约40 d。春季气温回升到10℃时冬芽开始萌发，初时生长缓慢，节间较短，叶片较小。随着气温的升高生长速度加快，节间加长，叶片增大，当气温升至20℃以后，进入新梢生长高峰。当日光温室内土壤温度达10~15℃时，根开始生长。萌芽期也是越冬花芽补充分化始期，发育不完善的花芽开始进行第二级和第三级的分化。该时期，需要大量的营养物质和适宜的温度条件。

3. 开花期　从开始开花到谢花，5~14 d。同一植株上有5%的花开放为始花期，2~4 d，进入盛花期。开花期的适宜气温为25~32℃，如果温度低于15℃，则不能正常开花与受精。

4. 浆果生长期　自子房开始膨大，到浆果开始变软着色以前为止。早熟品种35~60 d，中熟品种60~80 d，晚熟品种80 d以上。此时期结束时，果粒大小基本长成，种子也基本形成，枝蔓进行加粗生长，有些品种枝蔓基部已开始成熟。

5.浆果成熟期　自果粒开始变软着色至完全成熟为止，20~30 d。在该时期内，浆果内部进行着一系列的化学变化，营养物质大量积累，含糖量（果糖和葡萄糖等）迅速增加，含酸量与单宁相对减少，细胞壁软化，果粒变软。有色品种的外果皮大量积累色素，呈现本品种固有色泽。白色品种与黄色品种果粒内的叶绿素分解，颜色变浅而成为黄色或黄白色。果粒外部表皮细胞分泌蜡质果粉层，种子成熟变褐色。日光温室栽培条件下，由于光照、温度等条件与露地有差异，浆果的果实品质易受到很大的影响，因此加强各种栽培措施来提高葡萄浆果的外在和内在品质尤为必要。

6.落叶期　落叶期从浆果生理成熟到落叶为止。在日光温室生产条件下，其生产方式不同，落叶期差异也很大。日光温室越冬葡萄生产，果实在5~6月采收，采收以后，因结果蔓上的冬芽，是在短日照条件下发育成的，难以形成花芽，必须立即进行修剪，重新培养新的结果母枝。这些新梢的生长发育处在长日照条件下，只要技术措施得当，其冬芽能够分化出优良的花芽。因此，这种栽培方式，其落叶期和新梢发育连在一起，长达150~170 d。葡萄日光温室秋季延迟生产，果实于11~12月采收，落叶期仅10 d左右。

（二）休眠期

葡萄自新梢开始成熟起，芽眼便自下而上地进入生理休眠期，叶片正常脱落后，在0~5℃温度条件下约经过1个月，即可满足其绝大部分品种对需冷量的要求，这时，给予适宜的温、湿条件，即可以正常萌芽生长。日光温室越冬栽培，应在满足品种需冷期后立即结束休眠，及早升温，而秋延迟生产可以尽量延长休眠时间。

第四节
日光温室葡萄生产的育苗技术

葡萄育苗的主要方法有扦插繁殖、压条繁殖、实生繁殖、嫁接繁殖、组培快繁、营养钵繁殖等。在我国，传统的葡萄苗木培育多采用扦插繁殖，仅在东北严寒地区采用抗寒砧木进行嫁接繁殖。近年来，随着抗性砧木在葡萄生产中的优势突出，嫁接繁殖的优点逐渐被认识和接受，开始在我国广大葡萄产区推广和应用。葡萄苗木质量的好坏，直接影响到建园成败和果园经济效益。因此，培育品种纯正、砧木适宜的优质苗木，既是葡萄良种繁育的基本任务，也是葡萄生产管理的重要环节。

一、扦插繁殖

扦插是葡萄最常用的繁殖方法之一，主要用于砧木苗和优良品种苗木的繁育。分为硬枝扦插和绿枝扦插。

（一）硬枝扦插

1. 插条的采集　一般在冬季修剪时采集。选择品种纯正、健壮、无病虫害的植株，剪取节间适中、芽眼饱满、没有病虫害和其他伤害的一年生成熟枝条作为种条。该种条应具有本品种固有色泽，节长适中，节间有坚韧的隔膜，芽体充实、饱满，有光泽。弯曲枝条时，可听到噼啪折裂声。枝条横截面圆形，髓部小于该枝直径的1/3。采集后，剪掉副梢、卷须。然后将种条剪成长50~60 cm，50根或100根打成一捆，系上标签，写明品种、数量、日期和采集地点（图4-13）。

2. 插条的储藏　储藏可采用室外沟藏和地窖沙藏2种方式。

（1）室外沟藏　选择避风背阴、地势较高的地方，挖深宽各约1 m的沟，沟长则根据插条数量及地块条件决定（图4-14）。种条进行储藏

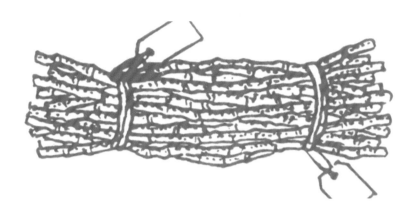

图 4-13　种条的采集（引自杨庆山）

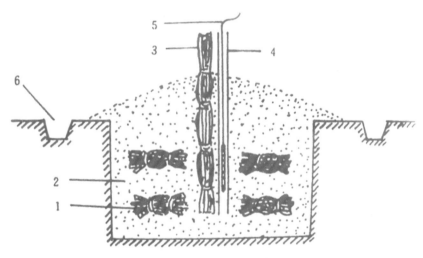

1.种条　2.沙土　3.通气秸秆　4.竹管　5.温度计　6.排水沟

图 4-14　插条的沟藏（引自杨庆山）

前，可用 5% 的硫酸亚铁或 5 波美度的石硫合剂浸泡数秒钟，进行杀菌消毒。储藏时，先在沟底平铺 5~10 cm 厚的湿沙，铺放一层插条捆，再铺 4~5 cm 的湿沙，并要填满插条空隙。沙子湿度以手握成团但不滴水，放开手有裂纹而不散为宜。插条层数以不超过 4 层为宜。为防止插条储藏后发热霉烂，保证通气良好，在沟的中心带每隔 2 m，竖放一直径 10 cm 的草把或秸秆捆。插条放置好后，最上层插条上铺 10 cm 厚的湿沙，盖上一层秸秆，最后覆土 30 cm。

插条的沙土则应保持 70%~80% 的相对湿度，即手握成团，松手团散为宜。当平均气温升到 3~4℃后，应每隔半月检查 1 次，发现插穗有发热现象时，应及时倒沟，减薄覆土，过于干燥时，可喷入适量的清水。如发现有霉烂现象，要及时将种条扒开晾晒，捡出霉烂种条，并喷布 50% 多菌灵可湿性粉剂 800 倍液进行消毒，药液晾干后重新埋藏。

（2）地窖沙藏　可先将插条剪成扦插需要的长度，在窖底铺一层厚 10 cm 的湿沙，然后将打捆的插条平放或竖放在湿沙上，每捆之间用湿沙填满，最后用湿沙将插条埋严。经过储藏后，插条下端剪口处可形成愈伤组织，有利于生根。

3. 扦插前插条处理

（1）插条浸水　扦插前将插条捆竖直放入清水中浸泡 1~2 昼夜，促进插条吸水，以提高扦插成活率。

（2）插条剪截　春季，取出插条，选择节间合适、芽壮、没有霉烂和损伤的种条，将插条剪成带 2~3 个芽，长约 15 cm 的枝段。剪截时，上端剪口在距第一芽眼 2 cm 左右处平剪，下端剪口在距基部芽眼 0.6~0.8 cm 处按 45° 角斜剪，剪口呈马蹄形，上面两个芽眼应饱满，保证萌芽成活，每 50 根或 100 根捆成一捆。对插条较少的珍稀品种，也可剪成单芽插条。

（3）催根处理　提高扦插成活率的关键是催根，其途径可归为两个方面，一是控温催根，二是激素催根。实际生产中两者同时运用，效果明显。控温催根方法有电热温床、酿热温床、拱棚保温等。下面主要介绍电热温床催根、酿热温床催根、拱棚保温催根和激素催根。

1）电热温床催根　以电热线、自动控温仪、感温头及电源配套使用。一般采用地下式床，保温效果好。在地面挖深 50 cm、宽 1.2~1.5 m 的沟槽，长度以插条数量而定（亦可用砖砌式床：用砖砌成一个高 30 cm，宽 1~1.5 m，长 3.5~7 m 的苗床）。沟槽底部铺 5~10 cm 厚的谷壳或锯末，防止散热，上面平铺 10 cm 厚的湿沙（含水量 80%）。在床的两头及中间各横放 1 根长 1.2~1.5 m、宽 5 cm 的木条，固定好，在木条上按 5~7 cm 线距钉铁钉，然后将电热线往返挂在钉上，电热线布好后，再用 5 cm 厚的湿河沙将电热线埋住压平，然后竖立摆放插条，成捆或单放均可。插条基部用湿沙覆盖，保证插条基部湿润。插条摆放好后，将电热线两头接在控温仪上，感温头插在床内，深达插条基部，然后通电。控温仪的温度设定在 25~28℃，将浸泡过的插条一捆挨一捆立放，空隙填满湿沙，顶芽露出，一般 15~20 d，插条基部产生愈伤组织，发出幼根。停止加温锻炼 3~5 d 后即可扦插。

2）酿热温床催根　利用马粪、锯末、秸秆等酿热物发酵产热的原理对葡萄插条加温催根。河北、北京等地一般多先用酿热温床对插条进行催根，可在背风向阳处建东西走向、南低北高的阳畦，挖深50~60 cm，内填鲜马粪 25~30 cm，再填 10 cm 左右厚的细沙，然后铺15 cm 厚的湿锯末，最后摆放插条。加温时，床上插上温度计，深达插条基部，温度要控制在 28℃ 以下，如超过 30℃，需及时喷水降温。插床上要遮阴保湿，经 15~20 d 后插条基部产生愈伤组织，幼根凸起即可扦插。

3）拱棚保温催根　可在背风向阳处建东西走向、南低北高的阳畦，挖深 50~60 cm，把整个畦加盖小型塑料拱棚保温，插条先用清水浸泡24 h，再用 5 波美度石硫合剂消毒，然后再用 40 μL·L^{-1} 米萘乙酸或萘乙酸钠溶液蘸泡发根一端。当阳畦整好后，于 3 月下旬将插条整齐垂直倒置在阳畦内，根端宜平齐，插条之间用湿润的细沙填满，顶部再盖湿沙 3 cm，在湿沙上再盖 5 cm 厚的马粪或湿羊粪，无拱棚的畦也可在畦面覆以塑料薄膜，白天利用阳光增温，夜间加盖草帘保持畦内温度，经过 20~25 d，插条根部即可产生愈伤组织并开始萌发幼根。此时即可进行露地扦插。

4）激素催根　常用的催根药剂有 ABT 1 号、ABT 2 号生根粉，其有效成分为萘乙酸或萘乙酸钠，药剂配制时需先用少量酒精（乙醇）或高浓度白酒溶解，然后加水稀释到所需浓度。激素催根一般在春季扦插前（加温催根前）进行，使用方法有 2 种：一是浸液法，就是将葡萄插条每 50 根或 100 根一捆立在加有激素水溶液的盆里，浸泡12~24 h。只泡基部，不可将插条横卧盆内，也不要使上端芽眼接触药液，以免抑制芽的萌发，萘乙酸的使用浓度为 50~100 mg·kg^{-1}，萘乙酸不溶于水，配制时需先用少量的 95% 酒精溶解，再加水稀释到所需要的浓度，萘乙酸钠溶于热水，不必使用酒精。二是速蘸法，就是将插条 30~50 支一把，下端在萘乙酸溶液中蘸一下，拿出来便可扦插，使用萘乙酸的浓度是 1 000~1 500 mg·kg^{-1}。化学药剂处理简单易行，适宜大量育苗应用。

4. 整地　葡萄育苗的地块，应选择在土质疏松，有机质含量高，地势平坦，阳光充足，有水源，土壤 pH 8 以下，病虫害较少的地方。大面积的苗圃，应按土地面积大小和地形，因地制宜地进行区划。通常每 1~5 亩设一小区，每 15~20 亩设一大区，区间设大、小走道。10亩以下的小苗圃酌情安排。

育苗地在秋季深翻并施入基肥，每亩施有机肥 5 000 kg，施过磷酸钙肥 50 kg。春季扦插前可撒施异柳磷粉剂或颗粒剂以消灭地下害虫。深翻 40 cm 以上，耙平，培土做畦，整畦的标准是：畦宽 60~100 cm，高 10~15 cm，畦距 50~60 cm，畦面平整无异物，然后覆盖地膜，准备扦插。

5. 扦插方法　葡萄扦插一般分为露地扦插和保护地扦插。春季当地面以下 15 cm 处地温达 10℃ 以上时即可进行露地扦插。华北地区一般在 4 月上中旬。保护地扦插可适当提前。主要方法有：

（1）垄插　垄高 20~30 cm，垄距 60~70 cm，采用南北行向。起垄后碎土、搂平、喷除草剂和覆地膜。扦插前可用与插条直径相近的木棍先打扦插孔，株距 20~30 cm，垄上双行扦插的窄行行距为 25~40 cm。扦插时先用比插条细的筷子或木棍，通过地膜呈 75° 角戳一个洞，然后把枝条插入洞内，插条基部朝南，剪口芽在上侧或南面。插入深度以剪口芽与地面相平为宜。打孔后将插条插入，插穗顶端露出地膜之上，压紧，使插条与土壤紧密接触不存空隙，一定要保证土壤与枝条严密接触，避免发生"吊死"现象。然后往垄沟内灌足水，待水渗后，将地膜以上的芽眼用潮土覆盖，以防芽眼风干。

垄插时，插条全部斜插于垄背土中，并在垄沟内灌水。垄内的插条下端距地面近，土温高，通气性好，生根快。枝条上端也在土内，比露在地面温度低，能推迟发芽，造成先生根，后发芽的条件，因此垄插比平畦扦插成活率高，生长好。北方的葡萄产区多采用垄插法，在地下水位高，年降水量多的地区，由于垄沟排水好，更有利于扦插成活。

（2）畦插　畦面宽 1.2~1.6 m、长约 10 m、畦埂宽 30 cm，每畦插3~4 行，行距 25~40 cm，株距 20~30 cm，扦插方法同垄插。插好后畦内灌足水，使土沉实，再覆盖 2 cm 厚沙或覆盖一层稻草保湿。两种方法相比,垄插地温上升快,中耕除草方便,通风透光。畦插单位面积出苗数多,灌水方便。

6. 葡萄的单芽扦插 用只有 1 个芽的插条扦插叫作单芽扦插。应用这种方法时,要根据品种的不同而分别对待。生产上,主要是对长势强、节间长的品种(如龙眼、巨峰等),采用单芽扦插。采用单芽扦插多在塑料营养袋里育苗,这样可以节省插条,加速葡萄优良品种的繁殖。习惯上常用的露地扦插育苗法,每亩只能出苗 7 000~8 000 株。而应用此方法,每亩可育苗 15 000~20 000 株,且成苗率高,出圃也快。具体方法是:将秋季准备好的成熟度好、芽眼充实、优良品种的枝条剪成 8~10 cm 的单芽段,在芽眼的上方 1~1.5 cm 剪成平茬,插条下端剪成斜茬。将剪好的插条直接插在营养袋的中央,剪口与土面平。扦插时间以 2 月上旬至 3 月上旬为宜,营养袋应放置在塑料大棚或玻璃温室内,逐个排列,进行加温催根。营养袋的土温应在 15℃ 以上,气温以 20~30℃ 为宜,土壤水分保持在 16% 左右,喷水要勤,喷水量要少,使上下湿土相接,如果水量过多,土壤过湿,插条则不易生根,甚至因根系窒息而死亡。在生长期,如果营养不足时,可以喷布 1~3 次 0.3% 尿素或磷酸二氢钾。当苗木生长到 20 cm 时,即可移出分植,用于培育壮苗。

7. 田间管理 扦插苗的田间管理主要包括肥水管理、摘心和病虫害防治等。总的原则是前期加强肥水管理,促进幼苗的生长,后期摘心并控制肥水,加速枝条的成熟。

(1)灌水与施肥 扦插时要浇透水,扦插后要适时灌水,但水量宜小,且灌水后及时松土,以免影响氧气的供给和降低地温。要保持嫩梢出土前土壤不致干旱,北方往往春旱,一般 7~10 d 灌水 1 次,具体灌水时间与次数要依土壤湿度而定。6 月上旬至 7 月中旬,苗木进入迅速生长期,需要大量的水分和养分,应结合浇水追施速效性肥料 2~3 次,前期以氮肥为主,后期要配合施用磷、钾肥。生长期间还可以结合喷药进行根外追肥,喷 1%~2% 的草木灰或过磷酸钙浸出液,促进根系健壮饱满。7 月下旬至 8 月上旬,为了不影响枝条的成熟,应停止浇水或少浇水。

(2)摘心 一根插条萌发出多个芽子时,选留 1 个位置好、生长健壮的新梢，其余抹掉，以集中营养，促进幼苗生长，提高苗木质量。葡萄扦插苗生长停止较晚，后期应摘心并控制肥水，促进新梢成熟，幼苗生长期对副梢摘心2~3次，主梢长70 cm时进行摘心，新梢再发出副梢时，副梢留1片叶摘心。到8月下旬长度不够的也一律摘心。留长梢的苗木，在北方最迟应于8月末摘心，南方于9月末摘心，以促进枝条成熟。

（3）中耕除草　一般结合浇水进行，做到圃地经常保持疏松无草，尤其是7~8月，气温高、雨水多，易丛生杂草，引起病虫害发生，影响苗木生长。

（4）病虫防治　春季发芽期注意扑杀食害嫩芽的各种金龟子，用90%敌百虫晶体500~800倍溶液拌上炒好的麦麸子，撒在苗木旁边进行诱杀蛴螬、蝼蛄、金针虫等地下害虫；6月发现毛毡病，可喷0.2~0.3波美度的石硫合剂进行防治，6月中下旬喷200倍等量式波尔多液，以后每隔15 d左右喷1次，防治霜霉病、黑痘病、褐斑病，或喷70%甲基硫菌灵可湿性粉剂800~1 000倍液防治白腐病。

（5）苗木出圃　葡萄扦插苗出圃时期比葡萄防寒时期早，落叶后即可出圃，一般在10月下旬进行，起苗前先进行修剪，按苗木粗细和成熟情况留芽，分级，如玫瑰香葡萄，成熟好，茎直径1 cm左右的留7~8个芽，茎直径0.7~0.8 cm的留5~6个芽，直径在0.7 cm以下，成熟较差的留2~3个芽或3~4个芽，起苗时要尽量少伤根，苗木冬季储藏与插条的储藏法相同。

（二）绿枝扦插

1.插穗的采集和处理　从当年生新梢上采集直径0.4 cm以上的发育较充实，半木质化新梢，剪成20~25 cm长（3~5节）的插穗，上端距芽1.5~2 cm平剪，下端于节附近斜剪。仅留顶部叶片的1/3~1/2，其余叶片剪除。剪后立即将基部浸于清水中，并遮阳待用。为了促进生根，扦插前可在0.1%萘乙酸溶液中速蘸插条基部5~7 s。

2.苗床准备　选择土质好，肥力高的土地作育苗地，苗圃地要深耕耙平，然后做扦插床。床宽1 m、高20 cm，长度依插条数量而定。插床要求通透性良好，畦土以含沙量50%以上为宜，厚25~30 cm，四边开好排水沟。

3. 扦插 将插条倾斜插入畦内，每畦可插 2~3 行，株距 7~8 cm。扦插深度以只露顶端带叶片的一节（或顶端芽）为度。为了避免插条失水，应随采随插。插后立即灌透水，扣上塑料拱棚并遮阴。

4. 插后管理 扦插后灌透水，并在畦上 50~70 cm 处搭遮阴棚（先用竹棍或木柱搭架，上盖草苫），保持土壤水分充足，经过 15~30 d 撤掉遮阴物，这时插条已经生根，顶端夏芽相继萌发，对成活枝条只保留 1 个壮芽，当新梢长到 30 cm 左右时引缚新梢，超过 50 cm 时摘心，促进枝梢成熟。当新梢长出后，可每隔 3~5 d 喷 1 次 0.3% 尿素溶液，间隔 10~20 d 喷 1 次 0.3% 磷酸二氢钾溶液，以促进枝梢生长。生根发芽前要注意防治病虫害。在正常苗期管理下，当年就可发育成一级苗木，供翌年春定植。

5. 注意问题

（1）降温 夏季温度高，蒸发量大，在扦插过程中，关键问题是降温，气温应在 30℃ 以下，以 25℃ 最为理想。

（2）病虫害防治 在夏季高温、高湿条件下，幼嫩的插条易感染病害，造成烂条烂根，可用 500 倍高锰酸钾液或 20% 多菌灵悬浮剂 1 000 倍液进行基质消毒，并经常注意防病喷药。

（3）扦插时间 嫩枝扦插宜早不宜晚，8 月以后进行，当年插条发生的枝条不能成熟，根系也不易木栓化，影响苗木越冬。

二、压条繁殖

（一）新梢水平压条

1. 母株压条繁苗 冬剪时，在植株基部留长条，翌年长出的新梢达 1 m 左右时，进行摘心并水平引缚，以促使萌发副梢。在 6 月下旬至 7 月中旬，于准备压条的植株旁挖深 15~20 cm 的浅沟，将新梢用木叉固定在沟内，填土 10 cm 左右，待各节发出副梢，随着副梢的长高，逐渐向沟内埋土。夏季对压条副梢进行支架和摘心，秋末将生根的枝梢与母体分离即获得副梢压条苗。

2.当年扦插育苗、当年压枝以苗繁苗　扦插后加强肥水管理，使苗肥壮。当苗高 50 cm 时进行摘心，促进副梢生长，每株保留 3~5 个副梢。7月中旬，待副梢长至 10 cm 时进行压枝，将主梢压于土中 5~10 cm，副梢直立在地面上生长。压条前先按副梢生长的方向挖沟，沟深 15~20 cm，长 15~20 cm，并施入少量腐熟的有机肥，然后把枝梢弯曲埋入沟中，使被压新梢上部叶片所制造的养分能大量集积在压条部位，促使发根良好。埋入土中的枝梢，应摘去叶片和嫩杈，使枝土密接，利于发根。露出地面上的枝梢上部，应尽量留长些，对提高压条苗的质量大有好处。绿枝压条应掌握当副梢、基部半木质化，可将新梢埋入土中，使副梢直立生长，以后再覆土 2~3 次。压条前后，要经常保持圃地湿润、疏松，有良好的墒情和通气状况。也就是说，一条插条当年就可能培育 3~5 株根系发达、枝条充实、芽眼饱满的葡萄苗。

3.绿枝嫁接结合压条　将葡萄的绿枝嫁接在葡萄平茬老藤的萌蘖上，借助于老藤的强大根系，促进良种接穗的新梢旺盛生长，然后夏秋季将新梢进行水平压条，长根后，当年即可起苗。这样一株成年葡萄一年可提供的自根苗和插条，可栽植 6~8 亩。起苗后，平茬老藤上保留一小段良种新梢仍可供翌年压条育苗或上架挂果。

（二）一年生枝水平压条

冬剪时，在植株基部留长条，翌年春季萌发前，在准备压条的植株旁挖深 20~30 cm 浅沟，沟底施肥并拌匀，将一年生枝条用木叉固定在沟底。如果是不易生根的品种，在压条前先将母枝的第一节进行环割或环剥，以促进生根。发芽后新梢长到 15~20 cm 时培土 10 cm，以后陆续培土一直与地面平。秋末将压条挖出，剪断与母株相连的节间，即获得一年生压条苗。

（三）多年生蔓压条

在老葡萄产区，也有用压老蔓方法在秋季修剪时进行的。先开挖 20~25 cm 的深沟，将老蔓平压沟中，其上一至二年生枝蔓露出沟面，再培土越冬。在老蔓生根过程中，切断老蔓 2~3 次，促进发生新根。秋后取出老蔓，分割为独立的带根苗。

（四）高空压条

在缺乏水源的干旱山区，采用夏季套袋高空压条的方法育苗，生根率在 95% 以上，移栽成活率也可达 95% 以上。这种繁殖方法具有不受条件限制，操作简单，成活率高，结果早的优点。具体做法是：在 7 月上旬至 8 月中旬，在葡萄架中上部选取生长健壮、密集、多余的当年生枝蔓（已经木质化的为好），先将幼嫩的尖部摘除，并除去叶腋间的副梢和卷须，再在第七至第八片叶子的下面去掉 2 片叶子，用刀片进行环状剥皮，宽度视枝条的粗细而定，一般以 1~1.5 cm 为宜，然后用宽 10~15 cm，长 15 cm 的塑料筒从梢部套进去，环剥口应放在塑料袋的中间。套袋时注意不要损伤叶片。套好后把袋子的下面用细绳子扎紧并装上湿土，以后每隔 3~4 d 往袋子里浇 1 次水，以经常保持袋内土壤湿润为宜。10 d 后，在塑料袋外面就能看到白色的幼根出现，即可剪下栽植。栽后应立即浇水，并遮阴 4~5 d。

三、实生繁殖

即播种繁殖，多用于扦插、压条等不易成活的葡萄砧木苗的繁殖，常见于我国东北地区山葡萄砧木苗的繁殖。具体做法如下。

（一）种子采集与处理

从生长健壮、无病虫害的母树上采集充分成熟的果实，取种后冲洗干净，按种沙 1∶(3~4) 的比例混合后层积处理，山葡萄种子需要 60 d 左右的低温沙藏才能完成后熟，生产上一般在播种前 3 个月即开始层积。播种前要对种子进行催芽处理，待有 20%~30% 种子裂嘴露白时即可播种，一般每亩播种 1.5~2 kg。

（二）播种

山葡萄一般采用春播，辽宁南部地区一般在 4 月上旬，黑龙江多在 5 月上旬进行播种。可采用畦播或垄播。

1. 畦播　畦播时多采用撒播和条播。一般畦宽 1~1.6 m，长 5 m，畦埂宽 0.3 m，播种 2~4 行。撒播时，先将苗畦整平踏实，灌足底水，待底水渗下后，按预定播种量，将种子均匀撒在畦内，然后覆盖约 1.5 cm 厚的过筛细土，上面再撒上 0.5~1 cm 厚的细沙。条播方法是在畦内按 30~40 cm 的行距开 2~3 cm 的小沟，将种子撒在沟内，然后覆土 1.5~2.0 cm，轻轻压实，使种子与土壤密接。

2. 垄播　垄播时多采用点播或条播，垄距 50~60 cm。点播时在垄台上按 0~15 cm 株距每穴放入 2~3 粒种子。条播在垄台上开 1~2 条小沟，播种后覆土 1.5~2.0 cm，轻轻压实。因播种深度较浅，可播后覆草或覆地膜保湿，以提高出苗率。

（三）播后管理

当有 20% 左右的幼苗出土时，要及时撤除覆草或地膜，长出 3 片真叶时要间苗，定苗后株距 20~30 cm。幼苗长到 30~40 cm 时摘心，促进加粗生长和枝芽成熟。4~5 片真叶时叶面喷施 0.3% 尿素溶液，在苗木迅速生长期，每亩追施腐熟人粪尿 500~1 000 kg，硝酸铵 20~30 kg。8 月叶面喷施 0.5% 磷酸二氢钾溶液 2~3 次，促进枝条成熟。

露地播种的砧木苗，一般当年达不到嫁接要求，多采用翌年绿枝嫁接培育成品苗。在上冻前，砧木苗留 2~3 个芽，5 cm 左右剪截，然后封土防寒，翌年春季化冻后，去除田间苗防寒土。也可挖出窖藏或沟藏，翌年春季定植于苗圃。萌芽后每棵苗留新梢 1~2 个，立支架并引缚新梢。新梢 30 cm 左右时摘心，促使加粗，以备绿枝嫁接。

四、嫁接繁殖

嫁接繁殖苗木有绿枝嫁接和硬枝嫁接 2 种，国外多采用硬枝嫁接，国内则多采用绿枝嫁接。

（一）绿枝嫁接

葡萄绿枝嫁接育苗，是利用抗寒、抗病、抗干旱、抗湿的品种作砧木，在春夏生长季节用优良品种半木质化枝条作接穗嫁接繁殖苗木的一种方法，此法操作简单、取材容易、节省接穗、成活率高(85%以上)。

1.砧木的选择与繁育　国外采用较多的是抗根瘤蚜砧木，如久洛(抗旱)、101-14、3309、3306(抗寒，抗病)、5BB、SO4(抗石灰性土壤，易生根，嫁接易愈合)等，普遍应用于苗木繁殖。

国内采用较多的有山葡萄(抗寒)、贝达、龙眼(抗旱)、北醇、巨峰等。

砧木苗的培育除利用其种子培育实生砧外，也可利用其枝条培育插条砧。插条砧的培育方法同品种扦插育苗的方法基本相似，只是山葡萄枝条生根较困难，需生根剂处理与温床催根相结合才能收到理想效果。

（1）砧木选择　选择葡萄砧木时，应根据当地的土壤气候条件，以及对抗性的需要，选择适宜的多抗性砧木类型。葡萄多抗性砧木品种较多，如既抗根瘤蚜又抗根癌病的砧木有SO4、3309C等；既抗根瘤蚜又抗线虫病的砧木有SO4、5C、1616C、5BB、420A、110R等；既抗根瘤蚜又抗寒的砧木有河岸2号、河岸3号、山河1号、山河2号、山河3号、山河4号、贝达等；既抗根瘤蚜又抗旱的砧木有5BB、5C、110R、5A、520A等；既抗根瘤蚜又耐湿的砧木有SO4、5C、1103P、1616C、520A等；既抗根瘤蚜又耐盐的砧木有SO4、5BB、1103P、1616C、520A等；既抗根瘤蚜又耐石灰质土壤的砧木有SO4、5BB、5C、420A、110R、1103P等。

砧木不仅影响葡萄的适应性和抗病虫能力，还可影响接穗品种的生长势、坐果能力、果实品质等。同时，不同的砧穗组合表现不同，因此要重视砧穗组合的选配，如SO4是世界公认的多抗性砧木，可使其上嫁接的藤稔、高妻、醉金香、巨玫瑰果粒增大，但却使美人指花芽分化减少，果粒变小，使维多利亚的含糖量明显下降。

（2）砧木苗繁育　葡萄砧木苗可采用扦插、压条或播种繁殖。扦插、压条适用于无性系砧木，有利于保持砧木品种的特性，播种繁殖适用于扦插不易生根的品种，如山葡萄。

2.嫁接

（1）嫁接时间　当砧木和接穗均达半木质化时即可开始嫁接，可一直嫁接到成活苗木新梢在秋季能够成熟为止。华北地区一般在5月下旬到 7 月中旬，东北地区从 5 月下旬至 6 月中旬，如在设施条件下，嫁接时间可以更长。

（2）砧木处理　当砧木新梢长到 8~10 片叶时，对砧木摘心处理，去掉副梢，促进增粗生长。嫁接时在砧木基部留 2~3 片叶，在节上 3~4 cm 节间处剪断。

（3）接穗采集　接穗从品种纯正、生长健壮、无病虫害的母树上采集，可与夏季修剪、摘心、除副梢等工作结合进行。作接穗的枝条应生长充实、成熟良好。接穗剪一芽，芽上端留 1.5 cm，下端 4~6 cm；砧木插条长 20~25 cm。最好在圃地附近采集，随采随用，成活率高。如从外地采集，剪下的枝条应立即剪掉叶片和未达半木质化的嫩梢，用湿布包好，外边再包一层塑料薄膜，以利保湿，接穗剪后除去全部叶片，但必须保留叶柄。嫁接时如当天接不完，可将接穗基部浸在水中或用湿布包好。放在阴凉处保存。采集的接穗最好 3 d 内接完。

（4）嫁接方法　如果砧木与接穗直径大致相同时，多采用舌接法；如果砧木粗于接穗，多用劈接法。

1）舌接法　将接穗基部削成斜面，斜面长约 3 cm，先在斜面 1/3 处向下切入一刀 (忌垂直切入) 深 1.5~20 cm，然后再从削面顶端向下斜切，从而形成双舌形切面，砧木也同上一样切削，然后将两者削面插合在一起。舌接法砧木与接穗结合很紧密，嫁接后只需简单绑扎即可。

2）劈接法　将接穗下端双面削成楔形，斜面长 3~5 cm，砧木插条上端平剪后从中央纵切一刀，切口深 3~5 cm，然后将接穗插入砧木切缝中，对准形成层，用塑料薄膜或线、绳绑扎。

（二）硬枝嫁接

利用成熟的一年生休眠枝条作接穗，一年生枝条或多年生枝蔓作砧木进行嫁接为硬枝嫁接。硬枝嫁接多采用劈接法，嫁接操作可在室内进行。方法同绿枝嫁接，嫁接时间一般在露地扦插前 25 d 左右。国外普遍采用嫁接机嫁接。嫁接完成后，为了促进接口愈合，一般要埋入湿锯末或湿沙中，温度保持在 25~28℃，经 15~20 d 后接口即可愈合，砧木基部产生根原基，经通风锻炼后，即可扦插。这时便可在露地扦插，扦插时接口与畦面相平，扦插后注意保持土壤湿润。其他管理方法与一般扦插苗管理相同。机械嫁接也可用带根的苗作砧木，嫁接后栽植于田间。

带根苗木嫁接法：冬季在室内或春季栽植前用带根的一二年生砧木幼苗进行嫁接，也可以先定植砧木苗然后嫁接，用舌接法或切接法均可。

就地硬枝劈接可在砧木萌芽前后进行。将砧木从接近地面处剪截，用上述劈接法嫁接。如砧木较粗，可接 2 个接穗，关键是使形成层对齐。接后用绳绑扎，砧木较粗，接穗夹得很紧的不用绑扎也可以。然后在嫁接处旁边插上枝条做标记，培土保湿。20~30 d 即能成活，接芽从覆土中萌出后按常规管理即可。

（三）嫁接后管理

嫁接后要及时灌水，抹掉砧木上的萌蘖并加强病虫害防治工作。对于绿枝嫁接，及时并多次抹芽是成活的关键。嫁接成活后，当新梢长到 20~30 cm 时，将其引缚到竹竿或篱架铁丝上，同时及时对副梢摘心，促进主梢生长。6~8 月，每隔 10~15 d 喷 1 次杀菌剂，并添加 0.2% 尿素溶液。8 月中下旬对新梢摘心，结合喷药，喷施 0.3% 磷酸二氢钾溶液 3~5 次，促进苗木健壮生长。

五、组培快繁

组培快繁技术主要用于葡萄无病毒苗木培育、珍稀品种的快速繁殖等。葡萄组培快繁，是利用细胞的全能性原理，利用葡萄组织的藤、叶片、种子、花粉等器官，培养成完整葡萄植株的一种快速繁殖技术。葡萄的组培快繁大致有无菌短枝型、丛生芽增殖型、器官发生型和胚状体发生型等 4 种类型。葡萄组培快繁技术在应用中要注意基因型、外植体的选择、植体的生理状态、培养基的选择、植物激素的种类和浓度、培养方式以及培养条件等主要影响因素。组培快繁技术更有利于及时满足人们的需求，是未来包括葡萄在内的更多植物培养的发展方向。

六、营养钵繁殖

利用营养钵育葡萄苗是当前应用最普遍，效果最好的一种方法。比普通露地育苗提高繁殖系数 3~4 倍，幼苗根系发达，栽时不伤根，不缓苗，成活率可达 95% 以上。育苗集中，管理方便，节省土地和劳力，建园快，结果早，能很快地得到经济效益。

营养钵育苗是将育苗分为 2 个阶段，即先进行激素处理和电热催根，再移栽到营养钵内培育。全部工作可在日光温室内进行，因此也叫工厂化育苗。

具体方法是：将营养土准备好，沙、土、肥按 2∶1∶1 配好，土要选择含有机质多的熟化表土；肥要用腐熟的牛、羊、驴、马粪；沙选用粗细均匀、透气性好的。塑料袋一般长 15~20 cm，宽 10~15 cm。先把袋底装上少量营养土，放入剪好的插条，再继续放土至满，然后把袋底挖 1 个孔洞用于排水，最后把袋放在已备好的阳畦上或向阳背风的院落里，浇水以湿透为宜。塑料袋上面最好覆盖塑料薄膜，夜间加盖草帘，苗床温度白天要求在 20~35℃。如果气温过高可揭开薄膜降温，夜间土温要在 15℃ 以上。同时还要注意土壤不要过干或过湿，否则影响枝条的生根、发芽和生长。扦插后，浇水次数应随着气温变化而增减，土壤蒸发量小，每 2~3 d 喷 1 次，土壤蒸发量大，喷水次数相应增加，每隔 1 d 或每天喷 1~2 次水。在幼苗生长过程中，要及时除草。如叶片发黄时，应进行根外追肥，喷 1~2 次 0.2%~0.3% 尿素和磷酸二氢钾。当苗高 15~20 cm 时则进行移植定苗。

容器苗定植，要尽量避免在晴朗的高温天气进行，能够遮阴就更好，以免叶片暴晒失水，定植前 2~3 d，要对叶片喷水，增加空气相对湿度，减少蒸发，定植后应浇 1~2 次透水，以利成活。

七、葡萄苗木质量标准

葡萄苗木分级按照农业农村部行业标准执行 (表 4-2、表 4-3)。

表 4-2　葡萄自根苗质量标准 (NY 469—2001)

项　目		级别		
		一级	二级	三级
品种纯度		≥98%		
根系	侧根数量	≥5	≥4	≤4
	侧根直径(cm)	≥0.3	≥0.2	≥0.2
	侧根长度(cm)	≥20	≥15	≤15
	侧根分布	均匀，舒展		
枝干	成熟度	木质化		
	枝干高度(cm)	20		
	直径(cm)	≥0.8	≥0.6	≥0.5
根皮与枝皮		无新损伤		
芽眼数		≥5	≥5	≥5
病虫危害情况		无检疫对象		

表 4-3　葡萄嫁接苗质量标准 (NY 469—2001)

项　目			级别		
			一级	二级	三级
品种与砧木纯度			≥98%		
根系	侧根数量		≥5	≥4	≥4
	侧根直径(cm)		≥0.4	≥0.3	≥0.3
	侧根长度(cm)		≥20		
	侧根分布		均匀，舒展		
枝干	成熟度		充分成熟		
	枝干高度(cm)		≥30		
	接口高度(cm)		10~15	≥0.6	≥0.5
	直径	硬枝嫁接(cm)	≥0.8	≥0.6	≥0.5
		绿枝嫁接(cm)	≥0.6	≥0.5	≥0.4
	嫁接愈合程度		愈合良好		
根皮与枝皮			无损伤		
接穗品种芽眼数			≥5	≥5	≥3
砧木萌蘖			完全清除		
病虫危害情况			无检疫对象		

注意事项

具体的育苗技术请参阅《当代果树育苗技术》（ISBN 978-7-5542-1166-3）

第五节
日光温室葡萄的建园技术

一、园片与设施规划

葡萄抗逆性强，适应性广，对大多数土壤条件没有严格要求。选择土壤质地良好、土层厚、便于排灌的地片建园并构建设施。

单室建园，平原地应设址于村落南边或周围有防护林带；山丘地应在背风的阳坡建棚。多室连片建园，应细致规划，前后室之间应留 5m 左右的间隔，以便留作业通道和避免相互遮阴。

二、栽植密度

栽植密度依品种特性、立地条件、效益目标及管理技术而定。日光温室栽培密度远大于露地栽培密度。株行距（0.5~1.0）m × (1.5~2.0)m，每亩栽植 350~900 株；双行带状栽植，双篱壁整枝，株行距 (0.5~1.0)m ×（1.5~2.0）m。

三、栽植时期与栽植方法

北方各省可在 3 月中旬至 4 月上旬进行定植，入冬前出圃的苗子，要在湿沙中假植过冬。假植时应注意防干旱、防冻、防涝、防过湿；实行预备苗建园，可预先将健壮苗木栽植于营养袋中，继而选择生长势健壮、大小一致的苗木移到日光温室内定植，定植时间不得迟于6月20日。

四、葡萄园的建立

（一）定植技术

1. 苗木准备　栽前要选择合格的健壮苗木，品种纯正。标准：应具备7~8条直径2~3 cm的侧根和较多须根，长度15~20 cm，苗基直径0.5 cm以上，成熟好，有3个以上饱满芽，无病虫害，无严重的机械损伤及病虫危害症状。嫁接苗还要求接口愈合良好。

2. 平整土地　栽前对不平的地段要整平。如果地块不平就会给以后灌水、排水等作业带来不便。

3. 挖定植沟、标定植点　葡萄定植沟最好在头年秋天或定植前按株行距挖好。宽度和深度各1.0 m。挖时将表土放在一边，底土放在另一边。回填时，先在沟底放一层有机物（杂草、树叶、秸秆等）和少量粪肥，然后一层土一层粪（有机物）回填。先回填表土，后回填底土。填至与地面平齐或稍高于地面，然后灌透水，使土沉实，再把沟面整平。用白灰或插标记按规定的株距标出定植点，定植点一定要标在定植沟中心，顺行向成一条线。

4. 栽植（定植）技术

（1）栽苗时期　北方栽葡萄以春季栽植为好。最理想的栽植时期是20 cm深土温稳定在10~12℃，在沈阳附近以五一节前后为宜。

（2）栽前苗木处理　首先要对苗木进行适当修剪，剪去枯桩，过长的根系剪留20~25 cm，其余根系也要剪出新茬，然后放在清水中浸泡12~24 h，让苗木充分吸水，提高成活率。

（3）栽植　以定植点为中心，挖宽深各30~40 cm的栽植穴，穴底放入农家肥5~10 kg，加土搅拌，然后将苗放入，使根系疏散开，用土踏实，使根系能与土壤紧密结合。①栽植深度。自根苗以原根茎与土面平齐、嫁接苗接口离地面 15~20 cm 为宜。栽苗时，苗木要向上架方向稍倾斜，栽后要灌 1 次透水，待水透下后将苗木培一土堆（用细土、细沙）保湿，防止苗木芽眼抽干（春风大、干燥）。②方法。自根苗培土时土堆超过最上 1 个芽眼 2 cm 左右。

5. 栽后管理　①待芽眼开始萌动时（7~10 d），将土堆扒开。②栽后 1 周内一般不灌水（防降地温）。③为了提高土温、防止杂草影响苗木生长，要经常松土除草。④嫁接苗栽后要注意及时除去砧木上发出的萌蘖。⑤嫁接苗成活后要及时把塑料条解掉。⑥当新梢长到 20~30 cm 以后要及时立支柱、绑藤架。

（二）架式选择

葡萄是蔓生果树，为了充分利用光照和空气条件，减少病虫害的发生，争取高产优质，应根据自然条件、栽培条件、品种特性来选择合适的架式。葡萄的架式虽然很多，但可归纳为三大类：

1. 柱式架　在每株葡萄树侧面立柱（木杆、水泥杆、铁管等），柱高与树高一致，这种架式树干（主干）高度 1 m 左右，在主干上直接着生结果枝组，当年长出的新梢以柱为中心向四周下垂生长（图 4-15）。

2. 篱架　架面与地面垂直似篱笆，所以称为篱架，又称立架。架高依行距而定。行距 1.5 m 时，架高 1.2~1.5 m；行距 2.0 m 时，架高 1.5~1.8 m。

（1）立架方法　顺行向每隔 4~6 m 设一立柱，边柱用坠石固定。立柱埋入地下 50~60 cm，然后在立柱上横拉铁线，第一道铁线离地面 60 cm，往上每隔 50 cm 拉一道铁线。将枝蔓固定在铁线上。即每行设一个架面且与地面垂直。因此这种架式称单壁立架。

（2）架式优点　光照与通风条件较好，葡萄上色及品质较好，能提高浆果品质。适于密植，利于早期丰产（行距小、成形快）。操作管理比较方便，如打药、夏剪、冬剪、上下架、防寒等。

3. 棚架　在立柱上设横梁或拉铁线，架面与地面平行或稍倾斜。整个架像一个荫棚，故称棚架（图4-16）。这种架式在我国应用最多，历史最久。棚架根据构造可分为大棚架和小棚架 2 种。

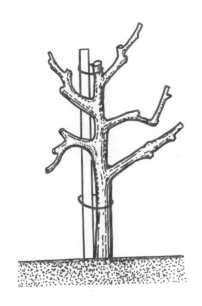

图 4-15　柱式架示意图

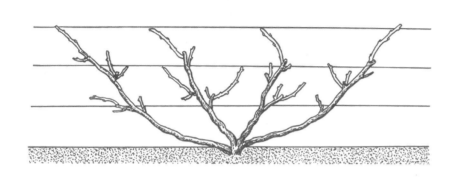

图 4-16　棚架示意图

（1）大棚架　行距在 6 m 以上的棚架称为大棚架。

1）特点　架根高 1.5 m，架梢高 2~2.4 m。如行距超过 8.0 m，架中间要加一排立柱。在水泥柱上架设横梁，在横梁上拉铁线（每隔 50 cm一道）。架面呈倾斜状。

2）优点　适于多数品种的长势需要，有利于早期丰产。

（2）小棚架　行距在 6.0 m 以下的棚架。

1）特点　株距 0.5~1.5 m。搭架时架根高 1.5~1.8 m，架梢高 2.0~2.2 m。第一排柱离植株 0.7 m 左右。水泥柱间距 4 m。顺主蔓伸长（延伸）方向架设横梁。在横梁上每隔 50 cm 拉一道铁线。

2）优点　由于行距缩小，架较短，成形较快（3 年），有利于早期丰产，定植后 3~4 年达丰产。枝蔓短，上下架方便。有利于枝蔓更新，2~3 年就可补充空位。树势均衡。架面好控制，高产、稳产。

（三）整形

1.棚架二条龙（蔓）整形技术　行距 4~5 m 的棚架葡萄，一般需要3 年完成整形过程。

第一年：春季苗木萌发后，选 2 条生长势较好的新梢作主蔓，其他新梢从基部抹除。作主蔓用的新梢长到 1.5 m 左右时摘心。但到 8 月中旬无论长多长也要摘心，以促进枝蔓成熟。作主蔓用的新梢在摘心前或摘心后均会发出副梢，其处理方法是：新梢基部 5~6 节以下的副梢贴根抹除，新梢最上部 1~2 个副梢留 4~5 片叶摘心，新梢中部各节发出的副梢留 1~2 片叶摘心。以后发出的二三次副梢，新梢最顶端的副梢留 3~4 片叶反复摘心，其他副梢一律留 1 片叶反复摘心。

冬季修剪时主蔓一般剪到成熟节位，但剪留长度不超过 1.5 m，并且要求剪口下枝条直径在 0.8 cm 以上。主蔓上的所有副梢一律从基部剪除。

第二年：春季萌芽后在每条主蔓最前端选一个强壮新梢作延长梢（蔓），延长梢以下 30~50 cm 的新梢不留果，有花序则全部疏除，以促进主蔓延长梢加速生长，再往下的新梢每枝留 1 穗果，多余的花序尽早疏除。近地面 40~50 cm 的新梢全部抹除。一般每株留果 6~10 穗。结果枝于开花前 3~5 d 至初花期摘心，营养枝长到 10~12 片叶时摘心。主蔓延长梢在 8 月中旬时摘心。副梢处理方法与第一年相同。

冬季修剪时主蔓下部距地面 40~50 cm 的枝条贴根剪除，主蔓延长梢一般剪到成熟节位，但剪留长度不能超过 2.0~2.5 m，其他结果枝和营养枝一般剪留 2~4 个芽。

第三年：春季萌芽后在主蔓最前端继续选留一条强壮新梢作主蔓延长梢，8 月中旬摘心。延长梢往下 0.5 m 内的新梢不留果，其他新梢可按照生长势留果，强壮枝留 2 穗，中庸枝留 1 穗，弱枝不留穗。新梢摘心和副梢处理与上年相同。冬季修剪时主蔓延长梢剪到成熟节位，最长不超过 2 m，在主蔓上每米选留 3 个左右结果枝组，多余的从基部剪除。枝组上母枝剪留 2~4 个芽。到此幼树整形基本完成。如主蔓未爬满架，第四年延长梢再留 1~1.5 m。

2. 篱架扇形整形技术

第一年：春季苗木萌发后，根据株距大小确定选留的主蔓数（株距 1 m 留 2 条主蔓，株距 1.5 m 留 3 条主蔓，株距 2 m 留 4 条主蔓）。选好做主蔓用的新梢后，将其均匀绑到篱架架面上，当主蔓长度达到架高 2/3 时进行摘心。主蔓上长出的副梢最前端的一条留 4~5 片叶反复摘心，其余副梢留 1 片叶反复摘心。冬剪时主蔓剪留到成熟节位，不超过 1.2 m（控制在第二道铁线上），主蔓上的副梢从基部剪除。

第二年：春季萌芽后，每个主蔓选一壮枝作主蔓延长梢，超过第三道铁线（1.5~2.0 m）时摘心。所有的结果枝均留 1~2 穗果，并在初花期进行摘心。摘心后发出的副梢处理方法：最前端的一个副梢留 5~6 片叶反复摘心，其余副梢可留 1 片叶反复摘心或全部抹除。冬剪时结果母枝隔一去一，留下的母枝进行短梢修剪，剪留 3~4 个芽。主蔓延长蔓控制在第三道铁线上。

第三年：春季萌发后，每个母枝选留 2 个长势好的新梢。新梢摘心和副梢处理及冬剪与第二年相同。以后每年都这样循环进行。主蔓要隔 2~3 年逐步更新。

篱架扇形整形注意事项：①第一年苗木萌发后选不够要求的主蔓数。可在新梢长到 6~7 片叶时摘心，从夏芽萌发的副梢中选留主蔓。②第一年苗木萌发后长出的新梢细弱，可在新梢长到 30 cm 时摘心，发出的副梢最前端留 4~5 片叶反复摘心，其余副梢留 1 片叶反复摘心。以后各年按正常的整形过程进行。

3. 篱架水平整形技术

第一年：苗木萌发后，根据株距大小确定选留主蔓数，一般株距 1 m 的留一条主蔓叫单臂水平整形技术，株距 1.5 m 可以留一条主蔓，也可以留 2 条主蔓叫双臂水平整形技术。主蔓在篱架面垂直向上引缚，当长度超过臂长（即主蔓呈水平引缚时，从地面到达与邻株相连接处的长度）时摘心。副梢处理与扇形整形要求相同。冬剪时主蔓于最前端 1~2 个长副梢节位下剪截，使剪留长度与臂长相等。

第二年：春出土上架时，主蔓沿第一道铁线水平引缚。单臂水平形的各主蔓在第一道铁线上顺一个方向水平引缚，双臂水平的每株 2 条主蔓在第一道铁线上分别向左、右两个方向水平引缚。萌发后新梢均向上垂直引缚，于初花期摘心。留 1 条发出的最前端副梢，留 4~5 片叶摘心，花序以下副梢贴根抹除，其余副梢均留 1 片叶反复摘心。冬剪时，主蔓上的结果母枝按 25~30 cm 间隔保留，其余从基部疏除。留下的母枝均剪留 2~4 个芽。

以后各年如第二年管理，如此反复循环。当主蔓上结果枝组老化时，可从主蔓基部培养预备蔓，将老蔓剪掉，用预备蔓代替原主蔓。

生产上常常发现有的葡萄园前期管理很重视，结果后疏于管理，尤其是果实采收后，对副梢放任生长不加以控制，这样对树体养分积累极为不利，严重影响到后期花芽分化的质量。调查发现，结果少的葡萄园常是因为没有按照以上技术要求进行精细管理。实践证明，只要按照以上方法管理了，花芽分化就有可能很好地顺利进行。

第六节
日光温室葡萄的促花技术

一、施肥、浇水技术

苗木定植后可于 5 月底浇 1 次水，其他时间可根据天气降水和土壤墒情酌情浇水，整个生长季一般可浇水 3~4 次。6 月、7 月各追肥 1 次，每次每株追尿素 25~50 g，施肥后立即浇水。进入 8 月，可酌施磷、钾肥。9 月及早进行秋施基肥，每公顷施有机肥 60 t 左右。整个生长季，为促苗木生长与花芽分化，可连续多次根外追肥，每隔 10~15 d 1 次，间隔氮肥（尿素）与磷钾肥（磷酸二氢钾）施用，浓度为 0.3%~0.5%。

二、修剪促花技术

（一）副梢管理

注意加强对副梢的管理，因为葡萄生长发育后期主要依靠副梢叶片进行光合作用，在日光温室葡萄生产中更为明显（图 4-17、图 4-18）。

1. 副梢管理的必要性　副梢是葡萄植株的重要组成部分，如果管理及时、处理得当，会达到叶幕层密度合理，可以增强树势，弥补主梢叶片不足，提高光合作用。对有些品种，当预定产量不足时，可以利用副梢结二次果。副梢管理如果不及时，将会造成叶幕层过厚、架面郁闭、通风透光不良、树体营养消耗严重、不利于花芽分化，并且降低果实的品质和产量。

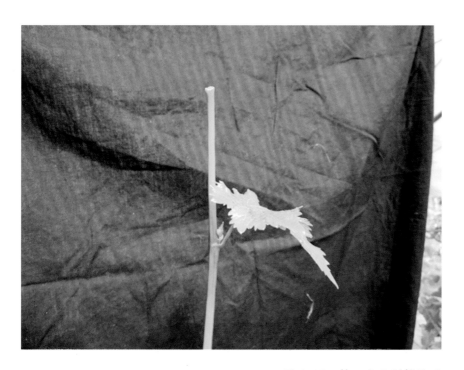

图 4-17 摘心当天副梢状况

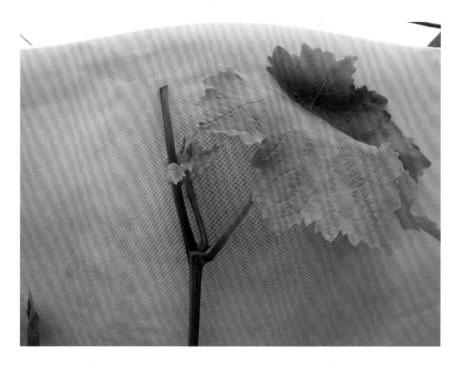

图 4-18 摘心 7 d 后副梢状况

对于因没有及时处理而已经长出多个叶片的副梢，生产上应根据田间具体情况进行处理，不可一次性从根部抹除，那样做一是造成浪费，因为叶片已经长成；二是如果处理不当将会造成冬芽萌发。如果附近尚有空间，叶幕层尚未达到要求的厚度，可对副梢进行重摘心，同时要一次性全部抹除其上的二次副梢。

2.副梢管理的方法　结果枝摘心后，对日灼病发生严重的品种、发生严重的地区，可在果穗着生节位上部1~3节各选留1个副梢，每个副梢留2~3片叶左右绝后摘心，利用副梢叶片遮挡阳光，减轻日灼病的发生。结果枝摘心后，一般选留最上部1个副梢继续生长。葡萄开花前是葡萄植株营养生长旺盛期，摘心后一般不要及时一次性抹除全部多余的副梢，否则有刺激新梢上部冬芽萌发的危险。副梢抹除一般于摘心5~7 d后开始进行，一般要分2次进行，第一次先抹除下部副梢，待上部所要留的副梢长出后再抹除剩余的其他副梢。对于冬芽容易萌发的品种，生产上常采取保留最上部2个副梢，摘心部位下的第二个副梢也可以留2~3片叶绝后摘心，留摘心部位下的第一个副梢继续生长。这样不但可起到避免或缓冲冬芽萌发的作用，也不会因为同时选留2个副梢而造成上部叶片过于郁闭。果实开始进入快速生长期后，营养生长开始放缓，上部的新梢生长速度开始下降，即使保留最上部的一个副梢，冬芽萌发的可能性也大大降低。

副梢在3~5 cm时去除较好，以节省营养满足果实生长发育的需要，同时促进花芽良好分化。从一定程度上说，在一年中单位面积葡萄园的副梢去除的重量是衡量夏季田间管理精细程度的重要指标，也是衡量花芽分化是否良好的重要指标。副梢过早去除时，可能会对幼嫩新梢产生伤害，去除过晚时，不但浪费大量营养，同时较大副梢的突然去除，会带来树体的负面作用，这在葡萄生产上是常常遇到的，应引起重视、尽量避免发生。当空间较大时，对较大副梢的正确处理方法是适当保留叶片绝后摘心，不可教条式地全部抹除，因为已经长成的大叶片通过光合作用能带来营养物质的积累。

（二）摘心

1.摘心的目的　摘心或截顶（图4-19）：减少幼嫩叶片和新梢对营

图 4-19　摘心

养的消耗，促进花序发育，提高坐果率。新梢在开花前后生长异常迅速，对于着生有花序的新梢来说，此时正值开花结果期需要大量的营养供应，如果放任新梢继续生长，势必造成新梢与花序之间的营养竞争；对结果枝来说，如不加控制，竞争的结果往往是新梢继续大量生长，开花时会加重落花、落果、果实品质降低。生产上通过对结果枝摘心而抑制其生长，使营养物质集中供应到花序以促进坐果是非常必要的手段，这项工作在落花、落果严重的品种上显得更为重要。

对于留作下年结果用的预备枝来说，对新梢及时摘心后，由于短期内营养生长得到一定控制，摘心部位以下的芽会得到充分发育，可有效促进花芽分化，对下年产量提高有重要作用。

2. 摘心的方法　摘心应在正常叶片面积的 1/3 左右时进行。支持这一方法的理论依据是：当幼嫩叶片达到正常成龄叶片的 1/3 左右时，叶片本身光合作用制造的营养物质速率与供应自身叶片继续生长需要所消耗的营养物质速率基本相当。也就是说，当叶片面积小于正常叶片大小的 1/3 时，本身制造的营养物质速度小于叶片继续生长需求所消耗的营养物质速度，叶片本身自己生长需要的营养物质一部分还要靠其他叶片来供给；当叶片面积大于正常叶片大小的 1/3 时，自身就能够满足自己继续生长所消耗的营养而且有所积累，并可供应其他器官。新梢整个生长季节一般要进行 2~3 次摘心，使新梢叶片数控制在 15~18 片，这样基本可以满足果穗生长发育所需要的营养物质供应。

结果枝第一次摘心通常在开花前进行，一般在开花前 3~5 d，从半大叶片处摘心。摘心的目的是控制新梢继续生长，利于营养物质向果实输送，促进果实快速膨大。摘心时位置的确定除按上述理论以外，还应考虑到品种的落花落果特性、摘心的时间等。对落花、落果严重的品种（如巨峰等）摘心时，通常在开花前 3~5 d 完成摘心工作，而发现田间已经有花开放时，这时的摘心尽可能在叶片较大处进行，一般叶片面积应达到正常大小的 1/2。对落花特别严重的品种，有时必须进行重摘心才能达到理想的效果。

第二次摘心应掌握在新梢上有 15~18 片叶，根据不同品种、不同生长势灵活掌握。

在一般情况下，此次摘心后，以后萌发的副梢应及时全部抹除。

在整个生长季节里，新梢保留 15~18 片叶，再发出的副梢均抹除，以促进新梢营养积累及枝条老化，对花芽分化有良好的促进作用。体内营养物质浓度的提高可显著提高植株冬季抗寒性。

目前，在我国南方地区于 V 形架上广泛使用的"8+3+4"摘心模式是生产精品葡萄、促进花芽分化的理想模式，应加以推广。其主要内容是：第一次摘心在见花前 10~15 d，当新梢长出 8 片叶以上时，对其进行剪梢，保留 8 片叶。对一个新梢来说，剪梢后比摘心后的生长得更快。当采用 4 个主蔓整形时，常以拉丝为标志，在同一位置剪梢。此次剪梢后，可显著促进剪梢部位以下几个节位的花芽分化，对花序发育也有重要促进作用，可提高坐果质量、减轻大小粒。第一次剪梢后的 15~20 d，正值开花盛期，顶端副梢已经生长到 4 片叶以上，此时应保留 3 片叶，进行第二次剪梢（或摘心）。多数品种第二次的剪梢期应掌握在见花后的 1 周之内，时间推迟时，会加重落果。第二次剪梢后，当上部副梢长至 4 片叶以上时，保留 4 片叶左右摘心。对于今后再发出的副梢，应及时抹除，整个生长季节保持 15 片叶。保留 15 片叶时，抹除新梢最上部的副梢带来的新梢顶端冬芽萌发，对下年生长结果基本不会产生影响。在避雨栽培条件下，如果空间允许，第三次摘心时，也可适当增加叶片保留数量。在我国北方地区，采用"8+3+4"摘心模式时，应加强水分管理，在提高植株生长势的基础上进行。

（三）扭梢

扭梢可显著抑制新梢旺长，促进果实成熟，改善果实品质，促进花芽分化。这是北方产区棚架栽培的一种花期前后新梢处理方法，对北方棚架葡萄进行短梢修剪能够实现连年稳产。通过扭梢处理，增加了新梢基部 2~3 节的营养储备并启动花芽分化，为下年的结果做好准备。同时，减少了枝梢横向生长的速度，使叶幕更加紧凑。但应注意，扭梢的绑缚不要形成较大的梢尖重叠，否则会减少葡萄的有效光合叶面积，影响光合效率。扭梢后长出的副梢叶片间距较小，应根据空间情况进行选留，不可形成过密的叶幕层。

（四）新梢环割或主蔓环剥

新梢环割或主蔓环剥是一种花期前后可有效暂时转移体内营养分配的方法。于开花前后环割或环剥可显著提高坐果率，增加单粒重；于果实着色前环割或环剥可显著促进果实成熟并改善果实品质。对树势强旺的品种可适当加宽环剥带或进行多级处理（主蔓上多级或主蔓一侧蔓环剥）；对坐果极易受到生长势影响的品种，可在主蔓环剥的同时进行新梢果穗以下环割处理，对促使营养向花果集中效果十分明显。在环剥或环割时期上需有所选择，如提高坐果率，可适当早进行；如单纯提高果实膨大效果，则可晚些进行处理。

（五）抹芽与定梢

1. 抹芽与定梢的目的　抹芽与定梢是最后决定新梢选留数量的措施，是决定葡萄产量与品质的重要作业方式。由于冬季修剪较重，容易产生很多新梢，如果新梢过密，树体营养分散，单个枝条发育不良，常造成品质下降及当年花芽分化不良。通过抹芽与定梢，可以根据生产目的有计划地选留新梢数量，从而保证了合理的叶面积系数，保证了枝条、果实的正常生长发育。

2. 抹芽的时期及方法　抹芽一般分 2 次进行。第一次抹芽应在萌芽初进行，对双生芽、三生芽及不该留梢部位的芽眼，可一次性抹除。第二次是在第一次抹芽 10 d 之后进行，对萌发较晚的弱芽、无生长空间的夹枝芽、部位不适当的不定芽等，将空间小及不计划留新梢部位的芽抹除（图4-20）。

3. 定梢的时期及方法　定梢一般是在能看出花序和花序大小的时候进行，根据定产要求进行，优先保留那些发育较好、着生花序且花序发育良好的新梢，去除位置不佳、新梢拥挤、没有着生花序的副梢。生长势旺盛的树也可适当推迟。

这项工作是决定当年留枝密度的最后一项工作，决定着当年新梢的摆布、结果枝数量的多少。通过定梢可以使枝条在空间上均匀地、合理地分布，避免过密或过稀，使光照得到充分利用。可根据不同地区、不同品种、不同生产目的灵活掌握。定梢要兼顾到花序的选留，特别是对于一些结果性状不好的品种这项工作显得更为重要。一般营养枝

图 4-20　抹芽（抹除弱芽）

与结果枝的比例控制在 1 : 2，根据不同品种、不同情况灵活掌握。定梢还要兼顾到结果枝组的更新方法，作为预备枝选留的，为避免结果部位连年较快上移，尽可能选留下部的新梢。

4. 新梢生长期的生长特点　新梢生长期是指从发芽到开花前的这一段时期，此期新梢生长量占全年 60% 左右。在葡萄发芽初期，前几片大叶片的生长及花序的形成所消耗的营养主要来自树体上年存储的营养物质，甚至一直零星维持到开花期前后，只是作用所占的比例逐渐降低，逐渐被新梢叶片光合作用制造的营养所代替。树体营养是新梢生长的重要影响因素，对新梢生长势的强弱有重要影响作用。从春季展叶后 10 d 左右到落花后 20 d 左右是新梢生长最为旺盛的时期，一般肥力的地块每天新梢生长量可达 3~4 cm。在我国中部地区，一般立秋后应严格控制新梢生长，促进花芽分化、枝条充实、养分积累。

生产中可以根据新梢生长状况来判断树势强弱，一般认为新梢基部越粗、新梢生长点越壮、新梢先端向下越弯曲时，表明树势越强。当树势较强时，新梢上常出现果穗大小不整齐，且容易出现落花、落果的现象；当树势较弱时，果粒小、产量低，如果结果过多，将会造成树势的进一步衰弱，进而影响到当年的越冬和下一年的生长。因此，生产中应着重培养中庸树势，以促进生长与结果。

（六）新梢绑缚

1.新梢绑缚的目的　根据不同的品种及栽培目标，在单位面积内要有一个合适的新梢数量。根据单位面积栽培的株数，将新梢数量分配到每株树。定梢后的新梢生长到一定长度时要及时进行绑缚，其目的一是为了防止新梢被大风吹断，二是保证新梢能按要求在架面上均匀分布，以合理利用空间。

2.新梢绑缚的方法　按照确定的新梢间距，将其均匀固定。结果母枝的绑缚应根据其在架面上的开张角度而定。结果母枝在架面上的开张角度有几种可能，其角度开张的大小，对生长发育会产生很大影响。垂直向上生长时，生长势较强，新梢徒长节间较长，不利于花芽分化和开花结果；向上倾斜生长时，树势中庸，枝条生长健壮，有利于花芽分化；水平时，有利于缓和树势，新梢发育均匀，有利于花芽形成；向下斜生时，生长势显著削弱，营养条件变差，既削弱了营养生长，又抑制了生殖生长。所以，结果母枝应以垂直绑缚或者倾斜绑缚较为合适，而水平绑缚有抑制生长的作用，利于生殖生长。因此，生产上对于强枝来说，应加大开张角度，适当抑制其生长，使生长势逐渐变缓；对于弱枝，应缩小开张角度，促进生长。通过枝条选留的角度来适当调节生长势较强或较弱的品种，对促进合理生长具有一定的意义。

在我国南方地区，常采用扎丝绑缚，既方便又省工。冬季修剪时，手推枝条，扎丝即从一端打开而保留在铁丝上，可翌年再用，可连续使用多年。在等距离定梢时，扎丝等距离分布在钢丝上，使用时较为方便。采用绑蔓机进行新梢绑缚也是常用的方法，操作较为简便。

（七）立架绑蔓

及时设立支架，拉上铁丝，绑缚枝蔓使其直立或斜上生长，这样的新梢生长饱满充实，不要任其在地面上匍匐生长。要使苗木在第二年结果或多结果，必须在当年培养壮苗。

（八）合理冬剪

葡萄植株落叶后及时进行冬剪。生长衰弱，枝蔓少或纤细的植株，在近地表处进行 3~5 芽的短梢修剪；生长中庸的健壮枝蔓，可留 50 cm 左右剪留至壮芽，将其水平绑缚在第一道铁丝的两侧。强旺枝蔓进行长枝修剪，以占领空间。结果母蔓上尽量留着生饱满的壮实冬芽，为扣棚后丰产奠定基础。

第七节
日光温室葡萄生产调控技术

一、日光温室葡萄休眠调控技术

（一）扣棚时间

葡萄的自然休眠期较长，一般自然休眠结束多在 1 月中下旬。因此，如无特殊处理，最早扣棚时间应在 12 月底至翌年 1 月中旬。过早扣棚保温，往往导致迟迟不发芽，或者发芽不整齐、卷须多，花量少而达不到丰产的要求。为提早上市，可于落叶后试行"集中预冷法"处理，保持低温（大于 0℃，小于 10℃）30~40 d，并结合应用化学试剂石灰氮打破休眠。

（二）低温集中预冷

当葡萄秋末落叶后，监测夜间温度在 7℃ 左右（0~10℃ 也可），可及时进行扣棚，并盖上草帘。此时的扣棚不是为了升温，而是为了降温和低温预冷。其方法是：白天盖草帘、遮光，夜间打开放风口，让温室温度降低；白天关闭所有风口以保持低温。大多数葡萄品种经过30~40 d的低温预冷，便可满足低温需求量，可保温生产。

（三）石灰氮打破休眠

石灰氮是由氰氨化钙、氧化钙和其他不溶性杂质构成的混合物。葡萄经石灰氮处理后，可比未经处理的提前20~25 d发芽。使用时，1 kg石灰氮，用40~50℃的温热水5 kg放入塑料桶或盆中，不停地搅拌1~2 h，使其均匀成糊状，防止结块。使用前，溶液中添加少量黏着剂。可采用涂抹法，即用海绵、棉球等蘸药涂抹枝蔓芽体，涂抹后可将葡萄枝蔓顺行放贴到地面，并盖塑料薄膜保湿。

二、日光温室环境调控技术

（一）温度管理技术

1. 土壤温度　扣棚前就应提高土温，在扣棚前40 d左右，日光温室地面充分灌水后覆盖地膜，当扣棚升温时，土壤温度应达到12℃左右。

2. 气温调控

（1）休眠期温度的调控　葡萄植株的休眠期是从落叶后开始到翌年萌芽为止。一般于11月上中旬在日光温室的屋面覆盖塑料薄膜后再盖草苫使室内不见光，日光温室内温度保持在 –10~-7.2℃，如温度过低，可在白天适当揭帘升温。这样既能满足休眠期的低温需求量，又能使葡萄不致遭受冻害。要想使葡萄提早萌芽，可在12月中下旬用10%~20%的石灰氮液涂抹结果母枝的冬芽，迫使植株解除休眠，加温后即可提前萌芽。

（2）升温后至果实采收期温度的调控　一般于1月上中旬开始揭帘升温，30~40 d即可萌芽。萌芽前，日光温室内低温控制在5~6℃，高温控制在30~32℃。萌芽至开花期，夜间低温在7~15℃，白天高温24~28℃，适温20~25℃，白天温度达28℃时开始放风。开花期，温度应控制在 15℃ 以上，白天最高温不能超过 30℃，最适温度为 18~28℃。果实着色期，一般夜间温度应在 15℃ 左右，不能超过 20℃，白天温度控制在 25~32℃，这样有利于果实着色和提高含糖量，在昼夜温差 12~15℃ 时，有利于浆果着色。

（二）湿度管理技术

萌芽前后至花序伸出期，日光温室内空气相对湿度可适当大些，可达 80%~90%；花序伸出后控制在 70% 左右；花期适度干燥，有利于花药开裂和花粉散出，可维持空气相对湿度在 50%~60%，但过分干燥则影响坐果；其他时期空气相对湿度控制在 60% 左右。

萌芽至花序伸长期，日光温室内空气相对湿度应控制在 80% 左右；花序伸长后，空气相对湿度控制在 70% 左右；开花至坐果期，空气相对湿度控制在 65%~70%；坐果以后，空气相对湿度应控制在 75%~80%。

（三）光照管理技术

每季最好使用新的棚膜材料，为了增加日光温室内的光照，扣棚时一般选用无滴膜；及时清除棚膜灰尘污染，以保证膜的透光性；尽量减少支柱等附属物遮光；加强夏季修剪，减少无效梢叶的数量；阴天尤其是连续阴雨（雪）天，应在日光温室内铺设农用反光膜、安装吊灯等人工光源补光。

（四）气体调控技术

日光温室葡萄萌芽期和开花期设施内 CO_2 正常，以后呈亏缺状态。葡萄容易出现 CO_2 不足，应采取以下措施：

1. 通风换气　在 2 月前日光温室内每天在 10~14 时通风换气 1~2 次，每次 30 min。以后随着温度的升高换气的时间逐渐加长，每天在温度达 28℃ 时开始通风换气，降至 23℃ 时关闭换气孔。

2. 补充 CO_2　一是多施有机肥，二是施固体 CO_2，三是使用 CO_2 发生器。施用时期宜选择在日光温室内新梢速长期、果实膨大期、果实着色期及果实成熟期，每天两次，每次 1 h，浓度 $0.8 \, mg \cdot L^{-1}$。

三、花果管理技术

（一）提高坐果率

1. 控梢旺长　对生长势强的结果梢，在花前对花序上部进行扭梢，或留 5~6 片大叶摘心。

2. 喷布硼肥　花前对叶片、花序喷布 1 次 0.2%~0.3% 的硼酸或 0.2% 硼砂溶液，每隔 5 天左右喷 1 次，共连续喷布 2~3 次。

3. 喷布赤霉素　盛花期以 20~40 g·kg^{-1} 赤霉素溶液浸蘸花序或喷雾，不仅可以提高坐果率，而且可以提早 15 d 左右成熟。

（二）疏穗、疏粒

1. 疏穗　谢花后 10~15 d，生长势强的果枝可保留 2 个果穗，生长势弱的则不留，生长势中庸的只留 1 个果穗。

2. 疏粒　落花后 15~20 d，疏去过密果和单性果，像巨峰葡萄，每个果穗可保留 60 个果粒。

（三）促进浆果着色和成熟

1. 摘叶与疏梢　浆果开始着色时，摘掉新梢基部老叶，疏除遮盖果穗的无效新梢。

2. 环割　浆果着色前，在结果母枝基部或结果基枝基部进行环割，可促进浆果着色，提前 7~10 d 成熟。

3. 喷布乙烯利与钾肥　在硬核期喷布 25 g·kg^{-1} 乙烯利加 0.3% 磷酸二氢钾，可提早 7~10 d 成熟。

四、肥水管理技术

（一）葡萄园施肥技术

1. 基肥　以秋施为主，最好在葡萄采收后施入，也可在春季出土上架后进行。基肥以施有机肥为主，基肥作用时间长，肥效发挥缓慢而稳定。施用方法有沟内撒施和沟面撒施。

（1）沟内撒施　每年在栽植沟两侧轮流开沟施肥。每年施肥沟要逐渐外扩。

施肥沟规格：离植株基部 50~100 cm，挖宽、深各 40 cm 左右，每株按 50 kg，每亩 5 000 kg 以上的施肥量将肥料均匀施入沟内，并用土拌好，然后回填余土，施肥后灌水。

（2）沟面撒施　先把沟面表土挖出 10~15 cm，然后把肥料均匀撒入沟面，再深翻 20~25 cm，把肥料翻入土中，最后用表土回填。也可把腐熟的优质有机肥均匀撒入沟面，深翻 20~25 cm。

2. 追肥　通过秋施基肥有时不能满足葡萄植株生长和结果对养分的需求（肥效慢、量不足），因此还应及时追肥。追肥一般用速效性肥料（尿素、硫酸铵、碳酸氢铵、磷酸二铵等）。葡萄追肥前期以追氮肥为主（宜浅些），中后期以磷、钾肥为主（磷肥移动性差，宜深些）。如树体表现缺肥症状一般可考虑在以下几个时期施肥：

（1）春季芽眼膨大至开花前半个月第一次追肥　以追施氮肥为主，成龄树每株追尿素 50~100 g，硫酸铵 150~200 g。此次追肥能促进萌芽及开花坐果。

（2）坐果后（幼果迅速生长期）第二次追肥　此次追肥仍以氮肥为主，同时可混施一定量的磷、钾肥。一般每株追尿素 50~100 g，磷酸二铵 50~100 g，氯化钾或硫酸钾 50~150 g。此次追肥主要是为了促进幼果生长及花芽分化。

（3）果实着色前半个月左右第三次追肥　这次以施磷、钾肥为主。追肥量同第二次。这次追肥可以促进果实着色及成熟和枝条成熟、充实，提高越冬能力。

追肥方法：氮肥（尿素等）可在沟内两株葡萄间开浅沟把肥料施入，覆土后立即灌水。磷、钾肥由于在土壤中不易移动，应尽量多开沟并且沟深些。另外葡萄园还可追施人粪尿或鸡粪，随灌水流入沟面内，既省工又施肥均匀，利用率高，并有改良土壤作用。

在这 3 个时期除土壤追肥外，也可进行叶面追肥。追肥方法：尿素 0.3%，磷酸二氢钾 0.3%~0.5%，氯化钾 0.1%，过磷酸钙 3%。

（二）设施葡萄水分管理技术

葡萄是需水量较多的果树，根、枝、叶、含水量达 50%~70%，果含水量 80% 左右，叶面积大，蒸发水量多。

1. 灌水　一个丰产葡萄园应在以下几个时期安排灌水。

（1）萌芽前灌水　春季出土上架后至萌芽前灌水，称为"催芽水"，此次灌水能促进芽眼萌发整齐、萌发后新梢生长较快，为当年生长结果打下基础。灌水要求一次灌透。

（2）开花前灌水　一般在开花前 5~7 d 进行，这次灌水叫花前水或催花水。可为葡萄开花坐果创造一个良好的水分条件，并能促进新梢的生长。

（3）开花期控水　从初花期至末花期 10~15 d，葡萄园应停止供水。否则会因灌水引起大量落花落果，出现大小粒及严重减产。

（4）浆果膨大期灌水　从开花后 10 d 到果实着色前这段时间，果实迅速膨大，枝叶旺长，外界气温高，叶片蒸腾失水量大，植株需要消耗大量水分，一般应隔 10~15 d 灌水 1 次。只要地表下 10 cm 处土壤干燥就应考虑灌水，以促进幼果生长及膨大。

（5）浆果着色期控水　从果实着色后至采收前应控制灌水。此期如果灌水过多，将影响果实的糖分积累、着色延迟或着色不良，降低品质和风味，也会降低果实的储藏性。某些品种还可能出现大量裂果或落果。此期如土壤特别干旱可适当灌小水，忌灌大水。

（6）采收后灌水　由于采收前较长时间的控水，葡萄植株已感到缺水，因此在采收后应立即灌 1 次水，此次灌水可和秋施基肥结合起来，因此又叫采后水或秋肥水。此次灌水可延迟叶片衰老、促进树体养分积累和新梢及芽眼的充分成熟。

（7）秋冬期灌水　葡萄在冬剪后埋土防寒前应灌 1 次透水，叫防寒水，可使土壤和植株充分吸水，保证植株安全越冬。对于沙性大的土壤，严寒地区在埋土防寒以后当土壤已结冻时最好在防寒取土沟内再灌 1 次水，叫封冻水，以防止根系侧冻，保证植株安全越冬。

2. 排水　葡萄园缺水不行，灌水很重要，但园地水分过多会出现涝害。

①地下部涝害症状是：植株地下部根系因缺氧窒息而死亡。首先根

皮腐烂，用手一撸就脱落，接着木质部变褐变黑。

②地上部涝害症状是：枝梢最初徒长，但很快因根系吸收能力减弱而使新梢停止生长，基部叶片变黄，随后梢尖干枯，叶片脱落。

五、整形修剪技术

（一）葡萄冬季修剪技术

1. 冬季修剪的时期　冬剪应在落叶后、土壤结冻（防寒）前进行。在南方，虽然自然落叶后至第二年萌芽前有较长的时间，但也应在萌芽前 2 个月进行修剪。

2. 结果母枝的修剪方法　结果母枝有 3 种修剪方法：

（1）短梢修剪　结果母枝剪留 1~4 个芽。其中只留 1 个芽或只保留母枝基芽的称为超短梢修剪。

（2）中梢修剪　结果母枝剪留 5~7 个芽。

（3）长梢修剪　结果母枝剪留 8 个芽以上。

在棚架栽培下，对大多数基芽结实力较高的品种，结果母枝一般均采用短梢修剪，篱架栽培多采用短梢修剪和中梢修剪相结合。但是对基芽结实力低的品种，如欧亚种的部分品种，其花芽形成的部位稍高，一般采取中短梢混合修剪。长梢修剪多用在主蔓局部光秃和延长枝修剪上。

3. 结果母枝的更新修剪　棚架栽培采用短梢修剪时，结果母枝宜采用单枝更新修剪法。即每个短梢结果母枝上发出的 2~3 个新梢，在冬剪时回缩到最下位的一个枝，并剪留 2~3 芽作为下一年的结果母枝。这个短梢结果母枝即是明年的结果单位，又是明年的更新枝，结果与更新在一个短梢母枝上进行。冬剪时将上位母枝剪掉，下位母枝剪留 2~3 个芽，以后每年都如此进行，使结果母枝始终靠近主蔓。这种结果母枝更新修剪具有以下几个优点：

①结果部位不易外移，利于高产稳产。

②留芽、留枝数合适，节省水分、养分和抹芽、定枝工作量。

③架面枝蔓分布均匀，修剪方法简单易掌握。

结果母枝还有一种更新修剪方法叫双枝更新，适于在中长梢修剪时采用。修剪时，将结果枝组上的 2 个母枝中下位的枝留 2~3 个芽短剪作预备枝；处于上位的枝可根据品种的特性和需要，进行中长梢修剪。第二年冬剪时，上位结完果的中长梢可连同母枝从基部疏剪；下位预备枝上发出的 2 个新梢再按上年的修剪方法，上位枝长留（中长梢修剪），下位枝短留，留 2~3 个芽。以后每年如此循环进行。这种结果母枝更新方法结果部位外移相对快些，枝组大，枝条密，通风透光差些。

4. 枝组的更新修剪　枝组经几年连续生长结果后，基部逐渐加粗、剪口数不断增加，成弯曲生长、老化，结果能力下降，水分、养分运输能力减弱。因此必须有计划地进行更新。枝组一般每隔 4~6 年更新 1 次。从主蔓潜伏芽（或枝组基部潜伏芽）发出的新梢中选择部位适当、生长健壮的来代替老枝组，培养成新枝组。培养更新枝组要在冬剪时分批分期轮流地将老化枝组疏除，使新枝组有生长空间。

5. 主蔓的更新修剪　主蔓多年结果后，会过于粗大，防寒不便，容易劈裂，并且伤口较多，生长势衰弱，运输水分养分的能力下降，芽眼不能正常萌发、瞎眼很多，结果能力下降，产量下降。因此对主蔓要逐步更新，更新方法有 2 种：

（1）局部更新　当主蔓中下部生长结果正常而前部生长衰弱、瞎眼光秃较多、结果能力下降时，可进行局部更新。从哪里开始衰弱就从哪里进行更新。冬剪时在衰弱地方下面选留生长势强壮的枝条培养成新的主蔓，将衰弱部分剪去。这种更新方法树体恢复快，对产量影响较小。

（2）主蔓大更新　一般主蔓结果 10 年以后就会衰老，要进行更新。方法是：从老蔓基部培养萌蘖作更新蔓，冬剪时逐步疏除老蔓上的枝组和母枝，减少老蔓上的枝量，腾出一些空间让主蔓向前延伸生长，当更新蔓连续培养 2 年左右，其结果量接近或超过老蔓时，将老蔓从基部疏除，由更新蔓代替老蔓的位置。大更新必须在有利于保证产量和果实品质的前提下有计划地进行，不能急于求成。

6. 棚架葡萄的模式化修剪　北方葡萄生产上以棚架为主，采用龙干树形，主蔓上有规则地分布着结果枝组、母枝和新梢，因此可按"1-3-6-9~12"修剪法进行模式化修剪。即在每 1 m 长的主蔓范围内，选留 3 个结果枝组，每个结果枝组保留 2 个结果母枝，共 6 个结果母枝。每个结母枝冬剪时采用单枝更新、短梢修剪，剪留 2~3 个芽。春天萌发后，每个母枝上选留 1~2 个新梢，共选留 9~12 个新梢。这样当葡萄株距为 1 m、蔓距为 0.5 m 时，每平方米架面上可有 18~24 个新梢，再通过抹芽，定枝去掉一部分新梢，达到合理的留枝量。

按照这个模式，篱架扇形和水平形整枝时，1 m 主蔓内可留 4 个结果枝组，并且主蔓更新年限要较棚架缩短，每隔 2~3 年更新 1 次。

（二）葡萄夏季修剪技术

葡萄的冬芽是复芽，有时一个芽眼能萌发出 2~3 个新梢，并且葡萄新梢生长迅速，一年内可发出 2~4 次副梢。如果生长季不进行修剪控制，就会造成枝条过密，影响通风透光，分散和浪费营养，从而降低坐果率及浆果的产量和品质。造成果粒变小、果穗松散、糖度降低、着色不良、成熟延迟等。因此，葡萄每年必须进行多次细致的夏季修剪。这是葡萄园管理中一项非常重要的工作，也是葡萄丰产和优质的基础和保证。

1. 抹芽　春季芽眼萌发后在新梢长到 5~10 cm 进行，抹去多余无用的芽。近地面 50 cm 内枝蔓上的芽要及早抹去。否则结果后易拖地，易感染和传播病害，并影响通风透光。架面上一个芽眼发出 2 个以上新梢的要选一个长势较好、有花序的留下，其余抹去。主蔓及枝组上过密的芽也要及早抹去。

2. 定枝　在新枝长到 15~20 cm 时进行定枝，此时已能看出花序的有无及大小，是在抹芽基础上最后调整留枝密度的一项重要工作。棚架每平方米架面依品种生长势留枝 10~20 个：生长势强的品种（如龙眼、无核白鸡心等）每平方米架面留枝 10~12 个（最多 15 个），生长势中庸的绝大多数品种每平方米架面留枝 12~15 个，生长势弱的品种（如京秀、康拜乐早生等）每平方米架面留枝 15~20 个。北方生长期短，可取上限；南方生长期长，可取下限。定枝时要留有 10%~15% 的余地，以防止后期新梢被风刮掉和人为损失。定枝这项工作要从架头向架根依次进行，先把延长枝留下。

生产上为了集中营养、提高坐果率和果实品质，保证合理的产量负担，需要进行疏花序这项工作，特别是对花序较多、花序较大及落花落果严重的品种更要进行。疏花序一般在开花前10~15 d进行。留花序标准：大穗品种果穗重在400~500 g，壮枝留1~2个花序，中庸枝留1个花序，细弱枝不留花序；小穗品种（果穗重在250 g左右）壮枝留2个花序，中庸枝以留1个花序为主，个别空间较大的枝可留2穗，细弱枝不留花序。

3. 掐穗尖和疏副穗　掐穗尖和疏副穗可与疏花序同时进行。对花序较大和较长的品种，要掐去花序全长的1/4~1/5，过长的分枝也要将尖端掐去一部分。对果穗较大、副穗明显的品种，应将过大的副穗剪去，并将穗轴基部的1~2个分枝剪去。通过掐穗尖和疏副穗可将分化不良的穗尖和副穗去掉，可集中营养，提高坐果率，使果穗紧凑，果粒大小整齐，穗形较整齐一致。

4. 剪除卷须　卷须不仅浪费营养和水分，而且还能卷坏叶片和果穗，使新梢缠在一起，给以后绑梢、采果、冬剪和下架等项作业带来麻烦。因此夏剪时要及时把卷须剪除。

5. 新梢摘心　新梢摘心的目的是控制新梢旺长，使养分集中在留下的花序和枝条上，提高坐果率，减少落花落果，促进花芽分化和新梢成熟。

6. 副梢处理　随着新梢的延长生长及摘心刺激后，新梢叶腋内夏芽会萌发出副梢。为了减少无效营养消耗，防止架面枝叶过密，保证通风透光良好及浆果品质，在生长季要对副梢及时地进行适当处理。

7. 绑梢　在夏剪同时，要将一些下垂枝、过密枝疏散开，绑到铁丝上，以改善光照通风条件，提高品质，保证各项作业（打药、夏剪、除草等）的顺利进行。

8. 剪梢、摘叶　在7月中旬至9月进行，特别是在果实着色前进行。把过长的新梢和副梢剪去一部分，把过密的叶片（特别是老叶和黄叶）摘掉，以改善通风透光条件，减少养分消耗，促进果实着色。剪梢、摘叶以架下有筛眼状光影为标准，不能过重。

第八节
日光温室葡萄病虫害防治技术

一、侵染性病害

葡萄的侵染性病害主要有真菌、细菌、支原菌、病毒、线虫。侵染性病害具有以下 4 个特点：

☞循序性。病害在发生发展上有轻、中、重的变化过程，病斑在初、中、后期其形状、大小、色泽会发生变化。因此，在田间可同时见到各个时期的病斑。

☞局限性。有一个发病中心，即有零星病株或病叶，然后向四周扩展蔓延，病、健株会交错出现，离发病中心较远的植株病情有减轻现象，相邻病株间的病情也会存在着差异。

☞点发性。除病毒、线虫及少数真菌、细菌病害外，同一植株上，病斑在各部位的分布没有规律性，其病斑的发生是随机的。

☞有病征。除病毒和类菌原体病害外，其他侵染性病害都有病征，如细菌性病害在病部有脓状物，真菌性病害在病部有锈状物、粉状物、霉状物、棉絮状物等。

（一）葡萄真菌性病害

由植物病原真菌引起的病害称为真菌性病害，占植物病害的 70%~80%，一种作物上可发现几种甚至几十种真菌性病害。许多真菌性病害由于病菌及寄主不同而有明显的地理分布。我国大部分葡萄产区都处在东亚季风区，夏季炎热多雨，葡萄病害较多，危害严重。真菌性病害的侵染循环类型最多，许多病菌可形成特殊的组织或孢子越冬。在温带，土壤、病残组织和病枝常是越冬场所；大多数病菌的有性孢子在侵染循环中起初侵染作用，其无性孢子起不断再侵染的作用。田间主要通过气流、水流、人事操作等传播，其他是通过风、雨、昆虫传播。传播真菌性病害的昆虫属种与病原真菌属种间绝大多数没有特定关系。真菌的菌丝片段可发育成菌株，直接侵入寄主表皮，有时导致某些寄生性弱的细菌再侵入，或与其他病原物进行复合侵染，使病症加重。

1.真菌性病害的症状　真菌侵染部位在潮湿的条件下都有菌丝和孢子产生，产生出白色棉絮状物、丝状物，不同颜色的粉状物、雾状物或颗粒状物。这是判断真菌性病害的主要依据。通常情况下真菌病害的症状有以下几种：

（1）坏死　这是一种常见的症状，它表现为局部细胞和组织的死亡，如葡萄炭疽病、葡萄霜霉病等。

（2）腐烂　是在细胞或组织坏死的同时伴随着组织结构的破坏，如葡萄灰霉病等。

（3）萎蔫　由于受到病原体的侵染造成根部坏死，或造成植株维管束堵塞而阻止水分的向上运输，使植株缺水而引起萎蔫，这种萎蔫往往经过几次反复而使植株死亡，而有的症状轻微的则可缓和，如葡萄根腐病。

真菌性病害发生之后，除了以上这些症状之外，通常还出现其特定的病症，也即病原物在病部组织上的特殊表现，如霜霉、白粉、白锈、黑粉、锈粉、烟霉、黑痣、霉状物、蘑菇状物、棉絮状物、颗粒状物、绳索状物、黏质粒和小黑点等。葡萄白粉病在叶片正面出现白色的霉层，葡萄霜霉病在叶片背面出现白色霉层，葡萄锈病则在叶片上出现红锈色的突起（病菌的孢子堆）。

大的病症可用肉眼直接观察到。病症的出现与品种、器官、部位、生育时期、外界环境有密切关系。许多真菌性病害在环境条件不适宜时完全不表现病症。真菌性病害的症状与病原真菌的分类有密切关系，如霜霉菌产生霜霉状物，黑粉菌产生黑粉状物等。

2.防治措施

（1）农业防治　主要措施有选用抗病品种，合理施肥、及时灌溉排水、适度整枝打杈、搞好葡萄园卫生和安全运输储藏等。

（2）物理防治　人工捕杀和清除病株、病部。

（3）化学防治　化学药剂防治病害作用迅速、效果显著，方法比较简便，是人类与病害做斗争的重要手段和武器。常用药剂有保护性药剂（波尔多液、硫悬浮剂、代森铵、腐必清、百菌清、克菌丹、石硫合剂、代森锰锌、双效灵等）及治疗性药剂（甲基硫菌灵、多菌灵、多抗霉素、宝丽安、腐霉剂、乙膦铝、瑞毒霉、速保利、扑海因、三唑酮、四环素、链霉素、乙霉威等）。

3. 常见病害防治

（1）霜霉病

1）发病症状　如图4-21~图4-27所示。

图 4-21　霜霉病侵染叶片背面症状（初期）　　　图 4-22　霜霉病侵染叶片正面症状（中期）

图 4-23　霜霉病侵染叶片背面症状（后期）　　　图 4-24　霜霉病侵染叶片正面症状（后期）

图 4-25　霜霉病侵染幼果症状（初期）

图 4-26　果实发育中期霜霉病侵染症状（中期）

图 4-27　霜霉病侵染果实症状（后期）

2）识别与防治要点　见表4-4。

表 4-4　霜霉病识别与防治要点

侵染部位	叶片，新梢，叶柄，花梗，果梗，花蕾，花，幼果
典型症状	发病部位有白色霜状霉层
发病时期	以生长中后期为主
发病条件	多雨，潮湿，22~25℃
品种抗性	欧美杂种抗性较强，欧亚种抗性较差，欧亚种东方品种群最敏感
防治药剂	80%代森锰锌可湿性粉剂800倍液，或波尔多液1:0.5:（160~200）倍液，或50%烯酰吗啉水分散粒剂2 000~3 000倍液，或25%精甲霜灵可湿性粉剂2 000~2 500倍液，或72.2%霜霉威盐酸盐水剂800~1 000倍液，或25%吡唑醚菌酯乳油2 000倍液

（2）炭疽病

1）发病症状　　如图4-28~图4-33所示。

图4-28　炭疽病侵染转色期果实初期症状

图4-29　炭疽病侵染色期果实中期症状

图4-30　炭疽病侵染转色期果实中后期症状

图 4-31　炭疽病侵染紫色品种后期症状

图 4-32　炭疽病侵染黄色品种后期症状

图 4-33　炭疽病侵染叶片症状

2）识别与防治要点　见表 4-5。

表 4-5　炭疽病识别与防治要点

侵染部位	果实，叶片
典型症状	初侵染时发生褐色小圆斑点，逐渐扩大并凹陷，随后病斑上产生同心轮纹状的分生孢子团，在储藏、销售期间，潮湿天气下溢出粉红色胶状物是该病主要识别特征
发病时期	花期前后，果实成熟期均可侵染，主要在葡萄近成熟期发病
发病条件	阴雨天气，高湿，25~28℃
品种抗性	欧美杂种抗性较强，欧亚种较敏感，欧亚种东方品种群最敏感
防治药剂	①保护性杀菌剂：50%福美双可湿性粉剂600~800倍液 ②内吸性杀菌剂：20%苯醚甲环唑水分散粒剂，22.2%抑霉唑乳油800~1 200倍液，80%戊唑醇可湿性粉剂6 000~9 000倍液，25%溴菌清乳油800~1 200倍液，50%咪鲜胺锰盐可湿性粉剂800倍液，25%丙环唑乳油3 000倍液

（3）房枯病

1）发病症状　如图4-34所示。

图 4-34　房枯病侵染果实症状

2）识别与防治要点　见表4-6。

表 4-6　房枯病识别与防治要点

侵染部位	果梗，果粒，穗轴
典型症状	果粒变紫变褐，失水干缩不脱落
发病时期	长江以北地区6~7月开始发生，8~9月为发病盛期
发病条件	高温、高湿，管理粗放，树势衰弱时发病严重
品种抗性	巨峰比较容易感病
防治药剂	80%代森锰锌可湿性粉剂600~800倍液，50%福美双可湿性粉剂700倍液，10%苯醚甲环唑水分散粒剂1 500倍液，40%氟硅唑乳油6 000~8 000倍液，80%乙蒜素乳油2 500倍液

（4）灰霉病

1）发病症状　　如图4-35~图4-39所示。

图4-35　灰霉病侵染叶片症状

图4-36　灰霉病侵染幼果症状

图4-37　灰霉病侵染转色期果实症状

图 4-38　灰霉病侵染成熟期果实症状

图 4-39　灰霉病同细菌性穗轴溃疡病混发症状

2）识别与防治要点　见表 4-7。

表 4-7　灰霉病识别与防治要点

侵染部位	果实为主，花穗，果穗，新梢，叶片
典型症状	潮湿时，病斑上生出鼠灰色霉层
发病时期	花期前后，成熟期和储藏期
发病条件	凉爽、潮湿多雨，15~20℃，空气相对湿度 90%以上
品种抗性	欧美杂种抗性较强，欧亚种较敏感，欧亚种东方品种群最敏感
防治药剂	①保护性杀菌剂：50%腐霉利可湿性粉剂600倍液，50%异菌脲可湿性粉剂1 000~1 500倍液，25%异菌脲悬浮剂500~600倍液 ②内吸性杀菌剂：40%嘧霉胺悬浮剂800~1 000倍液，50%啶酰菌胺水分散粒剂1 500倍液

（5）白腐病

1）发病症状　如图4-40~图4-46所示。

图4-40　白腐病侵染叶片症状

图4-41　白腐病侵染黄白色品种症状

图4-42　白腐病侵染紫色品种症状

图4-43　白腐病侵染穗轴症状

图4-44　白腐病侵染新梢及穗轴症状

图4-45　白腐病侵染新梢症状

图 4-46　白腐病侵染枝条后期症状

2）识别与防治要点　　见表4-8。

表 4-8　白腐病识别与防治要点

侵染部位	果粒，穗轴，枝蔓，叶片
典型症状	果粒灰白色软腐；枝蔓病斑周围肿状，皮层与木质部分离呈丝状纵裂；叶片从叶尖、叶缘开始呈轮纹状病斑。病斑上生灰白色小粒点
发病时期	主要发生在葡萄转色期前后
发病条件	冰雹或连阴雨后的高湿条件，24~27℃
品种抗性	欧美杂种抗性较强，欧亚种较敏感
防治药剂	①保护性杀菌剂：50%福美双可湿性粉剂600~800倍液，80%代森锰锌可湿性粉剂600倍液，80%炭疽福美可湿性粉剂600~800倍液，70%丙森锌可湿性粉剂600倍液等，但要注意幼果安全和果面污染问题 ②内吸性杀菌剂：20%苯醚甲环唑水分散粒剂3 000倍液，40%氟硅唑乳油6 000~8 000倍液，80%戊唑醇可湿性粉剂6 000~8 000倍液，30%苯醚甲环唑·丙环唑乳油3 000倍液，12.5%烯唑醇可湿性粉剂2 000倍液，80%乙蒜素乳油2 500倍液

（6）黑痘病

1）发病症状　　　　如图 4-47~图 4-51 所示。

图 4-47　黑痘病侵染叶片初期症状

图 4-48　黑痘病侵染叶片中期症状

图 4-49　黑痘病侵染后造成叶脉坏死、叶片畸形和
　　　　　黄化

图 4-50　黑痘病侵染嫩梢症状

图 4-51　黑豆病侵染发育中果实症状

2）识别与防治要点　见表 4-9。

表 4-9　黑痘病识别与防治要点

侵染部位	新梢、新叶、幼果等幼嫩组织
典型症状	病斑稍凹陷，边缘深褐色，中央灰白色
发病时期	生长前期和中期
发病条件	春季及初夏雨水多，危害持续时间长
品种抗性	欧美杂种抗性较强，欧亚种较敏感，欧亚种东方品种群最敏感
防治药剂	①保护性杀菌剂：80%水胆矾石膏（波尔多液）可湿性粉剂400~800倍液，50%福美双可湿性粉剂800倍液，80%代森锰锌可湿性粉剂800倍液，30%王铜悬浮剂600~800倍液。特别注意，铜制剂是控制黑痘病的最基础和最关键的药剂 ②内吸性杀菌剂：20%苯醚甲环唑水乳剂3 000倍液，40%氟硅唑乳油6 000~8 000倍液，80%戊唑醇可湿性粉剂6 000倍液

（7）白粉病

1）发病症状　　如图4-52~图4-58所示。

图4-52　白粉病侵染新梢症状　　图4-53　白粉病侵染幼果症状

图4-54　白粉病侵染果实症状

图4-55　白粉病侵染叶片正面症状　　图4-56　白粉病侵染叶片背面症状

图 4-57 白粉病侵染新梢及穗轴症状

图 4-58 白粉病侵染新梢后期症状

2）识别与防治要点 见表 4-10。

表 4-10 白粉病的识别与防治要点

侵染部位	叶片，果实，枝蔓
典型症状	病斑上产生灰白色粉状物
发病时期	整个生长阶段
发病条件	西北干旱和半干旱天气、设施栽培、高温干燥、闷热、通风透光不良发病严重
品种抗性	欧美杂种抗性较强，欧亚种较敏感，欧亚种东方品种群最敏感
防治药剂	①保护性杀菌剂：硫制剂没有抗性、成本低、对环境没有危害，对葡萄白粉病有优异的治疗效果。但用硫制剂防治葡萄白粉病受温度与空气湿度限制，低于18℃无效，高于30℃易产生药害；空气干燥的环境药效好，空气湿润的环境药效差 ②内吸性杀菌剂：20%苯醚甲环唑水分散粒剂1 500倍液，80%戊唑醇可湿性粉剂6 000~8 000倍液，50%醚菌酯水分散粒剂2 000~3 000倍液，40%氟硅唑乳油6 000~8 000倍液，12.5%烯唑醇可湿性粉剂2 000倍液，25%丙环唑乳油2 000~3 000倍液

（8）穗轴褐枯病

1）发病症状　如图4-59~图4-61所示。

图 4-59　穗轴褐枯病花前危害症状

图 4-60　穗轴褐枯病侵染幼果，导致穗轴先腐后枯

图 4-61　穗轴褐枯病侵染幼果症状

2）识别与防治要点　见表 4-11。

表 4-11　穗轴褐枯病识别与防治要点

侵染部位	幼嫩的花蕾，穗轴或幼果
发病时期	开花前后
发病条件	开花前后低温多雨
品种抗性	欧美杂种中巨峰系品种抗病性较差
防治药剂	①保护性杀菌剂：80%福美双可湿性粉剂1 000~1 200倍液，80%代森锰锌可湿性粉剂800倍液等 ②内吸性杀菌剂：3%多抗霉素可湿性粉剂200倍液,80%戊唑醇可湿性粉剂6 000倍液,20%苯醚甲环唑水分散粒剂3 000倍液等。花序分离至开花前是最重要的药剂防治时间。对于花期前后雨水多的地区和年份，结合花后其他病害的防治，选择的药剂最好能兼治穗轴褐枯病

（9）褐斑病

1）发病症状　　如图4-62~图4-65所示。

图 4-62　小褐斑病侵染叶片正面症状

图 4-63　小褐斑病侵染叶片背面症状

图 4-64　大褐斑病侵染叶片正面症状

图 4-65　大褐斑病侵染叶片背面症状

2）识别与防治要点　见表 4-12。

表 4-12　褐斑病识别与防治要点

侵染部位	叶片，一般先出现在中下部叶片
发病时期	5~6 月初发，7~9 月为发病盛期
发病条件	中后期雨水较多时，褐斑病容易发生和流行
品种抗性	巨峰系品种发病较重
防治药剂	80%代森锰锌可湿性粉剂600~800倍液，10%苯醚甲环唑水分散粒剂1 500~2 000倍液，16%氟硅唑水剂2 000~3 000倍液

（10）褐色轮纹病

1）发病症状　如图4-66~图4-71所示。

 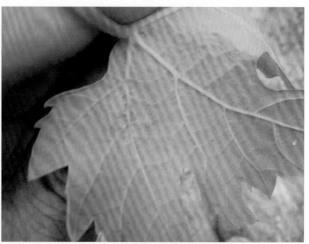

图 4-66　褐色轮纹病侵染叶片正面症状（初期）　　　图 4-67　褐色轮纹病侵染叶背面正面症状（初期）

图 4-68　褐色轮纹病侵染叶片正面，形成水渍状轮纹病斑（初期）

图 4-69　褐色轮纹病侵染片叶，形成大片水渍状轮纹病斑，病斑受叶脉限
　　　　制（中期）

图 4-70　褐色轮纹病侵染后期，造　图 4-71　褐色轮纹病的整体表现（主
　　　　成叶面卷缩　　　　　　　　　　　要侵染新梢下部叶片）

2）识别与防治要点　见表4-13。

表 4-13　褐色轮纹病识别与防治要点

侵染部位	叶片
发病时期	5月初开始发病，5月中旬进入高发期
发病条件	持续高温、干旱后的降水有利于该病发生
品种抗性	欧亚种中无核白及其衍生后代品种发病重
防治药剂	80%代森锰锌可湿性粉剂800~1 000倍液，10%苯醚甲环唑水分散粒剂1 000~1 500倍液，25%嘧菌酯悬浮剂2 000~3 000倍液

（11）黑腐病

1）发病症状　如图4-72、图4-73所示。

图 4-72　黑腐病侵染叶片症状

图 4-73　黑腐病侵染果实症状

2）识别与防治要点　见表4-14。

表 4-14　黑腐病识别与防治要点

侵染部位	叶片、果实、叶柄、枝蔓、卷须和花梗等，以果实受害最重
发病时期	从6月下旬至果实采收期都可发病
发病条件	高温、多雨、潮湿
品种抗性	欧亚种和美洲种的多数品种易感黑腐病
防治药剂	43%戊唑醇悬乳剂4 000~5 000倍液，10%苯醚甲环唑水分散粒剂1 500~2 000倍液，80%代森锰锌可湿性粉剂600~800倍液，70%丙森锌可湿性粉剂600~700倍液

（12）蔓割病

1）发病症状　如图4-74~图4-76所示。

图 4-75　蔓割病侵染中期

图 4-74　蔓割病侵染初期　　　　图 4-76　蔓割病侵染后期

2）识别与防治要点　见表4-15。

表 4-15　蔓割病识别与防治要点

侵染部位	主要危害枝蔓
典型症状	病部枝蔓纵向开裂
发病时期	春秋冷凉季节
发病条件	连续降水、高湿和伤口是病害流行的主要条件
品种抗性	欧美杂种较欧亚种抗病，红地球、美人指最为敏感
防治药剂	80%乙蒜素乳油2 500倍液，25%丙环唑乳油2 000~3 000倍液

（13）曲霉软腐病

1）发病症状　如图4-77~图4-80所示。

图 4-77　曲霉软腐病侵染果粒初期

图 4-78　曲霉软腐病侵染果粒造成果肉腐烂

图 4-79　曲霉软腐病侵染果粒的表现

图 4-80　曲霉软腐病侵染果实症状

2）识别与防治要点　见表4-16。

表 4-16　曲霉软腐病识别与防治要点

侵染部位	果实
典型症状	果实灰白色软腐，湿度大时着生黑色霉层
发病时期	从6月中下旬到葡萄采收期
发病条件	高温、多雨、潮湿
品种抗性	欧亚种多数品种易感曲霉软腐病
防治药剂	80%乙蒜素乳油2 500倍液，10%苯醚甲环唑水分散粒剂1 500~2 000倍液,80%代森锰锌可湿性粉剂800倍液

（14）枝枯病

1）发病症状　如图4-81、图4-82所示。

图4-81　枝枯病症状

图4-82　枝枯病侵染后期

2）识别与防治要点　见表4-17。

表4-17　枝枯病识别与防治要点

侵染部位	枝蔓，严重时也危害穗轴、果实和叶片
典型症状	症状多见于叶痕处，枝条出现黑褐色腐烂，节间缩短，叶片变小
发病时期	一般在5月~6月
发病条件	多雨、潮湿天气，阴暗郁闭的葡萄架面和各种伤口是病害流行的关键因素
防治药剂	80%代森锰锌可湿性粉剂800倍液，80%乙蒜素乳油2 500倍液

(15)根腐病

1)发病症状 如图4-83、图4-84所示。

图 4-83 根腐病地上部症状　　图 4-84 根腐病地下部症状

2)识别与防治要点 见表4-18。

表 4-18 根腐病识别与防治要点

侵染部位	根
典型症状	根腐烂，地上部分萎蔫枯死
发病时期	一般4~6月发病较重
发病条件	生长势弱及适应力差的根系，易发病；干旱、缺肥及土壤盐碱化、土壤板结、黏土地、挂果量过大导致的树势衰弱、根系生长弱，易发病；虫伤、冻伤以及其他损伤多的根系易受侵染
品种抗性	欧亚种中的红地球，欧美杂种中的巨峰系品种均发病较重
防治药剂	乙蒜素，噁霉灵，用法用量见产品说明书

（16）酸腐病

1）发病症状　如图4-85~图4-88所示。

图 4-85　酸腐病侵染果实症状

图 4-86　酸腐病发病症状（后期）

图 4-87 酸腐病传播者——果蝇

图 4-88 果蝇成虫（放大）

2）识别与防治要点 见表 4-19。

表 4-19 酸腐病识别与防治要点

侵染部位	果实
发病时期	一般7~8月发病较重
发病条件	果蝇是该病的传播者，伤口是病菌存活和繁殖的场所，果蝇在伤口处产卵，在爬行、产卵的过程中传播细菌。果蝇卵孵化或幼虫取食同时造成果实腐烂，随着果蝇数量增多，引起病害的流行
防治措施	做好葡萄园卫生；用14%络氨铜水剂400倍液,80%乙蒜素乳油2 500倍液等杀灭病原菌，用杀虫剂防治果蝇

（17）锈病

1）发病症状　　如图4-89所示。

图 4-89　锈病病叶症状

2）识别与防治要点　　见表4-20。

表 4-20　锈病识别与防治要点

侵染部位	植株中下部叶片
典型症状	病初期叶面现零星单个小黄点，周围水浸状，后病叶背面形成橘黄色夏孢子堆逐渐扩大，沿叶脉处较多。夏孢子堆成熟后破裂，散出大量橙黄色粉末状孢子，布满整个叶片，致叶片干枯或早落。秋末病斑变为多角形灰黑色斑点，即冬孢子堆，冬孢子堆表皮一般不破裂。偶见叶柄、嫩梢或穗轴上出现夏孢子堆
发病时期	6月下旬先危害近地面的葡萄叶片。7月中旬至8月、9月，高温干燥，病情转剧，流行很快
发病条件	孢子萌发适温 20~25℃，适宜空气相对湿度 100%，高湿利于夏孢子萌发，光线对孢子萌发有抑制作用，因此夜间的高温成为此病流行的必要条件
防治药剂	醚菌酯、吡唑醚菌酯、三唑酮等药剂，用法用量见产品说明书

（18）多病混发症

1）发病症状　如图 4-90 所示。

图 4-90　灰霉、青霉、曲霉三病混发症状

2）识别与防治要点　见表 4-21。

表 4-21　灰霉、青霉、曲霉三病混发识别与防治

危害部位	果实
危害时期	6~8月
危害条件	裂果形成病菌侵染
防治药剂	乙蒜素+抑霉唑，用量见各自产品说明书

（二）葡萄细菌性病害

细菌性病害是由病原细菌侵染所致的病害，如软腐病、溃疡病、青枯病等。侵害植物的细菌都是杆状菌，大多数具有一至数根鞭毛，可通过自然孔口（气孔、皮孔、水孔等）和伤口侵入，借流水、雨水、昆虫等传播，在病残体、种子、土壤中过冬，在高温、高湿条件下容易发病。细菌性病害症状表现为萎蔫、腐烂、穿孔等，发病后期遇潮湿天气，在病害部位溢出细菌黏液，是细菌病害的特征。

真菌性病害与细菌性病害的区别：细菌性病害的病症无霉状物，而真菌性病害则有霉状物（菌丝、孢子等）。斑点型和叶枯型细菌性病害的发病部位，先出现局部坏死的水渍状半透明病斑，在气候潮湿时，从叶片的气孔、水孔、皮孔及伤口上有大量的细菌溢出黏状物“细菌脓”。青枯型和叶枯型细菌病害的确诊依据，用刀切断病茎，用手挤压，在导管上流出乳白色黏稠液“细菌脓”。腐烂型细菌性病害的共同特点是，病部软腐、黏滑，无残留纤维，并有硫化氢的臭味。而真菌引起的腐烂则有纤维残体，无臭味。遇到细菌病害发生初期，还未出现典型的症状时，需要在低倍显微镜下进行检查，其方法是，切取小块新鲜病组织于载玻片上，稍滴点水，盖上玻片，轻压，即能看到大量的细菌从植物组织中呈云雾状菌泉涌出。

1. 常见病症

（1）斑点　假单胞菌侵染引起的，有相当数量呈斑点状，如褐斑病、角斑病等。

（2）叶枯　多数由黄单胞菌侵染引起，受侵染后最终导致叶片枯萎。

（3）青枯　一般由假单胞菌侵染植物维管束，阻塞输导通路，致使植物茎、叶枯萎。

（4）溃疡　多数由欧文杆菌侵染植物引起腐烂。

（5）腐烂畸形　由癌肿杆菌侵染所致，使植物的根、根颈及枝干上造成畸形，呈瘤肿状，如根疡状。

2. 防治措施

（1）农业防治　第一，培育植株健壮，抗御细菌侵染；第二，防止抹芽、打杈、移栽、冻害等对葡萄植株造成伤口，引发病害；第三，控制环境条件。

（2）化学防治　防治药剂有农用链霉素、中生霉素等生物制剂。

3.常见病害防治

（1）根癌病

1）发病症状　如图4-91、图4-92所示。

图 4-91　根癌病侵染根颈部症状（初期）　　　　　　　　　　　　图 4-92　根癌病症状

2）识别与防治要点　见表4-22。

表 4-22　根癌病识别与防治要点

侵染部位	根部，根颈部，老蔓
典型症状	发病部位呈肿瘤状
发病时期	一般5月下旬开始发病，6月下旬至8月为发病高峰期
发病条件	重茬地繁育苗木；嫁接、农事操作、冻伤等造成伤口
品种抗性	红地球、美人指等品种发病较重
防治药剂	络氨铜、叶枯唑、硫酸链霉素等，用法用量见产品说明书

（2）溃疡病

1）发病症状　如图4-93~图4-95所示。

图4-93　溃疡病侵染新梢症状

图4-94　溃疡病侵染穗轴症状

图 4-95　溃疡病侵染叶片症状

2）识别与防治要点　见表 4-23。

表 4-23　溃疡病识别与防治要点

侵染部位	主要危害新梢、穗轴、叶片、果实等
发病时期	4~6月为主要发病时期
品种抗性	欧美杂种品种抗性较强，欧亚种品种抗性较弱
防治药剂	叶枯唑、铜制剂、农用硫酸链霉素，用法用量见产品说明书

（3）皮尔斯病

1）发病症状　如图4-96所示。

图 4-96　皮尔斯病侵染叶片症状

2）识别与防治要点　见表4-24。

表 4-24　皮尔斯病识别与防治要点

侵染部位	以叶片为主
发病条件	叶蝉、粉虱等刺吸式口器害虫传播
防治药剂	啶虫脒或吡虫啉＋展着渗透剂＋氨基寡糖素＋中生菌素或叶枯唑，各种药剂用量均按说明书使用

（4）细菌性角斑病

1）发病症状　如图4-97、图4-98所示。

图 4-97　细菌性角斑病侵染葡萄叶片症状（一）

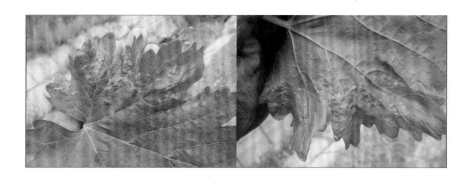

图 4-98　细菌性角斑病侵染葡萄叶片症状（二）

2）识别与防治要点　见表4-25。

表 4-25　细菌性角斑病识别与防治要点

侵染部位	叶片
品种抗性	欧亚种品种抗性最差
防治药剂	叶枯唑、铜制剂、中生菌素，按产品说明书使用

（三）葡萄病毒性病害

由植物病毒寄生引起的病害。植物病毒必须在寄主细胞内营寄生生活，专化性强，某一种病毒只能侵染某一种或某些植物。但也有少数危害广泛，如烟草花叶病毒和黄瓜花叶病毒。一般植物病毒只有在寄主活体内才具有活性，仅少数植物病毒可在病株残体中保持活性几天、几个月甚至几年，也有少数植物病毒可在昆虫活体内存活或增殖。植物病毒在寄主细胞中进行核酸（RNA 或 DNA）和蛋白质外壳的复制，组成新的病毒粒体。植物病毒粒体或病毒核酸在植物细胞间转移速度很慢，而在维管束中则可随植物的营养流动方向而迅速转移，使植物整株发病。

蚜虫、线虫等可以传播植物病毒，葡萄繁殖材料（砧木、接穗）是传播的主要途径。病毒病的发生与寄主植物、病毒、传毒介体、外界环境条件，以及人为因素密切相关。当田间有大面积的感病植物存在，毒源、介体多，外界环境有利于病毒的侵染和增殖，又利于传毒介体的繁殖与迁飞时，植物病毒病害就会流行。

1. 常见病毒病　葡萄病毒病，不像真菌和细菌性病害，在普通显微镜下是看不见的、非细胞形态的寄生物。世界上报道过的葡萄病毒病有 40 多种，主要有：

（1）扇叶病　春季长出的新梢，叶片畸形，叶面皱缩，叶缘缺刻呈锯齿状，叶柄开展角度大，呈扇状叶片，叶脉明显歪曲、不对称、明脉。有时叶子上有阴影状浅绿色斑驳，枝条畸形，节间短、节部膨大，有时叶柄开裂，侧芽过度生长，新梢出现双节现象。落花、落果严重，果穗小型化，果粒不正，产量下降、外观不美，树势衰弱。

（2）卷叶病　该病的典型症状是叶片从叶缘向下反卷。反卷首先从枝蔓基部比较成熟的叶片上出现，顶梢上的新叶很少表现。反卷的叶片常因卷缩而发脆。从晚夏到初秋，有时某些红色品种，其叶子基部的叶脉间出现淡红色斑驳，随后颜色加重，色斑扩展到整个叶片，最后扩展到整株叶片上。此病在白色葡萄品种上不出现红色叶斑，但叶脉间或叶缘的颜色变浅。植株感病后含糖量明显下降，果实变小，着色不良，成熟延迟，植株萎缩。

（3）铬黄花叶病　早春叶片呈铬黄色斑驳，新梢黄化，与健树的鲜绿叶形成明显对比。叶子颜色变化大都从叶缘开始，或先从叶缘形成大小不等又不规则的斑点。到后期，黄化部分凋萎、灼伤。天气炎热时，叶片往往由铬黄色逐渐变为褐色，造成叶子早期脱落。黄化程度因品种、季节、不同株系病毒而有差异。在某些品种上，枝条和叶片发生畸形，症状和扇形病相似。病株花蕾易脱落，果穗小型化，树势衰弱，产量降低甚至绝收。

（4）黄花叶病　早春叶片上出现黄白色花叶状，后变成白色，叶片变畸形，结果不良，树势显著衰弱以至枯死。整个叶子都可变色、畸形，并出现双节或短节间现象。

（5）星状花叶病　此病主要危害欧洲种葡萄。植株发病时，叶片上的星状黄绿色斑点不规则分布于第一和第二叶脉间的叶缘附近。重病时，斑点连接成片，叶片变形、扭曲而不对称，裂刻异常加深。斑点集中处，叶脉干枯。到夏季，叶片症状则变得不甚明显。植株感病后，生长缓慢，减产明显。

（6）萎缩病　植株感病后，病树从展叶起，新梢发育不良，基部一二节的节间极短，叶片小且发育不良，裂刻浅，向内反卷，叶缘变成褐色，并提早落叶。一至四年生的树发病严重，成龄树病情减轻，表现花穗小，易脱落，无核小果粒增多，果肉不肥厚。新梢出现萎缩症状，多出现在 6 月中下旬，以后不再发生。病树根部变黑，细根发育不良。

（7）黄脉病　此病主要危害果穗、叶片。病株花朵受精率低，坐果后，部分或整个穗轴干枯。病叶最初出现线状斑，而后整叶变铬黄色，沿叶脉出现大量黄色小斑点。春、夏季黄色很深，夏末时则逐渐发白。一般情况下，病株上仅有几张叶片发病与叶脉失绿。病株长势不但不受影响，而且特别茂盛。

（8）坏死病　叶片不对称，并在叶脉间出现黄绿色斑点，后变褐破裂，新梢生长受阻，植株萎缩，产量下降。

（9）耳突病　沿叶片背面的主脉有两个平行耳状突起，不形成耳突的叶子较小、坚韧、较厚，早春发芽晚，新梢基部节间短，植株生长受阻，有的新梢基部呈扁平状，并产生沟。

（10）茎痘病　早春发芽迟缓，树皮粗糙木栓化，木质部和树皮形成部分有瘤，树势衰弱，产量低。

2. 常见病症

（1）变色　由于营养物质被病毒利用，或病毒造成维管束坏死，阻碍了营养物质的运输，叶片的叶绿素形成受阻或积聚，从而产生花叶、斑点、环斑、脉带和黄化等。花朵的花青素也可因而改变，使花色变成绿色或杂色等，常见的症状为深绿与浅绿相间的花叶症，如烟草花叶病。

（2）坏死　由于植物对病毒的过敏性反应等可导致细胞或组织死亡，变成枯黄至褐色，有时出现凹陷。在叶片上常呈现坏死斑、坏死环和脉坏死，在茎、果实和根的表面常出现坏死条等。

（3）畸形　由于植物正常的新陈代谢受干扰，体内生长素和其他激素的生成和植株正常的生长发育发生变化，可导致器官变形，如茎间缩短，植株矮化，生长点异常分化形成丛枝或丛簇，叶片的局部细胞变形出现疱斑、卷曲、蕨叶及带化等。

3. 防治措施

（1）脱毒　植物繁殖材料可利用脱毒技术获得无毒繁殖材料，或通过药液热处理进行灭毒外，尚无理想的药剂治疗方法。

（2）预防　本病宜以预防为主，综合防治。一方面消灭侵染来源和传播介体，另一方面采取农业技术措施，包括增强植物抗病力、繁殖和推广抗病或耐病品种等。

4. 常见病害防治措施

（1）扇叶病

1）发病症状　　如图4-99、图4-100所示。

图4-99　扇叶病病毒侵染叶片症状　图4-100　扇叶病病毒侵染全树症状

2）识别与防治要点　　见表4-26。

表4-26　扇叶病识别与防治要点

发病部位	叶片，枝条，果实
发病时期	春季症状明显，随着气温升高，病害受到抑制
发病条件	繁殖材料远距离传播
品种抗性	欧美杂种症状明显，欧亚种症状轻微
防治措施	使用脱毒苗木、健身栽培等

（2）卷叶病

1）发病症状　如图 4-101、图 4-102 所示。

图 4-101　红色品种卷叶病症状

图 4-102　黄白色品种卷叶病症状

2）识别与防治要点　见表 4-27。

表 4-27　卷叶病识别与防治要点

发病部位	叶片，果实
典型症状	叶片反卷
发病时期	春季不表现症状，夏末秋初表现症状
发病条件	繁殖材料远距离传播，粉蚧近距离传播
品种抗性	欧亚种症状明显，欧美杂种症状轻微
防治措施	使用脱毒苗木

（3）茎痘病

1）发病症状　如图4-103、图4-104所示。

图4-103　葡萄茎痘病侵染症状（一）　　　　图4-104　葡萄茎痘病侵染症状（二）

2）识别与防治要点　见表4-28。

表4-28　茎痘病识别与防治要点

发病部位	枝蔓
典型症状	嫁接口上部增厚、木栓化，组织疏松粗糙；木质部和树皮形成层常可见凹陷的茎痘斑或茎沟槽
发病条件	繁殖材料远距离传播、粉蚧近距离传播
品种抗性	沙地葡萄较为敏感，栽培品种发病率低
防治措施	使用脱毒苗木

（四）葡萄根结线虫病害

由植物寄生线虫侵袭和寄生引起的植物病害。受害植物可因侵入线虫吸收体内营养而影响正常的生长发育；线虫代谢过程中的分泌物还会刺激寄主植物的细胞和组织，导致植株畸形，使农产品减产和质量下降。我国较为严重的植物线虫病有根结线虫病。

植物寄生线虫长 1 mm 左右，多呈线形，无色或乳白色，不分节。假体腔，左右对称。其口腔壁加厚形成吻针的特征，是大多数植物寄生线虫与其他线虫的重要区别之一。

1. 常见病症

（1）结瘤　入侵线虫周围的植物细胞由于受到线虫分泌物的刺激而膨大、增生，形成结瘤。通常由根结线虫、鞘线虫和剑线虫引起。远距离传播则主要靠携带线虫的种苗和其他种植材料的调运。

（2）根短粗　或借助于水的流动，线虫在根尖取食，根的生长点遭到破坏，致使根不能延长生长而变短粗。常由根结线虫和剑线虫引起。

（3）丛生　由于线虫分泌物的刺激，根过度生长，须根呈乱发丛状丛生。

2. 线虫致病机制　除吻针对寄主的刺伤和虫体在植物组织中的穿行所造成的机械损伤以及因寄生消耗植物养分而造成的危害外，还形成结瘤。植物线虫主要是通过穿刺寄主时分泌各种酶或毒素来造成各种病变。入侵线虫周围的植物细胞由于受到线虫分泌物的刺激而膨大、增生，同时，根部症状可表现为结瘤。线虫的侵害活动还可为次生病原微生物提供入口，为其他细菌和真菌提供通道，大多数植物线虫危害植物的地下部分，致使根部腐烂。因线虫的种类、危害部位及寄主植物的不同而异。线虫也可与其他病原物形成复合侵染，经常和线虫形成复合病害的有镰刀菌、疫霉、轮枝菌和丝核菌等。线虫还可传播病毒，一般球形或多面形的病毒由剑线虫和长针线虫传播，而杆状或管状病毒则多由毛刺线虫传播。

3. 有效防治措施　严格执行检疫措施；利用植物线虫在不适宜的寄主上难以繁殖的特点，选用抗病、耐病品种（大多数葡萄砧木品种具有抗线虫的作用）；利用大多数植物线虫有在土壤中生活史的特点，用化学药剂处理土壤；进行种苗的热处理；通过轮作、秋季休闲、翻耕晒土、田间卫生等耕作措施破坏植物线虫存活的适宜条件，以及利用天敌控制等。

4. 发病症状　如图 4-105。

图 4-105　葡萄根系被根结线虫侵染症状

5. 识别与防治要点　见表 4-29。

表 4-29　根结线虫识别与防治要点

发病部位	根系
典型症状	地下部吸收根和次生根膨大、形成根结，影响根系吸收；地上部生长势弱，表现矮小、黄化、萎蔫、果实小等
发病时期	根系生长期
发病条件	种苗远距离传播，沙壤土和沙土有利于发生
品种抗性	美洲野生葡萄抗性强
防治措施	使用抗性砧木，加强苗木检查，定植前用阿维菌素和丁硫克百威稀释—定倍数混泥浆蘸根，1.8%阿维菌素乳油 2 000 倍液顺水冲施

二、非侵染性病害

（一）葡萄生理性病害

1.常见生理性病害　生理性病害是由非生物因子，如气象因素（温度过高或过低，雨水失调，光照过强、过弱和不足等），营养元素失调（氮、磷、钾及各种微量元素的过多或过少），有害物质因素（土壤含盐量过高、pH 过大过小），使用农药（除草剂、植物生长调节剂等）不当引起的药害，工业废气、废水、废渣的污染，不适宜的环境条件等，阻碍植株正常生长而出现的不同病症。这类病害没有病原的侵染现象，不能在植物个体间互相传染，所以也称非传染性病害。植物对不利环境条件有一定适应能力，但如果不利环境条件持续时间过久或超过植物的适应范围时，就会对植物的生理活动造成严重干扰和破坏，导致形态表现异常，甚至死亡。常见的有缺素症、除草剂药害、空气污染危害等。

（1）缺素症

1）常见症状　缺素症是植物缺乏某种必需营养元素而出现的不正常的形态特征。对于植物外表虽不表现出某种缺乏症，但产量因受营养元素不足而下降的现象，称为营养元素潜在性缺乏。症状通常表现为叶色变异，如失绿、黄化或发红（紫）；组织坏死，出现黑化、枯斑、生长点萎缩或死亡；株型异常、器官畸变等。各种不同症状的出现，与所缺营养元素的功能有关。

☞缺乏氮、镁、铁、锰、锌等元素。植物的叶绿素合成或光合作用受阻，叶片出现失绿、黄化现象。

☞缺乏磷、硼等元素。植物体内的糖类因运输受阻而滞留于叶片中，从而产生较多的花青素，使叶片呈紫红色斑。

☞缺乏钙和硼元素。细胞质膜不易形成，细胞正常的分裂过程受影响，常致植物生长点萎缩或死亡。

☞缺乏硼元素。会影响作物花粉的发育和花粉管的伸长，使受精过程不能正常进行，产生花而不实现象。

☞缺乏锌元素。会使某些植物体内某些生长素的合成量减少，从而限制叶片的生长和茎的伸长，常是出现畸形小叶的重要原因。

病症出现的部位主要取决于所缺乏元素在植物体内移动性的大小。氮、磷、钾、镁等元素在体内有较大的移动性，可以从老叶向新叶中转移，因而这类营养元素的缺乏症都发生在植物下部的老熟叶片上。铁、钙、硼、锌、铜等元素在植物体内不易移动，缺乏症常首见于新生芽、叶上。

2）缺素的原因

☞土壤贫瘠。有些土壤由于受成土母质和有机质含量等的影响，某些营养元素的含量偏低。

☞不适宜的pH。土壤pH是影响土壤中营养元素有效性的重要因素。在pH低的土壤中（酸性土壤），铁、锰、锌、铜、硼等元素的溶解度较大，有效性较高；但在pH较高（中性或碱性）土壤中，则因易发生沉淀作用或吸附作用而使其有效性降低。磷在中性(pH 6.5~7.5)土壤中的有效性较高，但在酸性或石灰性土壤中，则易与铁、铝或钙发生化学变化而沉淀，有效性明显下降。

☞营养元素比例失调。如大量施用氮肥会使植物的生长量急剧增加，对其他营养元素的需要量也相应提高。如不能同时提高其他营养元素的供应量，就导致营养元素比例失调，发生生理障碍。土壤中由于某种营养元素的过量存在而引起的元素间拮抗作用，也会促使另一种元素的吸收、利用被抑制而促发缺素症。如大量施用钾肥会诱发缺镁症，大量施用磷肥会诱发缺锌症等。

☞不良的土壤结构。主要是阻碍根系发育和危害根系呼吸的性质，如土体的坚实、僵韧程度，硬盘层、漂白层出现的高度，母岩的存在等，均可限制根系的纵深发展，使根的养分吸收面过狭而导致缺素症。

3）缺素症的特点

☞突发性。病害在发生发展上，发病时间多数较为一致，往往有突然发生的现象。病斑的形状、大小、色泽较为固定。

☞普遍性。通常是成片、成块普遍发生，常与温度、湿度、光照、土质、水、肥、废气、废液等特殊条件有关，因此，无发病中心，相邻植株的病情差异不大，甚至附近某些不同的作物或杂草也会表现类似的症状。

☞散发性。多数是整个植株呈现病状，且在不同植株上的分布比较有规律，若采取相应的措施改变环境条件，植株一般可以恢复健康；

生理性病害只有病状，没有病征。

（2）除草剂药害　除草剂造成的药害症状具有多变性和多样性，与某些病害症状类似，在诊断上往往造成认识错误。一般药害较病害症状表现快，无病原物出现。在生产上应加强对除草剂药害的识别。

1）苯氧羧酸类　常用药剂有2甲4氯。症状为叶、花、穗畸形。叶片厚、浓绿，卷曲，鸡爪状或葱管状；茎脆，易断，茎基肿大；根短粗，无根毛，植株矮小；严重时停止生长，皮层开裂，落花、落果，最后死亡。

2）芳氧苯氧丙酸类　常用药剂有吡氟禾草灵、喹禾灵、氟吡乙禾灵、噁唑禾草灵等。症状主要为植株畸形，生长点变黄褐色，心叶紫或黄色。

3）二苯醚类　常用药剂有三氟羧草醚、氟磺胺草醚等。症状为叶片产生褐色坏死斑，严重时叶畸形，枯焦，无新叶。

4）酰胺类　常用药剂有甲草胺、异丙甲草胺、丁草胺等。症状为轻时叶黄，重时叶出现斑点，卷曲皱缩，最后枯死。

5）氨基甲酸酯类　常用药剂有禾草丹、灭草敌、野麦畏等。症状为叶卷曲，分蘖多，茎基、新根粗短，植株矮小。

6）取代脲类、三氯苯类　主要有绿麦隆、扑草净、西玛津等。主要为缺绿症，心叶和叶尖开始，发黄似火烧，植株矮，生长慢。

7）杂环类　主要有豆科威、禾草灵、灭草松等。症状为叶变色，枯黄，最后植株枯死。

8）三氮苯类　可以有效防治一年生阔叶杂草和一年生禾本科杂草，以杂草根系吸收为主，也可以被杂草茎叶少量吸收。代表品种有莠去津、氰草津、扑草净等。

9）磺酰脲类　代表品种有烟嘧磺隆、砜嘧磺隆、噻磺隆等。

2.防治措施　加强土、肥、水的管理，平衡施肥，增施有机肥料，及时除草，勤松土；合理控制单株果实负载量，增加叶果比。一般主梢应尽量多保留叶片，并适当多留副梢叶片，这对保证果穗生长的营养供给有决定性作用。对易发生日灼病的品种，夏季修剪时，在果穗附近多留叶片以遮盖果穗，注意果袋的透气性；对透气性不良的果袋可剪去袋下方的一角，促进通气；对需疏除老叶的品种，要注意尽量保留遮蔽果穗的叶片。气候干旱、日照强烈的地方，应改篱架栽培为棚架栽培，预防日灼的发生；叶面施肥用波尔多液和尿素混合喷布，能减轻尿素对叶片的伤害作用。生长前期注意追施速效氮肥。在果实成熟前要控制施用氮肥，采收后及时追施速效氮肥能增强后期叶片的光合作用，对树体养分的积累和花芽的分化有良好的作用，生产上应予重视；叶面喷肥能较快纠正氮素营养的不足，但决不能代替基肥和追肥，对缺氮的葡萄园尤其要重视基肥的施用。

3. 常见生理性病害的防治

（1）高温干旱引发葡萄叶片黄化

1）发病症状　如图4-106所示。

图4-106　高温干旱导致植株体内缺肥缺水引发的叶片黄化现象

2）识别与防治要点　见表4-30。

表4-30　高温干旱导致缺肥缺水引发黄化识别与防治要点

发病部位	叶片
发病时期	6~7月
发病条件	干旱缺水、缺肥引发的黄化，主要是由超量结果造成枝蔓不充实，或冬春干旱缺水而引起的
品种抗性	欧亚种的抗性较强，欧美杂种的抗性较弱
防治措施	适时灌水

（2）氮素失衡症

1）发病症状　如图4-107~图4-109 所示。

图 4-107　轻度缺氮症状

图 4-108　全株缺氮症状

图 4-109　重度缺氮症状

2）识别与防治要点　见表 4-31。

表 4-31　氮素失衡症识别与防治要点

	缺氮症状	氮过多症状
发病部位	整株	整株
发病条件	土壤沙性强、氮肥使用不足	施氮肥过多
发病症状	植株瘦弱，从下部叶片开始叶片浅绿或发黄，严重时脱落；新梢细弱，伸长生长停止早；花序生长不良，落花落果严重，果粒小	长势旺，枝条徒长、不充实，副梢多叶片薄，叶色浓绿；坐果率低，着色差，成熟期延迟
防治措施	叶片喷洒0.2%~0.3%的尿素，隔7~10 d喷1次，连喷2~3次；结合浇水，土壤施氮肥	减少氮肥使用量
容易混淆的症状	缺铁症	

（3）缺镁症

1）发病症状　　如图4-110~图4-113所示。

图4-110　缺镁初期叶片正面症状

图4-111　缺镁中期叶片正面症状

图 4-112　缺镁中期叶片背面症状

图 4-113　植株缺镁症状

2）识别与防治要点　见表 4-32。

表 4-32　缺镁症识别与防治要点

发病部位	枝条中下部叶片
发病时间	生长初期症状不明显，果实膨大期开始、坐果量多的植株容易缺镁
发病条件	有机质含量低，红壤土及酸性土壤，钾肥过量，大量施用石灰
缺镁症状	叶下部老叶首先发生，多从叶片的中央向叶缘发展，逐渐黄化，最后叶肉组织黄褐坏死，仅剩下叶脉仍保持绿色；浆果着色差，成熟期推迟，糖分低，果实品质明显降低
防治措施	多施有机肥；轻度缺镁时叶面喷施硫酸镁50倍液；严重缺镁时根部施用碳酸镁(酸性土壤)或硫酸镁（中性土壤）

（4）缺钾症

1）发病症状　如图4-114所示。

图4-114　叶片缺钾症状

2）识别与防治要点　见表4-33。

表4-33　缺钾症识别与防治要点

发病部位	枝条中下部叶片
发病条件	细沙土、酸性土以及有机质少的土壤易缺钾；施钾量不足
发病症状	枝条中下部叶片，从叶缘开始由浅紫到紫色，进而出现坏死斑，由叶缘向中间逐渐焦枯；严重者脉间变紫褐色或黑褐色，俗称"黑叶"，果实着色浅，成熟不整齐，粒小而少，酸度增加，产量和品质降低
防治措施	增施有机肥，追施草木灰、硫酸钾，叶面追施磷酸二氢钾0.3%~0.5%，或草木灰50倍液，或硫酸钾500倍液，10 d左右喷1次，连喷2~3次
容易混淆的症状	臭氧危害。臭氧危害主要发生在夏季高温季节，主要危害暴露的基部老叶

（5）缺锌症

1）发病症状　如图4-115所示。

图 4-115　缺锌症状

2）识别与防治要点　见表4-34。

表 4-34　缺锌症识别与防治要点

发病部位	新梢顶端、副梢、果实
发病条件	有机质含量低、沙土地、碱性土壤易缺锌；栽培品种中的欧亚种葡萄，尤其是一些大粒型品种和无核品种如红地球、森田尼无核等对锌的缺乏比较敏感
缺锌症状	枝、叶、果生长停止或萎缩，新梢顶部叶片狭小、稍皱缩，枝条下部叶片常有斑纹或黄化；枝条纤细、节间短、失绿；种子粒数减少，大小粒现象严重
防治措施	增施有机质；花期前后叶面喷施0.1%~0.3%硫酸锌
容易混淆的症状	缺硼症

（6）缺铁症

1）发病症状　如图4-116~图4-118所示。

图4-116　生长季节整株缺铁症状

图4-117　新生侧枝缺铁症状

图 4-118　新梢缺铁症状

2）识别与防治要点　见表 4-35。

表 4-35　缺铁症识别与防治要点

发病部位	叶片
发病条件	有机质含量低，偏盐碱化土壤，土壤条件不佳，如土壤黏重、排水不良；春天地温低又持续时间长；欧美杂交种如巨峰、京亚、藤稔等对铁缺乏比较敏感
发病症状	新梢上的嫩叶最先表现症状，叶片变成淡黄色或黄白色，仅沿叶脉的两侧残留一些绿色，严重时，发生不规则的坏死斑，幼叶由上而下逐渐干枯、脱落；新梢生长量小，坐果率低，果粒小
防治措施	重视葡萄园土壤改良，多施有机肥，防止土壤盐碱化和过分黏重；叶面喷肥0.3%~0.5%硫酸亚铁溶液，可加入适量柠檬酸或黄腐酸或食醋，并添加0.3%尿素液，7~10 d 喷 1 次，连喷 2~3 次
容易混淆的症状	缺氮症

（7）气灼病和日灼病

1）发病症状　　如图4-119~图4-122 所示。

图 4-119　不同品种日灼果穗症状

图 4-120　高温热气灼伤叶片症状

图 4-121　果实高温失水症状

图 4-122　日灼单果症状

2）识别与防治要点　见表 4-36。

表 4-36　气灼病和日灼病识别与防治要点

发病部位	果实、叶片
发病时期	落花后 45 d 左右，到转色期均可发生，但在果实转色前后发生最为严重
发病症状	果粒发生日灼时，果面初生淡褐色近圆形斑，边缘不明显，果实表面先皱缩后逐渐凹陷，严重的果穗变为干果。卷须、新梢尚未木质化的顶端幼嫩部位受害致使梢尖或嫩叶萎蔫变褐；叶片发生日灼时，出现烧焦斑块
发病条件	发病程度与气候条件、架式、树势强弱、果穗着生方位及结果量、果实套袋早晚及果袋质量、果园田间管理情况等因素密切相关。连续阴雨天突然转晴后，受日光直射，果实易发生日灼；植株结果过多，树势衰弱，叶幕层发育不良，会加重日灼发生；果树外围果穗、果实向阳面日灼发生重；套袋过晚或高温天气套袋，会使日灼加重；夏季新梢摘心过早，副梢处理不当，枝叶修剪过度，果蒂不能得到适当遮阴，易发生日灼病
品种抗性	欧亚种中的红地球，欧美杂种中的红富士等品种比较敏感
防治措施	选用适宜架形对防御日灼病有良好的效果；增施有机肥，合理搭配氮、磷、钾和微量元素肥料。生长季节结合喷药补施钾、钙肥。遇到高温干旱天气及时灌水降低园内温度，减轻日灼病发生。雨后或灌水后及时中耕松土，保持土壤良好的透气性，保证根系正常生长发育；搞好疏花疏果，合理负载。夏剪时果穗附近适当多留些叶片，及时转动果穗于遮阴处。在无果穗部位，适当去掉一些叶片适时摘心，减少幼叶数量，避免叶片过多，与果实争夺水分；选择防水、白色、透气性好的葡萄专用纸袋，纸袋下部留通气孔

（8）缺锰症

1）发病症状　如图4-123所示。

图4-123　叶片缺锰症状

2）识别与防治要点　见表4-37。

表4-37　缺锰症识别与防治要点

发病部位	叶片
发病条件	碱性土或沙土，土质黏重、通气不良、地下水位高的土壤容易缺锰
发病症状	新梢基部叶片变浅绿，接着叶脉间出现细小黄色斑点，并为最小的绿色小脉所限。第一道叶脉和第二道叶脉两旁叶肉仍保留绿色，此症状类似花叶症状，暴露在阳光下的叶片较荫蔽处叶片症状明显。进一步缺锰会影响新梢、叶片果粒的生长，果穗成熟晚，红色葡萄中夹生绿色果粒
防治措施	重视葡萄园土壤改良，增施优质有机肥，保持合适的土壤酸碱度，花前喷洒0.3%~0.5%硫酸锰溶液，每隔7 d喷1次，连喷2次
容易混淆的症状	缺锰症状应和缺锌、缺铁、缺镁症状区分 缺锌症状最初在新生长枝叶上发生，并使叶变形 缺铁症状在新生枝叶上使绿色叶脉变得更细，衬以黄色的叶肉组织 缺锰和缺镁症状相似，缺镁症先在基部叶片出现，多发生在第一与第二叶脉间发展成黄色带，但缺锰症失绿部分界限不明显，也不出现变褐枯死现象

（9）缺硼症

1）发病症状　　如图 4-124、图 4-125 所示。

图 4-124　新梢缺硼症状

图 4-125　果实缺硼症状

2）识别与防治要点　　见表 4-38。

表 4-38　缺硼症识别与防治要点

发病部位	枝条、叶片和果实
发病条件	有机质含量低，土壤偏盐碱，沙壤土和沙土，春季干燥的气候
发病症状	首先新梢顶端的幼叶出现淡黄色小斑点，随后连成一片，叶脉间出现黄化，最后变褐枯死，叶面凹凸不平，有时异常厚而且脆。缺硼严重的，嫩枝及新梢从顶端向下枯死，并发出许多小的副梢；花序小，影响受精，引起落花、落果，果穗稀疏
防治措施	重视葡萄园土壤改良，增施优质有机肥；每亩施用硼酸或硼砂 1.5~2 kg 作基肥；花期前后，喷施 0.1%~0.3%硼砂溶液作追肥
容易混淆的症状	与缺镁、缺锌、缺铁等症状有一定相似

（10）缺磷症

1）发病症状　如图4-126~图4-128所示。

图4-126　缺磷初期症状

图4-127　缺磷中期症状

图4-128　缺磷中后期

2）识别与防治要点　见表4-39。

表4-39　缺磷症识别与防治要点

发病部位	叶片
发病条件	有机质含量低的贫瘠土壤、酸性土壤、石灰性土壤
发病症状	叶片变小，叶色暗绿带紫，叶片变厚、变脆，叶缘发红焦枯，出现半月形死斑；坐果率降低，果实发育不良，产量低；果实成熟迟，着色差，含糖量低
防治措施	改良土壤，调节土壤酸碱度，施足磷肥，叶面喷施0.5%~2.0%过磷酸钙浸滤液或0.3%~0.5%磷酸二氢钾
容易混淆的症状	葡萄卷叶病

（11）水罐子病

1）发病症状　如图4-129、图4-130所示。

图4-129　水罐子病发病症状（初期）

图 4-130　水罐子病发病症状（中后期）

2）识别与防治要点　见表 4-40。

表 4-40　水罐子病识别与防治要点

发病部位	果实
发病时期	转色期以后
发病症状	果梗上产生圆形或椭圆形褐色病斑；感病果粒糖度降低，味很酸，果肉逐渐变软，皮肉极易分离，成为一包酸水，用手轻捏，水滴成串溢出，有色品种上病果色泽暗淡，白色品种上病果粒为水渍状；果梗与果粒间产生离层，病果极易脱落，发病严重的造成绝收
发病条件	树体内营养物质不足所引起的生理性病害。结果量过多，摘心过重，有效叶面积小，肥料不足，树势衰弱时发病就重；地势低洼，土壤黏重，透气性较差的园片发病较重；氮肥使用过多，缺少磷、钾肥时发病较重；成熟时土壤湿度大，诱发营养生长过旺，新梢萌发量多，引起养分竞争，发病就重；夜温高，特别是高温后遇大雨时发病重
品种抗性	欧亚种中的郑州早红、玫瑰香、无核白、美人指、红地球等大穗品种发病严重
防治措施	合理负载，对大穗型品种进行果穗修整；注意增施有机肥料及磷、钾肥料，控制氮肥使用量，加强根外喷施磷酸二氢钾等叶面肥，增强树势，提高抗性；适当增加叶面积，适量留果，增大叶果比例，合理负载；果实近成熟时停止追施氮肥与灌水

（12）遮阴型黄化病

1）发病症状　如图 4-131 所示。

图 4-131　遮阴型黄化病症状

2）识别与防治要点　见表 4-41。

表 4-41　遮阴型黄化病识别与防治要点

发病部位	叶片
发病条件	遮阴型黄化病多发生在新梢底层的第一片或第二片叶，由于葡萄在生长中顶端优势强，新梢底层的第一片或第二片叶处于梢蔓底部，长期得不到光合养分，加速了叶片老化，对果树生长影响不大
防治措施	加强夏季修剪，调整适宜的叶幕厚度

（13）葡萄气生根

1）发病症状　如图 4-132 所示。

图 4-132　高温高湿产生气生根症状

2）识别与防治要点　见表 4-42。

表 4-42　高温高湿产生气生根的识别与防治要点

发病部位	葡萄老蔓基部节
发病时期	生长后期
发病症状	高温高湿下生长迅速的葡萄节上易发生气生根，髓射线发达，营养积累较多极易产生根原体发根
发病条件	高温高湿下易发生气生根
防治措施	合理夏季修剪，避免树冠郁闭，增加通风透光，在雨季减少激素类叶面肥料的使用

（14）生理性裂果

1）发病症状　如图 4-133 所示。

图 4-133　不同品种裂果状

2）识别与防治要点　见表 4-43。

表 4-43　生理性裂果识别与防治要点

发病部位	果实
发病时期	生长后期
发病症状	果实裂果
发病条件	土壤板结，排水差的黏质土壤及易涝、易旱的土壤上，葡萄容易发生裂果现象连续阴雨过后放晴，急剧高温干燥，着色期多雨，也易裂果；单穗结果量过多也容易裂果
防治措施	改良土壤，避免土壤水分急剧变化。尽量选择通气性好的沙质壤土地建果园或对通气性不好的葡萄园通过深翻和增施有机肥等进行土壤改良。遇旱及时灌水，雨后及时排水，以减小土壤干湿差距

（15）生理性落花落果

1）发病症状 如图4-134所示。

图4-134 生理性落花落果

2）识别与防治要点 见表4-44。

表4-44 生理性落花落果识别与防治要点

发病部位	果穗
发病时期	花前1周的花蕾和开花后子房的脱落称为落花落果，落花落果率在80%以上者，称为落花落果病
发病条件	如花期干旱或阴雨连绵，或花期刮大风或遇低温等，都能造成受精不良而大量落花落果；施氮肥过多，花期新梢徒长，营养生长与生殖生长争夺养分，使花穗发育营养不足而造成落花落果；留枝过密，通风透光条件差；植株缺硼，限制花粉的萌发和花粉管正常的生长，也能导致落花落果
品种抗性	巨峰系四倍体品种落果严重，欧亚种落果轻微
防治措施	花期喷0.1%硼砂或硼酸混加蔗糖水，提高授粉受精能力

（16）大小粒

1）发病症状 如图4-135所示。

图4-135 大小粒

2）识别与防治要点 见表4-45。

表4-45 大小粒识别与防治要点

发病部位	果穗
发病时期	果实膨大期
发病条件	花期前后：连阴雨，灌溉过多，高温干燥，土壤缺锌、硼，氮肥过多引起枝梢旺长，树势弱，树体营养不足等各种原因导致的授粉受精不良
品种抗性	四倍体欧美杂种易发生
防治措施	花期前后控制水分和氮肥，防止水分和氮肥过多；注意补充锌、硼等微量元素

（17）盐害

1）发病症状　如图4-136所示。

图 4-136　盐害症状

2）识别与防治要点　见表4-46。

表 4-46　盐害识别与防治要点

危害部位	叶片
危害时期	叶片变黄干枯
危害条件	在盐碱地上种植葡萄，或用含盐量较高的水灌溉，特别是春季干旱、土壤返碱最为严重
防治措施	多施有机肥，注意土壤改良

（18）晚霜危害

1）发病症状　　如图4-137、图4-138所示。

图 4-137　晚霜危害幼芽症状

图 4-138　晚霜危害幼茎及新叶症状（张国军摄）

2）识别与防治要点　见表 4-47。

表 4-47　晚霜危害识别与防治要点

发病部位	幼芽及幼梢
发病时期	幼芽及幼梢生长期
发病条件	遭遇倒春寒
防治措施	熏烟法是目前应用最为广泛的一种方法；在晚霜频繁发生的地区，利用早春灌溉树体涂白等措施，降低地温和树温，延迟萌芽和开花期，可躲过霜害；霜冻前灌水不仅使土壤含水量增大，土壤的热容量和热导率也随之增大，白天温度降低，夜间温度升高；叶面喷洒复硝酚钠＋氨基酸型叶面肥，可提高抗冻能力

（19）冰雹危害

1）发病症状　如图4-139所示。

图4-139　冰雹危害症状

2）识别与防治要点　见表4-48。

表4-48　冰雹危害识别与防治要点

发病部位	全株
发病时期	以5~9月或6~9月雹日最多
发病症状	冰雹是在对流性天气控制下，积雨云中凝结生成的冰块从空中降落的现象。冰雹是一种地方性强、季节性明显、持续时间短暂的天气现象
预防与补救措施	雹灾频发地区利用防雹网；雹灾过后，及时剪去枯叶和被冰雹打碎的烂叶，促进生长。雹灾过后，及时进行划锄、松土和追肥，对植株恢复生长具有明显促进作用。喷施80%乙蒜素乳油2 500倍液可预防葡萄白腐病的发生

（20）干热风危害

1）发病症状　如图4-140所示。

图4-140　干热风危害果穗

2）识别与防治要点　见表4-49。

表4-49　干热风危害识别与防治要点

危害部位	花蕾，幼果
危害时期	花期前后
发病条件	风速在 2 m/s或以上，气温在30℃以上，空气相对湿度在30%以下。一般出现在5月初至6月中旬的少雨、高温天气
防治措施	营造防护林带，搞好农田水利建设以便灌溉（浇灌、喷灌）以及施用化学药剂（喷磷酸二氢钾、硼、锌肥、复硝酚钠等），增强抗御干热风的能力

（21）肥害

1）发病症状　　如图4-141~图4-145所示。

图4-141　根部施用未腐熟有机肥产生的肥害

图4-142　未腐熟有机肥在土壤里二次发酵在叶片上的表现

图4-143　施用高浓度磷酸二铵导致磷酸根离子中毒症状

图4-144　有机肥在土壤里二次发酵发生烧根症状

图 4-145　大量化肥施入根部造成植株死亡

2）识别与防治要点　见表 4-50。

表 4-50　肥害识别与防治要点

危害部位	根部
危害条件	施用未腐熟的有机肥，翌年在地里遇高温、高湿导致二次发酵产生大量热量很容易烧苗。严重时烧毁生长根系使植株生长不协调，轻者树叶发黄，重者死树根部施入大量化肥，遇水分解形成高浓肥水铵盐，对根系灼伤严重，甚至烂根死树
防治措施	①施入有机肥重的挖出肥料，撒在地表，切断腐烂根系，每株用复硝酚钠 0.3 g 对水 5~10 kg 稀释后灌施，促进根系细胞复活，抽生新的吸收根。也可亩用 30 g 复硝酚钠 2 次稀释后，顺水冲施，地表微干后松土散热。②根部施入大量复合肥的，可挖肥换土。每株用复硝酚钠 0.3 g 对水 5~10 kg 稀释后灌施促进根系细胞复活，抽生新的吸收根

（22）冻害

1）发病症状　如图4-146、图4-147所示。

图 4-146　冻害导致抽芽不畅以及抽不出芽

图 4-147　严重冻害导致老蔓爆裂

2）识别与防治要点　见表4-51。

表 4-51　冻害识别与防治要点

发病部位	枝干
发病时期	严寒冬季
发病症状	枝蔓枯死，芽眼不萌发，树干开裂
发病条件	防寒措施不到位；生长季节氮肥使用过量或霜霉病控制不好，导致枝蔓徒长贪青，组织不充实；冬季土壤干旱
品种抗性	欧亚种抗寒性不太好，欧美杂种抗性较强
防治措施	埋土防寒区和埋土防寒过渡区注意埋土防寒；浇防寒水；加强栽培管理，合理施肥，及时控制病害，促进枝条老化，防止早期落叶

（二）葡萄药害

葡萄病虫草害防治是葡萄生产上劳动强度大，用工多、技术含量高、作业风险大的管理措施。依照病虫草害的发生规律和农药的不同性质，对症下药，适时喷药，既节约成本，提高产量，增加品质，又保护环境，也不产生药害。但如果用药时不注意农药的剂型和品种，不注意葡萄不同生育时期的生理特性对药剂的不同反应，不注意农药与天敌的关系，不考虑施药的环境条件，就有可能产生药害。

19世纪末期，在防治葡萄霜霉病时，发现波尔多液能伤害一些十字花科杂草而不伤害禾谷类作物；法国、德国、美国同时发现硫酸和硫酸铜等的除草作用，并用于小麦等作物田除草。有机化学除草剂始于1932年选择性除草剂二硝酚的发现。20世纪40年代2，4-D的出现，大大促进了有机除草剂工业的迅速发展。1971年合成的草甘膦，具有广谱、对环境无污染的特点，是有机磷除草剂的重大突破。加之多种新剂型和新使用技术的出现，使除草效果大为提高。1980年，世界除草剂已占农药总销售额的41%，超过杀虫剂而跃居第一位。除草剂在葡萄园的不当使用，或大田飘移都容易对葡萄造成伤害。

1. 常见病症

（1）除草剂　除草剂对葡萄的危害与病毒病的症状相似，主要营养和微量元素过量或缺乏都会产生与除草剂相似的受害症状。2，4-D对葡萄的危害与葡萄扇叶病毒的症状相似，直接喷洒除草剂的危害与氮素过多、灰霉病、轻度日灼等对叶片的危害相近。但除草剂危害主要发生在幼嫩部位，病症出现的时间往往比较突然，轻度危害在翌年可以恢复正常，而病毒病连年发生。病毒病为单株发病，而除草剂的危害则连片发病。

（2）杀菌、杀虫、杀螨剂　这类药害普遍连片发生，在植株分布上往往没有规律性，症状一致，叶片经过发黄、发红、枯萎完整过程，没有发病中心，病情发生过程迟缓，往往植株上先发生药害斑或其他药害症状，引起的植株畸形发生具有普遍性，在植株上表现为局部症状，越是高温药害症状发展越快。而病害和病毒病局部发生，病株与健株混生；病害和缺素症通常是在阴雨天出现，病害发展速度比较慢，通常较少出现枯叶；缺素症通常发生比较普遍，症状出现在植株上的部位比较一致；真菌性病害的病症一般比较一致，具有明显的发病中心；病毒病引起的畸形株多是零星分布，常混有明脉、皱叶等病状。

2. 防治措施

（1）正确掌握药剂的使用方法和技术　农药剂型和规格不同，有效含量不同，使用时必须根据有效含量来准确称取药剂，然后再准确计算对水或对土稀释至所需的使用浓度和每亩施药量。有的地方在使用液体农药时，常常用药瓶上的塑料盖头作为量取药液的量器，这样很难做到准确计量，也不安全。特别是溴氰菊酯、多效唑等一些超高效农药和植物生长调节剂，用量很少，如称量稍不准确，就有可能产生药害。此外，药剂的使用浓度和施用量不能任意增高或降低。对水或对土的倍数要按规定，如使用浓度需要有较大的变更，先要经过慎重试验，再做更动。各种农药的相对密度不尽相同，有的比水重，有的比水轻，稀释时都要精心。可湿性粉剂也要采用二次稀释，先用少量水把药剂调成糊状，然后再加足剩余水稀释，充分搅拌，配好的药液在使用时仍要不停地搅动，以使药液上下浓度均匀一致。配制毒土，药剂拌种或混合使用等，都要搅拌均匀，以免药剂局部浓度过高，药量过大，发生药害。自行配制的波尔多液、石硫合剂等，要准确按照配制方法操作，并选好所用的原料质量，以确保自制产品质量，避免发生药害。农药混合使用要科学合理，连续使用要注意间隔时间。药剂自行混合，要十分小心，因为不是所有农药都能彼此混用，多数农药不能与碱性农药或碱性物质混合，一定要了解各种农药的理化性质和对农作物的生物反应，如哒嗪硫磷不能和 2，4-D 混用，异丙威不能和敌稗混用或同时使用，连续使用也需间隔 10 d 以上。

（2）了解葡萄不同生长部位和不同的生育期对药剂的敏感性　根据药剂的特性，正确掌握施药时间和天气情况，对除草剂尤为重要，这不仅关系到药效，还可以避免药害的发生。施药时间一般以 8~11 时与 15~19 时为宜。中午因气温过高，阳光强烈，多数作物的耐药力减弱，容易产生药害，且防效亦不理想。有的农药品种要求在较高的气温条件下，既可提高药效又能避免药害产生，如双甲脒在气温低于 25℃时，药效很差；赤霉素、乙烯利、苯丁锡等药剂，当气温低于 22℃活性下降，不能使用。也有的在雨天和潮湿的天气易产生药害，如溴苯腈。

（3）注意药剂质量和施药质量　药剂质量的优劣、含量的高低，对药害的产生与否，有着直接的关系，如变质失效，特别是储藏过久，封口不严，储藏条件极不规范，乳油出现明显分层，粉剂出现结块等，使用时不能均匀乳化或悬浮率下降出现沉淀等都应停止使用，以免产生药害。喷雾时雾滴不能过粗、过重，要均匀周到，药量不能过大，喷头与葡萄间要有适当的距离，一般应相距50~70 cm，对花、幼果等部位都应尽量避免药量接触过多，这是对防止发生药害最基本的要求。

(4) 发生药害后，及时加强其他管理措施，缓解药害　及时喷施植物生长调节剂，如芸薹素、叶面微肥等，结合加强田间管理，浇足水，促使根系大量吸收水分，降低植株体内的药剂浓度，缓解药害；或结合浇水，增施碳酸氢铵、尿素等速效肥，促进根系发育和再生，从而减轻药害。

3. 常见药害防治措施

（1）2，4-D 类　具有生长素作用的除草剂是2，4-D 类，它能打乱植物体内的激素平衡，使生理失调，对禾本科以外的植物很有效。一般认为这种选择性是决定于植物的种类对2，4-D 类解毒作用强度的大小，或者由于2，4-D 类的浓度因植物种类的不同而有差异。葡萄对2，4-D 类极其敏感。2,4-D 类易随风飘移，大田应用除草，常常对附近葡萄造成危害，无风天气可对20 m 范围内的葡萄造成轻度危害，大风天气可对顺风向150 m 范围内的葡萄造成危害。葡萄受害后，叶片叶脉变得平行，成为扇形，叶缘锯齿急尖，向下弯曲成鸡爪状，叶脉褪绿，叶片折叠，叶肉变厚，枝条弯曲生长。幼嫩叶片对飘移来的2，4-D 类敏感，在成龄叶片上的危害轻微。危害严重时到翌年仍有症状表现。

1）危害症状　如图4-148~图4-150所示。

图 4-148　2,4-D 类药物导致叶片畸形

图 4-149　2,4-D 类药物导致叶面凹凸，皱褶不平

图 4-150　2,4-D 类药物，导致叶脉变粗，变平行状，叶片变硬，叶面粗糙

2）识别与防治要点　见表 4-52。

表 4-52　2，4-D 类药害识别与防治要点

危害部位	嫩叶
发生条件	葡萄对2，4-D类极其敏感，该药易随风飘移。大田应用2，4-D类除草剂常常对附近葡萄造成危害，无风天气可对20 m范围内的葡萄造成轻度危害，大风天气可对顺风向150 m范围内的葡萄造成危害
典型症状	叶片叶脉变得平行，成为扇形，叶缘锯齿急尖，向下弯曲成鸡爪状，叶脉褪绿叶片折叠，叶肉变厚，枝条弯曲生长
容易混淆的症状	葡萄扇叶病毒症状
防治措施	喷施植物生长调节剂如芸薹素、叶面微肥等，以促进植株生长，有效减轻药害加强田间管理，浇足量水，促使根系大量吸收水分，降低植株体内的除草剂浓度，缓解药害；或结合浇水，增施碳酸氢铵、尿素等速效肥，促进根系发育和再生，减轻药害

（2）赤霉素

1）危害症状　　如图4-151、图4-152所示。

图4-151　赤霉素危害

图 4-152　赤霉素使用不当造成大小粒

2）识别与防治要点　见表 4-53。

表 4-53　赤霉素药害识别与防治要点

危害部位	果穗、幼果
发生条件	使用赤霉素类等膨大果粒，或诱导无核果时，处理不当
典型症状	果梗和穗梗过长，扭曲畸形；单性结实，大小粒
容易混淆的症状	花序退化，生理性落花落果和大小粒
防治药剂	多效唑、乙烯利

（3）噻苯隆

1）危害症状　如图4-153所示。

图4-153　果柄药害

2）识别与防治要点　见表4-54。

表4-54　噻苯隆药害识别与防治要点

危害部位	葡萄果柄
典型症状	果柄扭曲或爆裂
发生时期	生长季节
发生条件	生长季节喷施农药浓度过高所造成

（4）草甘膦　草甘膦为内吸传导型广谱灭生性除草剂，主要抑制植物体内烯醇丙酮基莽草素磷酸合成酶，从而抑制莽草素向苯丙氨酸、酪氨酸及色氨酸的转化，使蛋白质的合成受到干扰导致植物死亡。草甘膦是通过茎叶吸收后传导到植物各部位的，可防除单子叶和双子叶、一年生和多年生、草本和灌木等40多科的植物。草甘膦入土后很快与铁、铝等金属离子结合而失去活性，对土壤中潜藏的种子和土壤微生物无不良影响。是葡萄园经常使用的除草剂，在葡萄叶片的症状表现为叶片变窄，皱褶不平，向上翻卷，叶脉间褪绿。从除草剂接触叶片到枝条末端叶片上都会表现症状。危害还使枝条节间变短，副梢丛生，第二年早期生长缓慢。

由于该药没有人畜中毒解毒剂，已禁用。

1）危害症状　如图4-154~图4-157所示。

图4-154　草甘膦雾粒飘移导致叶片畸形

图4-155　草甘膦对叶片的危害症状

图 4-156　草甘膦导致新梢畸形　　图 4-157　使用细胞赋活剂（复硝酚钠）顺水冲施 2 次，15 d 后的效果

2）识别与防治要点　见表 4-55。

表 4-55　草甘膦药害识别与防治要点

危害部位	叶片，枝条
典型症状	草甘膦药剂飘移
发生时期	叶片变窄，皱褶不平，向上翻卷，叶脉间褪绿，新梢卷曲畸形
发生条件	葡萄病毒病症状
防治措施	及时喷施植物生长调节剂如芸薹素、叶面微肥等，或利用复硝酚钠灌根以促进植株生长，有效减轻药害；结合加强田间管理，浇足量水，促使根系大量吸收水分，降低植株体内的除草剂浓度，缓解药害；或结合浇水，增施碳酸氢铵、尿素等速效肥，促进根系发育和再生，减轻药害

（5）异丙甲草胺　为酰胺类除草剂，异丙甲草胺主要通过幼芽吸收，向上传导，抑制幼芽与根的生长。作用机制主要抑制发芽种子的蛋白质合成，其次抑制胆碱渗入磷脂，干扰卵磷脂形成。由于禾本科杂草幼芽吸收异丙甲草胺的能力比阔叶杂草强，因而该药防除禾本科杂草的效果远远好于阔叶杂草，常用作玉米田的封闭性除草剂。异丙甲草胺可以从 200 m 以外飘移到葡萄园造成伤害，使葡萄叶片卷曲，生长缓慢。封闭除草剂大面积的集中使用，致使除草剂在空气中到处弥漫，危害葡萄新梢生长点和幼叶，危害较轻时新梢生长变缓，生长点附近的幼叶变黄畸形，未成龄叶上出现黄色斑点；危害严重时生长点和其附近的幼叶变褐枯死，未成龄叶黄化畸形，新梢生长暂时停止。

1）危害症状　如图4-158~图4-160所示。

图4-159　异丙甲草胺危害嫩梢症状

图4-158　异丙甲草胺雾粒飘移危害新梢及幼叶症状　　图4-160　异丙甲草胺危害幼叶，造成叶片黄化、畸形

2）识别与防治要点　见表4-56。

表4-56　异丙甲草胺药害识别与防治要点

危害部位	嫩梢、叶片
发生条件	异丙甲草胺飘移
典型症状	叶片畸形，呈扇形，叶脉清晰。严重时，叶片内卷，呈鸡爪状，叶肉发白
容易混淆的症状	扇叶病毒病，2、4-D类药害，草甘膦药害
防治措施	及时喷施植物生长调节剂，如芸薹素、叶面微肥等，或利用复硝酚钠灌根以促进植株生长，有效减轻药害；结合加强田间管理，浇足量水，促使根系大量吸收水分，降低植株体内的除草剂浓度，缓解药害；或结合浇水，增施碳酸氢铵、尿素等速效肥，促进根系发育和再生，减轻药害

（6）玉米田除草剂飘移

1）危害症状　如图4-161所示。

图 4-161　喷施玉米田除草剂飘移葡萄叶片受害症状

2）识别与防治要点　见表4-57。

表 4-57　玉米田除草剂飘移药害识别与防治要点

危害部位	叶片
发生条件	叶脉间褪绿，呈现淡黄色斑
典型症状	玉米播种后
发生时期	葡萄园邻近的玉米田喷施除草剂
防治措施	葡萄园附近的地块，在玉米播种前，全株喷施复硝酚钠或波尔多液预防

（7）必备（水胆矾石膏）

1）危害症状　如图4-162所示。

图 4-162　必备（水胆矾石膏）药害

2）识别与防治要点　见表4-58。

表 4-58　必备（水胆矾石膏）药害识别与防治要点

危害部位	果实
发生条件	幼果期高温下药剂直接喷洒在果实上
典型症状	果实出现表皮坏死小黑斑
容易混淆的症状	蓟马危害
防治措施	受害后加强管理，95%复硝酚钠0.3 g对水15 kg叶面喷施，促使植株尽快恢复生长

（8）百菌清

1）危害症状　如图4-163、图4-164所示。

图 4-163　露地葡萄使用百菌清，果实表皮灼伤，产
生瘢痕

图 4-164　保护地百菌清烟剂药害

2）识别与防治要点　见表4-59。

表 4-59　百菌清药害识别与防治要点

危害部位	果实
发生时间	葡萄转色期
发生条件	在生长季节未套袋喷施产生药害
典型症状	果面产生灼伤，形成瘢痕
防治措施	受害后加强管理，适当补施氮肥并灌水，促使尽快恢复生长

（9）氟铃脲

1）危害症状　如图4-165、图4-166所示。

图 4-165　氟铃脲药害（轻度）

图 4-166　氟铃脲药害（中度）

2）识别与防治要点　见表4-60。

表 4-60　氟铃脲药害识别与防治要点

危害部位	植株叶片
典型症状	中毒初期叶面边缘失绿趋于淡黄色,严重时叶片病斑变成白色,整个叶片白绿相伴,后期干枯
发生时期	生长季节
发生条件	生长季节喷施农药浓度过高所造成
防治措施	叶面喷施细胞赋活剂复硝酚钠6 000倍液,促进叶绿素合成

（10）硫制剂

1）危害症状　如图4-167~图4-170所示。

图 4-167　生长季节使用石硫合剂浓度过高，造成叶片灼伤

图 4-168　石硫合剂药害

图 4-169　硫制剂加表面活性物质对葡萄叶片的危害

图 4-170　高温下使用硫制剂对葡萄叶片的危害

2）识别与防治要点　见表 4-61。

表 4-61　硫制剂药害识别与防治要点

危害部位	叶片，嫩梢
发生条件	早春喷石硫合剂过晚；生长季节不合理喷施石硫合剂
典型症状	嫩叶、嫩梢枯萎，出现黑褐色斑块；生长季节叶正、反面沿叶脉出现黑褐色条纹斑
容易混淆的症状	晚霜危害
防治措施	受害后加强管理，叶面喷施复硝酚钠，适当补施速效氮肥并灌水，促使植株尽快恢复生长

（11）烯酰吗啉

1）危害症状　如图4-171、图4-172所示。

图4-171　烯酰吗啉残留导致果面灼伤症状

图4-172　烯酰吗啉用药量大导致叶面灼伤症状

2）识别与防治要点　见表4-62。

表4-62　烯酰吗啉药害识别与防治要点

危害部位	叶片，枝梢，果实
发生条件	烯酰吗啉生产工艺不合理，杂质高或悬浮不稳定；添加隐形成分；不合理复配使用量过大
典型症状	果实出现接触性黑斑；叶片、枝梢干枯
防治措施	受害后加强管理，适当补施氮肥并灌水，促使尽快恢复生长

（12）氯异氰脲酸类

1）危害症状　如图4-173、图4-174所示。

图4-173　叶片上的灼伤表现　　　　　　　图4-174　果实上的灼伤表现

2）识别与防治要点　见表4-63。

表4-63　氯异氰脲酸类药害识别与防治要点

危害部位	整个植株
典型症状	叶片灼伤，轻者褪绿，严重叶片干枯，造成绝收
发生时期	生长季节
发生条件	三氯异氰脲酸或二氯异氰脲酸，属于强氧化剂型杀菌剂，只可以单剂使用，如混用其他产品即产生化学反应，如和有机磷类农药混用，喷洒葡萄植株或果实的任何部位，表面立刻就会产生灼伤

（三）环境污染对葡萄的伤害

环境污染主要是空气、粉尘及工业"三废"污染。此处只介绍空气污染。

1.空气污染的分类　植物容易受大气污染危害，首先是因为它们有庞大的叶面积同空气接触，并进行活跃的气体交换。其次，植物不像高等动物那样具有循环系统，可以缓冲外界的影响，为细胞和组织提供比较稳定的内环境。植物受大气污染物的伤害一般分为两类：受高浓度大气污染物的袭击，短期内即在叶片上出现坏死斑，称为急性伤害；长期与低浓度污染物接触，导致生长受阻，发育不良，出现失绿、早衰等现象，称为慢性伤害。大气污染物中对植物影响较大的是二氧化硫、氟化物、氧化剂和乙烯。氮氧化物也会伤害植物，但毒性较小。氯、氨和氯化氢等，虽会对植物产生毒害，但一般是由于事故性泄漏引起的，危害范围不大。

大气污染对植物的危害，主要表现为生长减慢、发育受阻、失绿黄化、早衰等症状，有的还会引起异常的生长反应。在发生急性伤害的情况下，叶面部分坏死或脱落，光合面积减少，影响植株生长，产量下降。在发生慢性伤害的情况下，代谢失调，生理过程如光合作用、呼吸机能等不能正常进行，引起生长发育受阻。对器官组织的影响表现为叶组织坏死，叶面出现点、片伤斑等。各种污染物对叶片的伤害往往各有其特有的症状。器官（叶、花、果实）脱落是污染伤害的常见现象。植物接触大气污染物，如二氧化硫、臭氧等以后，体内产生应激乙烯或伤害乙烯，是器官脱落的原因。

（1）二氧化硫　空气中少量二氧化硫，经过叶片吸收后可进入植物的硫代谢中。在土壤缺硫的条件下，大气中含少量二氧化硫对植物生长有利。如果二氧化硫浓度超过极限值，就会引起危害。典型的二氧化硫危害症状出现在植物叶片的脉间，呈不规则的点状、条状或块状坏死区，坏死区和健康组织之间的界限比较分明，坏死区颜色以灰白色和黄褐色居多。有些植物叶片的坏死区在叶子边缘或前端。同一株植物上，刚刚完成伸展的幼叶最易受害，中龄叶次之，老叶和未伸展的嫩叶抗性较强。

葡萄属于硫敏感植物，但不同葡萄品种对二氧化硫的敏感性相差很大，栽培品种中的欧美杂交品种比欧亚种品种抗性强，在欧亚种中，东方品种群最为敏感。

（2）氟化物　大气中的氟污染物主要为氟化氢。它的排放量远比二氧化硫小，影响范围也小些，一般只在污染源周围地区。但它对葡萄植株的毒性很强。空气含一定浓度氟化氢时，接触几周可使敏感植物受害。受氟害的典型症状是叶尖和叶缘坏死，伤区和非伤区之间常有一红色或深褐色界线。氟污染容易危害正在伸展中的幼嫩叶子，因而受害植株常出现枝梢顶端枯死现象。此外，氟伤害还常伴有失绿和过早落叶现象，使生长受抑制，对结实过程也有不良影响。

（3）臭氧　光化学烟雾污染对植物的危害很大。臭氧引起的叶伤害典型症状是在叶面上出现密集的细小斑点，主要危害栅栏组织，有的植物在上表皮呈现褐、黑、红或紫色，还可能发生失绿斑块和褪色。

（4）乙烯　天然气、煤、石油以及植物体和垃圾等的不完全燃烧都会产生乙烯，汽车排出的废气中含有乙烯。石油裂解工厂和聚乙烯工厂等是乙烯的主要污染源。乙烯是植物内部产生的激素之一，在植物生长发育中起极重要的调控作用。如大气受乙烯污染，就会干扰植物正常的调控机构，引起异常反应，影响生产。乙烯对植物的危害不像其他污染物那样会造成叶组织的破坏，它的作用是多方面的，其中一个特殊的效应是"偏上生长"，就是使叶柄上下两边的生长速度不等，从而使叶片下垂。乙烯的另一个作用是引起叶片、花蕾、花和果实的脱落。

2.空气污染物对葡萄伤害的症状诊断　有害气体危害症状与葡萄褐斑病、白腐病、黑腐病等相似，有时缺乏微量元素产生的症状也会和大气污染的症状相混，如缺钾时，叶片尖端和叶缘出现土黄色坏死斑，严重时叶片卷缩，与氟化氢引起的伤斑相似。一般昆虫危害的病斑会留下咬嚼的痕迹。真菌、细菌危害的病斑会有轮纹、疮痂、白粉、霜霉等特征，有的还有明显突起的孢子囊群。干旱、缺素、自然老黄等产生的症状多半是叶片部分褪色发黄，发黄部分与绿色部分之间无明显界线，并且一般不会产生坏死斑。污水灌溉也会使植物受害，但其危害特点是根部受伤腐烂，下部叶片受害重，上部叶片受害越轻，一片叶子上是基部受害重。大气污染的危害一般不危及根部，往往上部或中部叶子受害重，受害植物能恢复萌发生长，往往叶尖、叶缘或叶脉间产生伤斑，叶基部较少受害；受害范围有明显的方向性，常发生在污染源的下风向，植物的受害程度与有害气体污染源的远近有关，距离越近受害越重，距离越远受害越轻；危害不局限在一种植物上，而是涉及多种植物。

3.防止环境污染物对葡萄伤害的措施

（1）远离工业区　这是解决大气污染的重要措施。

（2）采取区域采暖和集中供热　用设立在郊外的几个大的、具有高效率除尘设备的热电厂代替千家万户的炉灶，是消除煤烟的一项重要措施。

（3）减少交通废气的污染　改进汽车发动机的燃烧设计和提高汽油的燃烧质量，使油得到充分的燃烧，从而减少有害废气。

（4）改变燃料构成　实行由煤向燃气的转换，同时加紧研究和开辟其他新的能源，如太阳能、氢燃料、地热等，可以大大减轻烟尘的污染。

（5）营造防护林　防护林能降低风速，使空气中携带的大粒灰尘下降。树叶表面粗糙不平，有的有茸毛，有的能分泌黏液和油脂，因此能吸附大量飘尘。蒙尘的叶子经雨水冲洗后，能继续吸附飘尘。如此往复拦阻和吸附尘埃，使空气得到净化，从而减少对葡萄的危害。

4. 常见空气污染防治措施

（1）二氧化硫（SO_2）

1）危害症状　如图4-175所示。

图4-175　二氧化硫对葡萄叶片的危害

2）识别与防治要点　见表4-64。

表4-64　二氧化硫危害识别与防治要点

危害部位	幼叶不易受害，成龄叶片受害严重
危害条件	来源于含硫矿物的燃烧（含硫的煤、石油、制硫酸的二硫化亚铁等）；另外一小部分是火山中硫的燃烧，制硫酸工厂的废气等
危害症状	症状主要出现在叶脉间，开始时叶片略微失去膨压，有暗绿色斑点，然后叶片边缘或脉间褪绿、干枯，一般呈现大小不等、形状不规则、无一定分布规律的点和块状伤斑，并与正常组织之间界线明显。也有少数伤斑分布在叶片边缘或全叶褪绿黄化
品种抗性	葡萄属于硫敏感植物，欧美杂种品种比欧亚种品种抗性强，欧亚种东方品种群最为敏感
防治措施	营造防风林，阻拦污染

（2）氟化氢（HF） 大气氟污染主要来自铝厂、磷肥厂、玻璃厂以及农村砖厂等。氟化氢对叶的损害首先出现在尖端和边缘。通常受害部位呈棕黄色，成带状或环带状分布，然后逐渐向中间扩展。受害伤斑与正常组织之间有一明显的暗红色界线，少数为脉间伤斑、幼叶易受害。通常侧脉不明显，细弱叶片受害斑多连成整块，位置也不固定，侧脉明显的伤斑多分散在脉间；叶片大而薄的伤斑多分布在边缘，常连成大片。当受害严重时，使整个叶片枯焦脱落。

1）危害症状 如图4-176、图4-177所示。

图4-176 氟化氢对葡萄叶片的危　　图4-177 氟化氢对葡萄叶片的危害
　　　　　害（老叶）　　　　　　　　　　　　（幼叶）

2）识别与防治要点 见表4-65。

表4-65 氟化氢危害识别与防治要点

危害部位	叶片
危害时间	5~6月
危害条件	大气氟污染，主要来自铝厂、磷肥厂、玻璃厂以及农村砖厂等
危害症状	氟化氢对叶的损害首先出现在叶尖和叶缘；通常受害部位呈棕黄色，成带状或环带状分布，然后逐渐向中间扩展；受害伤斑与正常组织之间有一明显的暗红色界线；叶片大而薄的伤斑多分布在边缘，常连成大片；当受害严重时，整个叶片枯焦脱落
品种抗性	欧美杂种品种比欧亚种品种抗性强，欧亚种东方品种群最为敏感
容易混淆的症状	高温灼伤叶片
防治措施	控制污染源，营造防风林，阻拦污染危害

（3）乙烯

1）危害症状　如图4-178所示。

图 4-178　乙烯对葡萄叶片的危害

2）识别与防治要点　见表4-66。

表 4-66　乙烯危害识别与防治要点

危害部位	叶片，果实
危害时间	自葡萄发芽至落叶前
危害条件	来自石油化工、汽车尾气、煤气、聚乙烯工厂等乙烯的污染，葡萄转色后使用乙烯利催熟不当
危害症状	叶片发生不正常的下垂现象，或失绿黄化。并常常发生落叶、落花、落果以及结实不正常等
防治措施	避免乙烯利催熟等不良操作措施

（4）臭氧（O_3）　引起空气污染的臭氧主要来源为汽车尾气。臭氧对葡萄的危害症状是老叶片正面散布细密点状斑（直径 0.5~1.5 mm），呈棕黄褐色或浅黑色，少数为脉间块斑（直径 2 mm），有时叶脉颜色变浅，幼叶很少受到危害。通常与叶蝉的危害相似，但叶蝉对叶片正、反面都有危害，并能见到各龄虫活动的痕迹；与缺钾症状的区别是，缺钾在叶片正、反面都有症状。持续高温的夏季容易发生臭氧危害。

1）危害症状　如图4-179~图4-182 所示。

图 4-179　臭氧对叶片的危害（早期）

图 4-180　臭氧对叶片的危害（中后期）（一）

图 4-181　臭氧对叶片的危害（中后期）（二）

图 4-182　臭氧对叶片的伤害（后期）

2）识别与防治要点　见表 4-67。

表 4-67　臭氧危害识别与防治要点

危害部位	主要发生在枝条基部老叶片，幼叶很少受到危害
危害时间	持续高温的夏季易发生
危害条件	汽车尾气中含有的一氧化碳和铅等污染物，大量碳氢化物和氮氧化物，在阳光作用下发生一系列化学反应，生成臭氧、醛类和过氧乙酰硝酸酯等二次污染物，统称光化学氧化剂，其中臭氧是光化学氧化剂中的主要成分，对生物危害最大
危害症状	老叶面正面散布细密点状斑（直径0.5~1.5 mm），呈棕黄褐色或浅黑色，逐渐散布整个叶面。少数为脉间块斑（直径2 mm），有时叶脉颜色变浅
品种抗性	欧美杂种品种比欧亚种品种抗性强，在欧亚种中东方品种群最为敏感
防治措施	设法减少或控制污染源，营造防风林，阻拦污染危害

三、虫害

（一）常见害虫种类及危害部位

据资料记载，我国危害葡萄的害虫有 130 多种。虽然大多数葡萄害虫（或害螨）不止危害葡萄某一部位，但根据主要危害部位，大致可分为 5 类。

1. 叶部害虫　叶蝉类、绿盲蝽、葡萄星毛虫、葡萄天蛾、葡萄白粉虱、烟蓟马、葡萄虎蛾，各种叶甲、象甲、金龟子成虫以及各种螨类等。

2. 枝蔓害虫　葡萄透翅蛾、蚧类（介壳虫）、斑衣蜡蝉、葡萄虎天牛、葡萄小蠹、象甲等。

3. 花序和幼果害虫　绿盲蝽、金龟子等。

4. 果实害虫　白星花金龟、豆蓝金龟子、棉铃虫、吸果夜蛾等。

5. 根部害虫　葡萄根瘤蚜、蛴螬及叶甲幼虫等。

（二）有效防治措施

1. 农业防治　是利用农业技术措施，在不用药或者少用药的前提下，改善植物生长的环境条件，增强植物对虫害的抵抗力，创造不利于害虫生长发育或传播的条件，以控制、避免或减轻虫害，不需要增加额外的经济负担，即可达到控制多种病虫害的目的，花钱少，收效大，作用时间长，不伤害天敌。因此，农业防治是贯彻"预防为主"的经济、安全、有效的根本措施，它在病虫害防治中占有十分重要的地位，是综合防治的基础。主要措施有培育壮树，适时修剪，及时中耕松土，科学施肥，及时排涝抗旱等。

2. 物理防治　利用简单工具和各种物理因素，如光、热、电、温度、湿度和放射能、声波等防治病虫害的措施。包括最原始、最简单的徒手捕杀。捕杀法是用人力和一些简单的器械，消灭各发育阶段的害虫，如割取枝干上的卵块，刷除枝干或叶面上的蚧，振落捕杀具有假死性的害虫，人工捕杀天牛等。诱杀法是利用害虫的趋光性、嗜好物和某些雌性昆虫性腺的分泌物等进行诱杀。烧杀法是冬季搜集枯枝、落叶、杂草及病虫群集的枝叶等进行烧杀，直接杀死虫卵、幼虫、蛹及成虫等。

3. 化学防治　就是使用化学农药防治植物虫害的方法。在采用化学药剂防治病虫害时，应严格按技术要求操作，农药品种、浓度要准确，喷药要细致周到，不可漏喷。

4.生物防治　利用有益生物或其他生物来抑制或消灭有害生物的一种防治方法。简单地说就是以虫治虫和以菌治虫。它的最大优点是不污染环境，是农药等非生物防治病虫害方法所不能比的。常用于生物防治的生物可分为3类：一是捕食性生物，包括草蛉、瓢虫、步行虫、畸螯螨、钝绥螨、蜘蛛以及许多食虫益鸟等；二是寄生性生物，包括寄生蜂、寄生蝇等；三是病原微生物，包括苏云金杆菌、白僵菌等。

（三）常见害虫防治

1.葡萄根瘤蚜

（1）危害症状及害虫形态　如图4-183、图4-184所示。

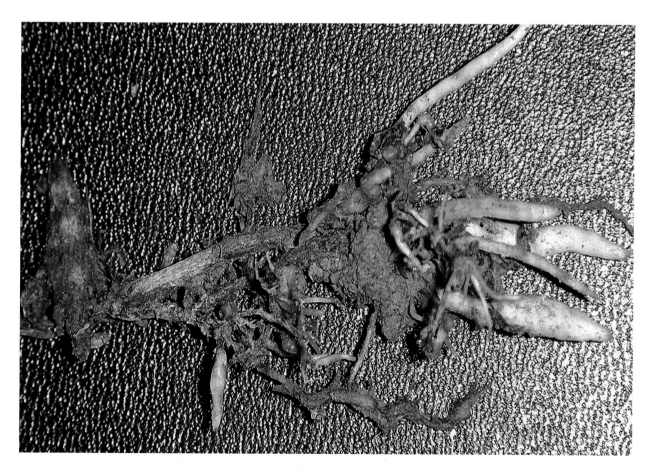

图4-183　地下部根瘤蚜危害症状

图 4-184　地上部根瘤蚜危害症状

（2）识别与防治要点　　见表 4-68。

表 4-68　根瘤蚜危害识别与防治要点

危害部位	美洲系葡萄和野生葡萄的根部和叶片；欧亚种葡萄根部
危害症状	根部肿胀，根瘤棱角形、鸟头状或关节形；叶背面虫瘿状，正面凹陷
品种抗性	具有欧亚种血缘的栽培品种均不具抗性，美国野生葡萄抗性强
防治措施	利用抗性砧木嫁接栽培，每亩随水冲入1.8%阿维菌素乳油1 kg+40%毒死蜱乳油1 kg

2. 虎天牛

（1）危害症状及害虫形态　　如图4-185、图4-186所示。

图 4-185　虎天牛幼虫及危害状

图 4-186　虎天牛成虫

（2）识别与防治要点　　见表4-69。

表 4-69　虎天牛识别与防治要点

危害部位	枝条
危害时期	5~6月开始活动，在枝内危害；8月间羽化为成虫
防治药剂	辛硫磷、磷化铝，按产品说明书使用

3. 斑叶蝉（浮尘子）

（1）危害症状及害虫形态　如图4-187~图4-190所示。

图 4-187　斑叶蝉幼虫和成虫

图 4-188　斑叶蝉蜕皮过程

图 4-189 斑叶蝉危害叶片正面症状（中度危害）

图 4-190 斑叶蝉危害叶片正面造成叶片失绿症状（严重危害）

（2）识别与防治要点　见表 4-70。

表 4-70　斑叶蝉危害识别与防治要点

危害部位	叶片
危害症状	整个生长期
危害条件	冬春季温暖，夏季高温干旱
防治措施	可选用噻虫嗪、吡虫啉、多杀菌素、甲氰菊酯、溴氰菊酯、高效氯氰菊酯等药剂喷雾。要注意严格掌握各药剂施药浓度，并做到喷雾均匀、周到、全面，同时注意喷洒葡萄园周围的树木和杂草

4. 绿盲蝽

（1）危害症状及害虫形态　如图4-191~图4-194所示。

图 4-191　绿盲蝽危害幼叶症状

图 4-192　绿盲蝽危害叶片正面症状

图 4-193　绿盲蝽危害嫩梢及幼叶症状

图 4-194　绿盲蝽成虫

（2）识别与防治要点　见表 4-71。

表 4-71　绿盲蝽危害识别与防治要点

危害部位	幼芽，嫩叶，花蕾，幼果
危害时期	早春萌芽后到6月初均可危害
危害条件	春季温暖、潮湿，20~30℃，空气相对湿度80%~90%
危害习性	害虫白天潜伏，傍晚和清晨开始危害
防治措施	早春葡萄萌芽前，全树喷施1次3波美度的石硫合剂，消灭越冬卵及初孵若虫。越冬卵孵化后，抓住越冬代低龄若虫期，适时进行药剂防治。常用药剂有：吡虫啉、马拉硫磷、溴氰菊酯、高效氯氰菊酯等。连喷2~3次，间隔7~10 d。喷药一定要细致、周到，对树干、地上杂草及行间作物全面喷药，做到树上、树下喷严喷全，以达到较好的防治效果

5. 蚧类

（1）危害症状及害虫形态　如图4-195~图4-203所示。

图 4-195　草履蚧危害幼茎症状

图 4-196　东方盔蚧危害幼果症状

图 4-197 东方盔蚧危害枝蔓症状

图 4-198 康氏粉蚧危害穗轴、果柄及幼果症状

图 4-199 康氏粉蚧危害茎蔓症状

图 4-200 蚧类危害造成霉污病症状

图4-202　康氏粉蚧在枝干上危害状

图4-203　康氏粉蚧在根部危害状

图4-201　康氏粉蚧危害造成枝蔓膨大状

（2）识别与防治要点　见表4-72。

表4-72　蚧类识别与防治要点

危害部位	根系，枝条，果实
危害时期	5月中旬至7月上旬
防治措施	抓住两个防治关键时期。即4月上中旬，虫体开始膨大时；5月下旬至6月上旬第一代若虫孵化盛期。发生严重果园于6月下旬加施1次 常用药剂：吡虫啉、啶虫脒、杀扑磷、苯氧威、吡蚜酮等。喷雾防治。喷药时加入渗透剂，可提高防治效果

6. 苹小卷叶蛾

（1）危害症状及害虫形态　如图4-204、图4-205所示。

图 4-204　苹小卷叶蛾幼虫在葡萄叶片上危害症状

图 4-205　苹小卷叶蛾在葡萄新梢上危害症状

（2）识别与防治要点　见表4-73。

表 4-73　苹小卷叶蛾识别与防治要点

危害部位	叶片，新梢
危害时期	6~8月
防治药剂	菊酯类杀虫剂，按产品说明书使用

7. 透翅蛾

（1）危害症状及害虫形态　　如图4-206~图4-210 所示。

图 4-206　透翅蛾幼虫在新梢上蛀孔

图 4-207　透翅蛾幼虫在新梢上危害，致新梢死亡、断裂

图 4-208　透翅蛾幼虫在枝条上蛀孔危害，排出粪便，致新梢死亡

图 4-209　透翅蛾幼虫及危害症状

图 4-210　透翅蛾成虫

（2）识别与防治要点　见表 4-74。

表 4-74　透翅蛾危害识别与防治要点

危害部位	枝条
危害时期	5月下旬至7月上旬幼虫危害当年生嫩蔓，7月中旬至9月下旬危害二年生以上老蔓，7~9月危害严重
危害条件	管理粗放的葡萄园和庭院葡萄发生严重
防治药剂	选用辛硫磷、灭幼脲、吡丙醚等杀虫剂，按产品说明书的推荐用量对水喷雾防治

8. 天蛾

（1）危害症状及害虫形态　如图4-211、图4-212所示。

图 4-211　天蛾幼虫及危害症状

图 4-212　天蛾成虫

（2）识别与防治要点　见表4-75。

表 4-75　天蛾识别与防治要点

危害部位	叶片
危害时期	6月中旬第一代幼虫，8月中旬第二代幼虫
防治药剂	辛硫磷、马拉硫磷、菊酯类杀虫剂，按产品说明书使用

9. 虎蛾

（1）危害症状及害虫形态　如图4-213、图4-214所示。

图 4-213　虎蛾幼虫危害叶片症状

图 4-214　虎蛾幼虫危害生长点症状

（2）识别与防治要点　见表4-76。

表 4-76　虎蛾幼虫识别与防治要点

危害部位	幼虫咬食嫩芽和叶片
危害时期	6月发生第一代幼虫，8~9月发生第二代幼虫
防治药剂	马拉硫磷、辛硫磷、菊酯类杀虫剂,按产品使用说明书使用

10. 蓟马

（1）危害症状及害虫形态　如图4-215~图4-217所示。

图 4-215　蓟马危害果实症状（初期）

图 4-216　蓟马危害果实症状（后期）

图 4-217　蓟马（放大）

（2）识别与防治要点·见表 4-77。

表 4-77　蓟马识别与防治要点

危害部位	嫩叶，幼果，枝蔓，新梢
危害时期	葡萄初花期到霜降都可危害
防治措施	开花前1~2 d，全株喷洒高效氯氟氰菊酯、溴氰菊酯、吡虫啉等水溶液，按产品说明书使用

11. 金龟子类

（1）危害症状及害虫形态　如图4-218~图4-220所示。

图 4-218　白星花金龟在葡萄上危害

图 4-219　斑喙丽金龟成虫

图 4-220 斑喙丽金龟危害叶片症状

（2）识别与防治要点 见表 4-78。

表 4-78 金龟子识别与防治要点

危害部位	嫩叶、幼果、枝蔓、新梢
危害时期	葡萄初花期到霜降都可危害
防治措施	开花前1~2 d，全株喷洒高效氯氟氰菊酯、溴氰菊酯、马拉硫磷等水溶液，按产品说明书使用

12. 斑衣蜡蝉

（1）危害症状及害虫形态　如图4-221~图4-224所示。

图 4-221　斑衣蜡蝉在枝蔓及叶片上的危害症状

图 4-222　斑衣蜡蝉成虫及危害症状

图 4-223　斑衣蜡蝉成虫

图 4-224　斑衣蜡蝉幼虫

（2）识别与防治要点　见表 4-79。

表 4-79　斑衣蜡蝉识别与防治要点

危害部位	新梢、嫩叶
危害时期	春天展梢50 cm左右开始危害
防治药剂	高效氯氟氰菊酯、溴氰菊酯等，按产品说明书使用

13. 瘿螨（锈壁虱，毛毡病）

（1）危害症状　　如图4-225、图4-226所示。

图 4-225　瘿螨轻度危害症状

叶片正面

叶片背面

图 4-226　瘿螨重度危害症状

（2）识别与防治要点　见表 4-80。

表 4-80　瘿螨识别与防治要点

危害部位	叶片
危害时期	主要危害时期为 6～7 月
防治药剂	阿维菌素、螺螨酯、炔螨特、哒螨灵等+展着渗透剂，按产品说明书使用

14. 胡蜂

（1）危害症状及害虫形态　如图4-227所示。

图 4-227　胡蜂危害果实症状

（2）识别与防治要点　见表 4-81。

表 4-81　胡蜂识别与防治要点

危害部位	果实
危害时期	7月上旬开始危害
防治措施	糖醋液诱杀

15. 蚜虫

（1）危害症状及害虫形态　如图4-228所示。

图4-228　蚜虫危害嫩梢症状

（2）识别与防治要点　见表4-82。

表4-82　蚜虫识别与防治要点

危害部位	嫩叶、嫩梢、花蕾等
危害时期	5月上旬开始
防治药剂	吡虫啉、啶虫脒、噻虫嗪、高效氯氟氰菊酯、溴氰菊酯等，按产品说明书使用

16. 斑潜蝇

（1）危害症状　如图4-229所示。

图 4-229　斑潜蝇危害叶片症状

（2）识别与防治要点　见表4-83。

表 4-83　斑潜蝇识别与防治要点

危害部位	嫩叶
危害条件	葡萄行间种菜易发生
防治药剂	阿维菌素、毒死蜱，按产品说明书使用

17. 蚂蚁

（1）危害症状及害虫形态　如图4-230、图4-231所示。

图 4-230　小型蚂蚁吞食果肉症状

图 4-231　大型蚂蚁吞食果肉症状

（2）识别与防治要点　见表4-84。

表 4-84　蚂蚁识别与防治要点

危害部位	果实
危害时期	7~8月
危害条件	果实散发出香甜气味，裂果
防治药剂	吡虫啉、氯氰菊酯，按产品说明书使用

四、葡萄病害的识别与防治

快速、准确地识别葡萄病害是控制病害发生和流行、减少产量和品质损失的重要举措。但葡萄病害的发生轻重程度，因种植品种的敏感程度、当年的气候条件、病害发生历史等而不同，有些年度不发生的病害，在翌年可能会引起灾害，不同栽培品种、不同年份采取的防治措施应该不同。所以，准确判断病害，不但有助于选择合理的防控措施，而且可达到最佳的防治效果。

（一）葡萄生产的不利因素

葡萄生产的不利因素有病害、虫害、哺乳动物危害、鸟害、除草剂飘移、环境污染、逆境、不良栽培措施等，但对葡萄生产造成危害最大、不易识别且最难控制的还是病害。葡萄生长发育过程中，若受不良的环境条件影响，或者遭到寄生物的侵染，葡萄的生长和发育就会受到干扰和破坏，就会导致从生理机能到组织结构上发生一系列的变化，以致在外部形态上发生反常的表现，这就是病害。同一时间段不同的病害往往同时发生。所以，不管种植葡萄结果与否，天气情况如何，最理想的方法是从萌芽到采收，每隔1~2周对葡萄植株的每个部位严格检查，监控病害发生的情况，对病害敏感品种、易发生病害的地区以及多雨的季节或年份，更应该重视病情监测。

（二）葡萄病害诊断的复杂性

1. 多种病害经常混合发生　葡萄园里多种病害经常同时发生，特别是一些症状比较接近的病害混合发生，无疑要给识别者带来困难，如果经验不足，技术不熟练，就难以做出判断。

2. 生理性病害发生较多　低温造成的葡萄叶面褪绿枯焦，植株矮缩；高温干旱出现的卷叶，生产经验不足者，往往错认为病毒病，或其他叶部病害。配药搅拌不匀，或喷雾中有断续的现象时，就可能在叶面上产生如同葡萄叶斑病一样的症状。另外，一些有害气体的危害和元素缺乏症也常会被认为是侵染性病害。

新的病害不断出现在葡萄园中，过去较少引起人们注意的一些次要性的病害，可能由于品种、环境和栽培技术的改变而迅速发展成为主要病害，如叶霉病、灰霉病、白粉病等在露地上很少发生或不发生，但在设施葡萄生产上却危害成灾。

（三）葡萄园病害识别窍门

1. 对栽培环境和栽培措施进行全面考察，明确病害类型　首先检查葡萄园的选址是否科学，如在山前易受日灼，在山后易受冷害，在两座山的中间就易受风害。在对某一葡萄园出现异常症状做诊断时，首先必须做出是侵染性病害和非侵染性病害的判断。考察内容包括品种、曾经使用过的药剂、使用时间和浓度，以及所用喷雾器的使用历史；追肥的种类和数量，施肥方法，浇水时间，浇水量，灌溉水水质等；土壤是否有盐碱等。在排除了非侵染性病害的可能性之后，就要做侵染性病害的判断。侵染性病害发生少，部分植株上发生，而不会在同一区域的大部分植株上同时发生。但土壤中的根结线虫就可能造成绝大部分植株同时出现基本相同的症状，就一般情况而言，侵染性病害开始时只在少数植株上发生。由于病程较长，可能有多种表现症状。侵染性病害的发病植株有的可能形成扩散中心，由此向四周迅速蔓延，称为再侵染。在排除非侵染性病害和人为因素的可能性之后，基本明确为侵染性病害，此时就要进一步确定是哪一类型的病害，是真菌性的，细菌性的，还是病毒病。但植物病害的种类多种多样，复杂难辨，只有认真观察鉴别，抓住主要的典型症状，才能把它们区别开来。必要时进行镜检。

2. 通过症状和病征判断病害种类　明确了症状的特点之后，就可以把这些特点与同类病害比较分析，然后结合实践经验或其他有关资料进行检索。采取对号入座的办法。如果症状和某种病害吻合了，先做初步确定，再从有关资料中找到该病的详细介绍，从该病的病原菌、发病流行的条件、侵染循环和更详细的症状表现中反复加以验证。如是基本符合了，该病就基本可以确定。对于一些未接触过的病害，也须从症状分析入手。症状是寄主植物和病原（生物的或非生物的），在一定环境条件下相互作用结果的外部表现，这种症状表现各有其特异性和稳定性，不能把两种病害混淆起来。这就是利用症状作为诊断的基础。

病症是病原物的群体或器官着生在寄主表面所构成的，它直接暴露了病原物在质上的特点，更有利于熟识病害的性质。病症的出现和出现的明显程度虽然受环境所影响，但每一种病原菌在寄主病部表现的特征则是较为稳定的，如白粉病的病症是白色的棉絮状，霜霉病是灰色绒状霉。植物病害的症状，虽然有它较稳定和特异性的一面，但在另一方面，同一种病原物在寄主的不同发育阶段和部分上，其症状有时可以完全不同，如幼果期的葡萄霜霉病判断的难度就比较大。同一种病原物在不同环境条件下其症状表现也有不同。此外，多种病原物在同一寄主上并发时，可产生第三种症状。因此，症状的稳定性和特异性是相对的，还必须从各个方面对症状考察分析，正确认识病害症状的特征，才能准确地诊断病害。

（四）掌握发病规律，提高防治效果

要了解从初始症状到最后表现的演变过程；上一个生长季节发病到下一个生长季节再发病的过程；病原菌在何处藏身，又怎样传到新生的植株上；发生、发展和流行的温度、湿度、葡萄生育时期、栽培管理条件等因素；找出各自发病的规律和特点，以便于区别。

坚持"预防为主，综合防治"的植保方针，选择有突出防治效果的农药和用药方法，在发病前用其预防葡萄病害发生，不但不会产生药害，而且可有效防止大多数侵染性病害的发生。

1. 当前葡萄园用药的问题　跟着打药；不管农药持效期长短和葡萄长势定期打药；不管病虫害发生情况，照例按时打同一种药；请当地农药的经销商开药方，自己没主见，不能主动选药；发现一株葡萄或一个枝叶上有了病虫害，就认为全园葡萄都有了病虫害，开始全葡萄园打药；不按防治指标打药；阴天过后遇晴天就打药，随意加大或降低用药量；不注重实际使用效果；见广告有新药便使用。

2. 科学用药方法　学会病虫害测报。每种病虫害都有其发生条件、生活规律、防治时机，确定了大发生时期或防治关键期，如低温、高湿、连阴天条件是霜霉病的发生时期，灰霉病在高湿、低温、阴天的保护地条件下发生重，炭疽病在高温、高湿条件下发生重。在不同时期有针对性地施药，药效可显著提高；部分果农喜欢把几种效果相近、性质相同的农药混合在一起，觉得放心，其实，目前市售杀虫、杀菌剂大部分都是厂家复配剂型，看似一种药，实质是多种药的复制药，更有一药多名现象。另外，多种农药混合常有减效作用，所以不应这样用药；如果一个葡萄园连续多年或一年连续多次使用某种农药，极易使病虫害产生抗性，打药的浓度加大，投资成本提高。轮换使用杀虫、防病机制不同的农药，可以有效地延缓和抑制病虫害产生抗药性，尤其是易产生抗药性的蚜虫类、螨类，更要注意经常更换农药品种；不同品种，对某种病虫害有不同的反应和抗性，防治方案应有所区别；任何一种杀虫、杀菌剂都有其规定使用浓度，该浓度是由权威部门指定的植保专家，经多年多点试验后才确定下来的比较经济可靠的使用浓度。在多数情况下，超浓度用药其防治效果不一定随浓度提高而增加，相反会带来一些副作用；农药合理混用，不但有利于防治同时发生的多种病虫，而且可防止病虫产生抗性。哪些农药能混用，哪些农药不能混用，可通过咨询专业人员或凭经验确定。在混配时，决不能把作用机制和防治对象相同的药剂混用，更不能把多种农药或有机合成农药与强碱农药随意混合，避免产生药害和减效。

第五章
日光温室桃生产技术

日光温室桃生产是设施果树生产的重要组成部分。本章介绍了日光温室桃生产概况、日光温室桃生产的品种、日光温室桃的生物学习性、日光温室桃的建园技术、日光温室桃生产促花技术、日光温室桃生产调控技术、日光温室桃春节成熟关键技术、日光温室桃病虫害防治技术等内容。

第一节
日光温室桃生产概况

一、我国日光温室桃生产的历史

桃是原产于我国的树种，已有3 000多年的栽培历史。我国从20世纪80年代中期开始进行日光温室桃生产品种筛选及配套栽培技术的研究工作。经过多年的研究性探索及成功栽培，日光温室桃生产在确定适栽品种、桃果实产量、品质及栽培管理技术等环节较露天自然栽培均得到很大提高和改善，明显提升了日光温室桃生产的经济效益。

二、我国日光温室桃生产的现状

目前，我国日光温室桃生产面积已经超过2万hm^2，新疆也有日光温室桃生产成功的报道。辽宁省大连市、山东莱西地区和河北省唐山地区栽培面积均超过1 500 hm^2，成为我国日光温室桃的主要产区。因为露地生产的桃果实供应期集中在夏季，所以一年中有近3/4的时间属无鲜桃果的淡季，无法满足消费者的需要。而利用日光温室条件，采用适合的树形结构、枝条精细修剪、促花保花等技术进行桃日光温室生产，可生产出优质桃果实，弥补鲜桃生产的淡季，经济效益成倍增长。因此，日光温室桃生产具有较大的发展潜力和较为广阔的发展前景。

三、日光温室桃生产的主要模式

（一）日光温室促成早熟生产
一般采用人工智能温室及塑料日光温室等设施，栽培休眠期较少的品种，促成桃早熟品种的提早成熟，可实现桃果实在3月下旬至4

月上市，经济效益十分可观。

　　（二）日光温室延迟生产

　　通常采用日光温室等设施条件，对晚熟品种进行延迟成熟栽培的一种生产模式。利用该模式可使桃果实在每年的中秋节和元旦上市，抢占"两节"鲜果市场。目前，我国采取此种栽培模式的面积还较小，发展的潜力巨大。

第二节
日光温室桃生产的品种

一、日光温室桃生产的品种选择原则

　　桃树在日光温室内栽培与露地栽培有很大的差异，若想获得高产、优质的桃果实，对品种的选择显得尤为重要。在品种选择时应按照以下原则进行。

　　（1）树冠　应选择树体矮小，花芽节位较低，树冠紧凑的品种。

　　（2）成熟期　早熟品种应选择果实发育期45~65 d的品种，中熟品种应选择果实发育期66~85 d的品种，延迟上市的品种应选果实发育期为180~240 d的品种。

　　（3）毛桃和油桃品种选择　毛桃应选择果实表面少茸毛或无茸毛、色泽艳丽、果形整齐、含糖量较高及较耐储运品种；油桃应选择果实表面不裂果、果实颜色艳丽和较耐储运的品种。

　　（4）休眠期　进行促成早熟栽培选择休眠期短的品种，进行延迟成熟栽培应选休眠期长的极晚熟品种。

二、日光温室桃生产的主要品种

（一）曙光

早熟甜油桃，果实生育期 60~65 d（图 5-1）。果实圆形或近圆形，平均单果重 125 g，最大可达 210 g；果实全面浓红，肉质细脆，味甜，可溶性固形物含量为 10%~14%。生长中庸，枝条节间短，易成花，兼具短枝型属性。幼树生长较旺，萌芽率、成枝率高，幼树以中长果枝结果为主，盛果期以中短果枝结果为主，自花结实率高达 33.3%。

图 5-1　曙光

（二）艳光

早熟白肉甜油桃，果实发育期 60~65 d(图 5-2)。小花型，花粉多，自花结实能力强，结果早，丰产性能强，注意疏花疏果。果实椭圆形，平均单果重 120 g，最大果重 150 g 以上。果皮底色白，全面着玫瑰红色，艳丽美观；果肉乳白色，黏核，肉质软溶质，气味芳香，可溶性固形物含量 11% 以上，风味浓甜。

图 5-2 艳光

（三）早露蟠

早熟品种，果实生长发育期 68 d(图 5-3)。果实扁圆形，果顶凹陷；果实底色黄白色，着红色；果面不平。平均单果重 103 g，最大果重 185 g。果肉乳白色，汁多，软溶质，果实成熟后易剥皮，半黏核，风味清香，极甜，可溶性固形物含量达 18.8%。6 月上旬成熟。自花结实率高，适于保护地栽培。

图 5-3　早露蟠

（四）京东巨油

单果重 200~248 g，最大果重 480 g，果实圆形，全红果，浓甜而芳香，自花结实，特高产，果实发育期 72~75 d。

（五）春光

特早熟黄肉甜油桃（图 5-4）。果实生长发育期 65 d 左右。自花结实力强，丰产。果实近圆形稍扁，果面全红亮丽，美观漂亮。单果重 141.1~162.5 g，硬溶质，黏核，可溶性固形物含量为 15.2%，浓甜多汁，有香气，耐储运。

图 5-4 春光

（六）超红珠

特早熟白肉甜油桃（图 5-5）。果实发育期 55 d。果实长圆形，全面着浓红色，鲜艳亮丽。平均单果重 121.1 g，溶质，硬度中等，黏核，可溶性固形物含量为 12.1%，风味浓甜。果实生长发育期 57 d 左右。铃形花，自花结实力强，丰产。

图 5-5 超红珠

（七）春雪

山东省果树研究所引进的美国桃品种，平均单果重 150 g，果实圆形，果顶尖圆，果皮血红色，底色白色，肉质硬脆，风味甜，核小、扁平、棕色，果肉纤维少（图 5-6）。坐果率高，需严格疏花疏果。

图 5-6　春雪

（八）重阳红

由河北省选育的晚熟优良品种。成形快，结果早。果个特大，平均单果重 300 g，个头整齐。成品苗建园，第二年即开花结果，第三年进入丰产期。果肉硬脆，极耐储存和运输，果肉细，多汁，味甜。

（九）中油 4 号

早熟黄肉甜油桃（图 5-7）。果实发育期 74 d 左右。果实短椭圆形，果顶圆，微凹，果皮底色黄，全红型。平均单果重 148 g，肉质较细，风味浓甜，香气浓郁，耐储运。

（十）中油 5 号

中国农科院郑州果树研究所新育品种，早熟白肉甜油桃。果实发育期 72 d 左右。果实短椭圆形或近圆形，果顶圆，偶有突尖，果皮底色绿白，大部或全面着玫瑰红色。平均单果重 166 g，果肉致密，耐储运。

图 5-7 中油 4 号

第三节
日光温室桃的生物学习性

一、根系

桃树根系分布的深广度因砧木种类、品种特性、土壤条件和地下水位等不同而不同。通常桃的根系分布较浅,尤其经过移栽断过根的树,水平根发达,但无明显主根。侧根分枝多近树干,远离树干则分枝少,其同级分枝粗细相近,尖削度小。桃根水平分布一般与树冠冠径相近或稍广,垂直分布通常在数米以内,环境条件不同,根系分布差异较大。在土壤环境差的条件下,根系主要集中在 5~15 cm 浅土层中。土壤环境好的条件下,根系主要分布在 10~50 cm 土层中。桃耐涝性差,积水1~3 昼夜即可造成落叶,在温室内长时期灌水,造成土壤含氧量低时也可能出现上述现象。

二、芽的种类及特性

桃芽按性质可分为花芽、叶芽、潜伏芽。

(一)花芽
桃的花芽为纯花芽,肥大,呈圆锥形,多数是 1 芽 1 朵花。有单花芽和复花芽之分。通常长果枝复花芽多,短果枝单花芽多(图5-8)。

(二)叶芽
叶芽(图5-9)只抽生枝叶,着生在枝的顶端和叶腋内。叶芽在叶腋内着生方式很多,有的是单个着生,有的与一个花芽并生,有的位于 2 个花芽之间,有的与 3 个花芽并生,但也有的二三个叶芽并生组成复芽。桃的叶芽瘦小,常具早熟性。在日光温室条件下,1 年内可抽生 3~4 次副梢,而形成多次分枝和多次生长。利用该特性可实现桃树树冠的快速扩大，提早形成树体骨架，为早期丰产奠定基础。

（三）潜伏芽

桃的潜伏芽寿命短，因此，利用潜伏芽更新复壮要及时，稍晚则无法实现更新，影响树体的发育及结果寿命。

图 5-8　桃花芽

图 5-9　桃叶芽

三、枝条及枝组类型

（一）枝

桃树的枝条既能由叶芽萌发抽枝，又可开花结果。按其结果枝条的长度可分为长、中、短果枝及花束状果枝。

1. 长果枝　长度在 30~50 cm，基部和顶芽多为叶芽，中部多着生发育良好的复花芽，结果能力和连续结果能力都比较强，是桃树结果的主要部位（图 5-10）。长果枝在结果的同时，还能抽生 2~3 个健壮新梢，并形成花芽。基部的叶芽发育良好，可用于更新修剪。

图 5-10　长果枝

2. 中果枝　长度在 10~30 cm，混合着生单花芽和复花芽（图 5-11）。中果枝的上、下部以单花芽为主，中部多着生复花芽，结果能力良好，结果后还能抽生中短果枝，第二年可连续结果。

3. 短果枝　长度在 5~10 cm，除顶芽为叶芽外，其余大部分为花芽（图 5-12）。复花芽着生很少，虽然能开花坐果，但结果能力较差，结果部位易上移，也难于在基部更新，长势健壮的短果枝，开花坐果以后，先端仍能抽生新梢；但长势较弱、营养条件差的短果枝，则结果率很低，而且结果后，多数易枯死。

图 5-11　中果枝

图 5-12　短果枝

4. 花束状果枝　长度 3~5 cm，除顶芽为叶芽外，其余为密生的单花芽。节间极短，排列较为紧密呈花束状。此类果枝多着生在弱树或老树上，所以结果不良，且 2~3 年后多自行枯死，只有着生在 2~3 年生枝背上的较易坐果。所以这种果枝，一般用于衰老树的更新以外。

（二）枝组类型

根据桃树结果枝组体积大小，可分为大、中、小型 3 种结果枝组，修剪时可根据品种特性和空间大小，进行合理配置。

四、开花与坐果

（一）开花

当平均气温在 10℃ 以上时桃树开花，保护地内从萌芽到开花期间的平均气温越高，花期越早（图 5-13）。桃树的花期一般为 3~4 d。花期温度不稳，特别是遇到 0℃ 左右低温，花器极易受冻。

图 5-13　开花

（二）果实的发育

桃果实是由子房壁发育而成的，果实由 3 层细胞构成，中果皮细胞发育成可食部分的果肉，内果皮发育成坚硬的果核，外果皮的表皮细胞发育成果皮（图5-14）。桃果实发育过程中，出现 2 次快速生长期，中间有 1 次缓慢生长期：

图 5-14　桃幼果

1. 第一次果实快速生长期　从子房膨大至核硬化前，约为花后40 d，此期细胞迅速分裂，细胞数大量增加，果实的体积和重量均增加迅速。

2. 果实缓慢生长期　自核层开始硬化至硬化完成，此期胚进一步发育，但果实的体积增长缓慢。通常一般早熟品种较短，晚熟品种较长。

3. 第二次果实快速生长期　自核层硬化完成至果实成熟为止，主要由于细胞间隙的发育。

第四节
日光温室桃的建园技术

一、日光温室的建设

（一）日光温室的选址

日光温室一般选择背风向阳、土质肥沃、土层深厚、取水用水方便、便于排灌且交通方便的地方。应从光、水、肥、气、热等因素综合考虑，南方地区单栋式温室面积一般以 400 m² 较为合适，北方地区则以 600~800 m² 为宜。

（二）日光温室设计

目前，国内主要采用由沈阳农业大学设计的辽沈系列型号日光温室。一般长 50~80 m，跨度 6~9 m，脊高 2.8~3.6 m，后墙高 1.8~2.8 m，后坡宽 1.5~2 m，后坡上仰角 35°～40°。一般后墙每隔 3 m 左右开一个直径 30 cm 的通风口，通风口距地面 1~1.5 m。外横墙（山墙）厚度与后墙相同，墙体内夹聚苯板、珍珠岩或炉渣，一般多在外横墙开门处连接一个缓冲间。拱架采用镀锌钢管，覆盖聚乙烯或聚氯乙烯薄膜，拉紧后用压膜线或 8 号铅丝压膜，两端固定在地锚上。棚膜多采用透明无滴膜，呈微拱形，共设置 3 道通风口，第一道在最高处，第二道在 1~1.2 m 处，第三道在地面压膜处。配套有卷帘机、卷膜机和地下热交换等设备。冬季防寒外覆盖保温材料多采用厚约 5 cm 的草帘，有条件的地区也可以采用轻便且保温效果较好的保温被，同时可以在温室前挖一条宽 30~40 cm 的防寒沟，沟内填草或保温材料填土封严，高出地面 5~10 cm。该种设施具有保温好、投资低、节约能源的优点，非常适合我国经济欠发达的农村地区使用。

二、园片与日光温室规划

（一）土壤改良

日光温室生产属于高投入高产出的精细栽培模式，土壤环境条件的优劣对日光温室桃生产成功与否非常重要。因此，日光温室内土壤必须经改良后方可栽植桃苗木。桃苗木进棚定植前，结合土壤深翻每个温室（667 m²）施入充分腐熟的鸡粪 3 000 kg 或土杂肥 4 000 kg，氮磷钾复合肥 100 kg，土肥混匀后翻耕备用。

（二）起垄栽植

日光温室内考虑到光照、水分和热量等因素，桃生产常采取台式栽培体系 (图 5-15)。垄台规格为上宽 40~60 cm，下宽 80~100 cm，高 60 cm，用人工配制的基质堆积而成。人工配制的基质可以本着"因地制宜、就地取材"的原则，利用粉碎并腐熟的作物秸秆、锯末、炭化稻壳、草炭、食用菌下脚料、山皮土，并混入一定的肥沃表土和优质土杂肥。苗木定植后每垄设置一条滴灌或渗灌管，盖地膜。

图 5-15　起垄栽植

三、栽植密度

为了提高日光温室内桃树的生产能力，可采取固定株行距进行密植方式栽植（图 5-16）。定植的行向一般为南北行向，株行距一般为 1.0 m × 1.25 m 或 1.0 m × 2.0 m，即每亩可植 330~550 株。也可根据植株发育状况采取变化密植方式，即前期密后期稀，充分利用温室内的土地，以便早期丰产，第三年郁闭时，可隔行隔株间伐，加大株行距。

图 5-16　固定行距密植

四、苗木选择

日光温室内的桃树栽植要选择生长健壮、芽眼饱满、根系发达的苗木，栽植这类苗的优点是树冠扩展快，易整形，在加强肥、水、病虫害防治，夏季修剪等管理条件下，当年可形成大量花芽，第二年可获得较高的产量。为了保证日光温室中植株整齐、健壮，提倡先将苗木装入容器抚育一段时间再进行定植，这样可选取长势健壮、大小一致的植株，定植成活率高，且不用缓苗。

近年来，因栽培及种苗繁育技术的提升，温室内提倡定植二至三年生优质大苗。选择具有一定树形结构和一定花芽的中庸、健壮大苗，可实现早产、早丰，提高日光温室栽培前期的收益，只是栽植时要适当加大株行距。

五、栽植时期与栽植方法

东北地区日光温室内桃苗木的栽植时期通常在春季（3月底至4月上旬），即日光温室内土壤温度上升后进行移栽。也可采取室外容器抚育，秋季再进日光温室内定植。在整个生长季抚育苗木期间，要注意肥水管理，病虫害防治，中耕除草，并注意夏季的整形修剪，利用桃芽的早熟性提早整形，并注意断根2~3次，秋末冬初于土壤上冻前移于保护地内定植。

定植苗木时按规划好的株行距挖浅坑进行栽种，埋土后注意提苗并踩实，有利于根系与土壤紧密结合，尤其要注意埋土位置不要超过嫁接口部位，最后做好树盘浇透水，待水渗下后，按台式栽培要求修建栽植台。日光温室内由于栽植密度较大，可进行成行覆盖地膜，这样不仅能够迅速提高地温、促进发根，同时还可以缩短缓苗时间，减少除草的用工量。

六、授粉树的配置

日光温室内选择的桃品种多数自花结实率比较高，但经异花授粉后植株的产量和品质均会提高，故应合理配置授粉树。要求选择能与主栽品种同时进入结果期，且寿命长短相近，并能产生经济效益较高的果树。最好能与主栽品种相互授粉而果实成熟期相同或先后衔接的品种。授粉品种与主栽品种可采取 1∶2 或 1∶4 的成行排列栽植，将来隔行间伐后仍然是 1∶2 或 1∶4 的成行排列。

第五节
日光温室桃生产促花技术

一、施肥、浇水技术

（一）施肥技术

桃植株定植前，日光温室内每亩要施入有机肥 2 000~3 000 kg、硫酸钾复合肥 65 kg，保证土壤养分的持续供给。植株发育期间于 6 月底叶面喷 0.3% 的磷酸二氢钾，每 7 d 喷 1 次，连续喷 3 次，促进植株的花芽发育水平。树体正常肥料管理期间，每年 8~9 月进行秋施基肥，为春季萌芽及开花提供养分储备。秋施基肥一般以腐熟农家肥为主，每亩施有机肥 3 000 kg 左右，配施少量磷肥，幼树 80 kg，成龄结果树 100 kg 左右，花前可追施尿素 80 kg。

（二）浇水技术

定植时结合起垄覆盖地膜，全棚要灌 1 次透水，并铺设好滴灌系统(图5-17)。树体正常水分管理期间，在关键物候期保证水分供给，尤其注意在花芽分化临界期满足桃树对水分条件的需求。

二、修剪促花技术

（一）刻芽

在枝条发芽前进行，用刀或剪在骨干枝的缺枝部位进行刻芽，深达枝条的木质部，以利于发出骨干枝或多发短枝。

图 5-17　滴灌系统

（二）摘心

摘心处理在桃枝条半木质化以前进行（图 5-18）。一般在整个植株生长期间，新梢进行 1~2 次摘心，以利于多发二次枝，迅速扩大树冠。

（三）扭梢

在桃枝条半木质化之前进行扭梢处理。当新梢长到 20 cm 左右时，按新梢的生长方向将枝条扭至 90° 左右，并用新梢前端的叶片绑缚，注意保持新梢基部叶片的完整性，以利基部芽体的发育。

（四）拉枝

于当年 9 月或翌年 4 月进行拉枝 (图 5-19)，使分枝角度至 80°~90°。将枝条拉平以缓和生长势，以利于多发短枝，形成花芽。

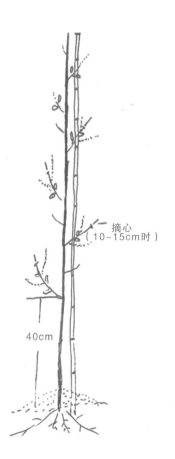

摘心
（10~15cm时）

40cm

图 5-18　摘心

图 5-19 拉枝

第六节
日光温室桃生产调控技术

一、休眠调控技术

日光温室内采取人工调控技术打破桃树休眠，是实现日光温室桃成功栽培的重要环节。一种方法是自然条件下满足品种的需冷量，于12月上中旬进行升温管理。二是采取人工预冷方式，在11月底至12月初进行升温管理。一般情况下，温室升温1个月后桃树开花，气温低时35~40 d开花，开花期日光温室内温度最低不能低于5℃，否则花易受冻，影响授粉受精。开始升温要循序渐进，有利于各种激素、营养的平衡代谢。一般前1周控制在5~15℃，第二周8~20℃，第三周以后10~23℃。特别在第三周最高温度不能超过24℃，否则影响花粉和胚囊的发育，进而影响坐果率，温度的调节可以采用放风、草苫遮阴的方法来控制。

二、日光温室内环境管理技术

（一）温度管理技术

1.萌芽前　枝条萌芽前，日光温室内白天的温度控制在15~20℃，夜间温度要求高于5℃。

2.花期　开花期间，日光温室内白天温度控制在15~18℃，不超过23℃，夜间控制在7~8℃。

3.果实发育期　果实发育期间，日光温室内白天温度不超过27℃，夜间温度不低于5℃。

4.果实近成熟　果实近成熟期，日光温室内白天温度控制在25~28℃，夜间不高于10℃，防止夜间过高温度引起养分的消耗。

（二）湿度管理技术

1. 萌芽前　日光温室内空气相对湿度控制在80%左右，利于芽体的萌动。

2. 花期　日光温室内的空气相对湿度控制在45%~65%，促进花粉开裂及花粉粒散出，利于授粉受精，提高坐果率。

3. 果实发育期　日光温室内空气相对湿度控制在60%~70%，减少植株的发病概率。

4. 果实近成熟期　日光温室内空气相对湿度控制在50%~60%，减少裂果现象。

（三）光照管理技术

桃是喜光树种，自然条件下表现出诸如树冠矮小、干性弱、叶片狭长等喜光的特性，在日光温室栽培中要注意合理密植，树形主要采取开心形或纺锤形，并结合合理修剪使树冠通风透光，满足植株对光照的需求。在日光温室生产过程中，通过早揭和晚放外覆盖防寒材料措施，并选用透光度较好的聚乙烯多功能复合薄膜等方式可提高日光温室内的光照效果。同时，每天采用碘钨灯和高压钠灯等人工光源补光2~3 h，时常清洗棚膜外部，保持棚膜清洁透光也是很好的选择。此外，在果实转色期，在日光温室内挂反光幕、地面铺反光膜及日光温室后墙张挂反光膜形成幕状，可以反射照射在墙体上的光线，增加光照25%左右。地面铺反光膜可以反射下部的直射光，有利于树冠中下部叶片的光合作用，增加光合产物，提高果实质量。

（四）气体管理技术

CO_2是植物利用光能进行光合作用的重要原料，日光温室内气体管理工作主要是人工补充CO_2。由于桃树叶片具有较高的CO_2饱和点，单靠日光温室内空气中的CO_2浓度很难满足桃树生长发育需求，需要进行CO_2补充。通常在晴天9~11时，采用气肥增施装置补充CO_2，适宜浓度为800~1 000 mg·kg^{-1}，为桃树生长发育提供充足的CO_2。在我国北方地区进行日光温室生产时，通过燃烧液化气的办法既可增加室内CO_2浓度，又可提高室内温度，是一种可借鉴的日光温室内气体管理方式。

三、花果管理技术

（一）提高坐果率

1. 花前复剪　桃树花前复剪可调节树势、花芽量及枝果比，维持树势的中庸健壮，实现丰产、优质目的。对枝条徒长、长枝多、短枝少、花芽少的植株，要削弱树势，把树体营养调节到中短枝上来，促进花芽分化；对生长势较弱的植株，在冬剪基础上疏除中短果枝及弱枝上的花芽，以节约养分。

2. 人工授粉　在花后 12 h 内，将授粉品种的鲜花药采集完毕，并确保鲜花药的活力。将精选好的鲜花药自然晾干后，收集于小容器中冷藏备用。当温室内桃主栽品种处于开花期时，于每天 9~15 时，用毛笔、气门芯蘸取花药进行点授，可提高坐果率。

3. 蜜蜂授粉　利用蜜蜂授粉可提高坐果率，对增加日光温室内桃的产量和改善品质作用明显。目前日光温室内主要利用熊蜂、壁蜂和蜜蜂等进行授粉。在授粉前 2~3 d 将蜂箱移入温室内，使蜜蜂有一个适应环境的过程，在授粉期间保证有充足的饮用水及适量的糖类饲料补充。在授粉过程中最好不打农药，如果确实需要，则必须选用对蜜蜂低毒或无毒的种类，并在打药前一天将蜂箱巢门关闭后移走，待药效过后再将蜂箱搬回。

（二）疏花疏果

在日光温室内采取各种措施可提高坐果率，还要考虑进行适当的疏花疏果，以保证植株的产量和果实品质。通常可按照结果枝的长度确定留果数量，植株长果枝留 3~4 个果，中果枝留 2~3 个果，短果枝留 1 个果。还可依产量定果，结果枝基部 10 cm 内不留果，小果、畸形果、病虫果、双柱头果核并生果全部疏除。另外，注意要增加 5%~10% 留果量，防止出现额外的损耗。

四、肥水管理技术

（一）早秋施基肥

最适宜时期为 8 月下旬至 9 月下旬，占全年施入量的 1/3~2/3，尤其是磷肥，如过磷酸钙等。此时期也要注意叶面喷施硼肥，如硼砂或硼酸。

（二）萌芽前后施肥

此期施肥可补充储备营养不足，促进萌芽开花提高坐果率，主要以氮肥为主，配施磷、钾肥料。也可以在这个时期叶面喷施锌肥，如硫酸锌等，以预防缺锌造成的小叶病。

（三）花后施肥

此期施肥可提高桃树的坐果率，促进幼果、新梢和根系的生长，避免出现各生长中心的养分竞争。

（四）硬核期施肥

此期是桃树的营养转换期。种胚开始迅速生长，对营养吸收逐渐增加，新梢旺盛生长，为花芽分化做物质准备。以钾肥为主，磷、氮配合，必要条件下可施用微量元素，以保证养分的供给。

（五）果实膨大期施肥

一般是在果实采收前的 1 个月，此期追肥有利于提高单果重和糖度，应以追钾肥为主，以利于提高果实的品质和产量。如坐果较多，且有机肥施量少，适量追施氮肥，有利于果实发育，但要配合钾肥，增进果实品质。

（六）果实采收后施肥

此期追肥有利于恢复树势，促进植株根系吸收和花芽分化，补充养分，此时施肥应以氮肥为主，配合磷、钙肥等。采果后如果树势较弱可施入一些氮磷钾复合肥。

五、整形修剪技术

整形修剪是调整植株生长势，实现树体营养生长和生殖生长平衡的重要调控手段之一。通过整形修剪可以控制树冠，调整枝条密度，创造良好的通风透光条件，使桃树在有限的日光温室空间内良好地生长与结果。

（一）树形

温室内常见树形为自然开心形、两大主枝自然开心形、主干形等。

1. 自然开心形　此树形位于温室内的前部，在相近的一段主干上培养 3 个主枝，第一主枝、第二主枝与第三主枝错落着生。每个主枝上配置 2~3 个侧枝而构成一个开心的自然树形（图 5-20）。全树高度控制在 1.5~2.2 m，干高 30~40 cm，新梢长到 30 cm 左右时，选择方位适当、长势均衡、上下错落排列的 3 个枝条作为主枝培养，三主枝的水平角度为 120°，主枝与主干的角度为 60°~70°，其长到 25 cm 时进行摘心，共 2~3 次。特点是主、侧枝从属分明，骨架牢固，通风透光好，产量高，采收管理方便。

图 5-20　自然开心形

2. 两大主枝自然开心形　此树形位于日光温室内的中部，干高控制 20~30 cm，留有相对生长的主枝两个，开张角度 40°～50°，每个主枝上着生 2~3 个侧枝或直接着生结果枝组，主侧枝均可配置枝组（图 5-21）。特点是通风透光好，结果部位多，产量高，品质佳。

图 5-21　两大主枝自然开心形

3. 主干形　此树形位于日光温室内的后部，可充分利用日光温室的高度和光照条件（图 5-22）。树高度 2.5 m 以上，有明显中心干，5~7 个主枝错落着生在树干上，骨干枝级差 4∶1，主枝单轴延伸无侧枝，直接着生结果枝组。特点是树形结构合理，结果部位分布均匀，可实现水平和垂直方向结实，丰产性好。

图 5-22　主干形

（二）整形修剪

1.升温前修剪　疏除扰乱树形的大枝，调整好主枝角度。为保证翌年有较高产量，日光温室内桃树采用长枝修剪法，尽量多留枝、少去枝。疏除或拉平背上中长果枝，放延长枝。长放中长果枝，短截下垂果枝。疏除无花枝、病虫枝、过密枝、重叠枝。

2.覆膜期间的修剪　由于日光温室内高温多湿，萌芽率明显提高，应防止副梢的密集徒长。萌芽时抹去位置不当过密的萌芽、嫩梢，剪锯口处萌发的新梢也要及时去除。新梢长到 20 cm 时反复摘心，疏除下垂枝、过密枝、无果枝。摘心时留外芽，再长 20 cm 时进行二次摘心，共进行 2~3 次。8 月末对所有领导枝头摘心。生长季（不能过早，以免引起大量萌发）进行拉枝，调整树冠，疏除背上直立、竞争枝（图5-23）。

3.温室去膜后修剪　桃采果后应对结果枝进行疏除强旺枝、重短截修剪（图5-24）促发新的结果枝。一般是在结果枝基部留 2~3 个芽短截，疏去大的结果枝组，并保留 30 cm 左右的新梢 2~3 个。更新修剪后极易发生上强现象，导致结果部位外移，应及时疏除上强部位的竞争枝及过密枝，使延长枝呈单轴延伸。

图 5-23 疏除背上直立枝及过密枝

图 5-24 疏除强旺枝、重短接修剪

第七节
日光温室桃春节成熟关键技术

　　理论上，通过日光温室栽培使桃春节成熟上市的方法有多种，例如，极晚熟桃品种的延迟栽培、短需冷量品种的促早栽培、秋季提早落叶无休眠栽培、人工制冷解除休眠栽培等，我国多地对上述方法都正在进行有益的探索。每一种栽培方法，由于桃树的生理状态不同，对栽培环境的调控也会有截然不同的要求，选择适合当地立地条件的栽培方式，对降低生产成本和保证栽培成功十分重要。这里仅介绍通过人工制冷解除休眠实现桃春节成熟上市的栽培技术。

日光温室桃春节成熟上市的技术关键可以按以下 3 个步骤进行安排。首先，根据应用品种的生长发育期，推算实现春节成熟需要的开花时期；其次，根据开花期安排桃树花芽分化期、休眠期、开始升温生长期；最后，根据桃树各发育阶段的生理特点和指标要求，调控环境因子，确保按时完成发育。

一、实施条件要求

（一）设施条件

温室、遮阳网、冷库、滴灌喷雾换气电子自动调节设备。

（二）技术人员

具备桃树基本生物学知识和常规栽培技术。能够灵活运用所需的设施、设备，按发育阶段调节温、湿度，保持盆土水分及营养均衡，满足桃树生长需求。

（三）适宜区域

适于华北、西北、东北等冷凉资源丰富、冬季光照充足的地区。

（四）品种及苗木

最好选用休眠期需冷量少、早熟、果实经济性状好、有特色、自花结实、易丰产、抗性强的品种。要求苗木生长健壮、根系发达、无病虫害。

二、容器选择及营养土配方

（一）容器选择

采用容器栽培。容器大小可根据桃树大小及栽培年份灵活掌握，如果是栽植一年生苗木，建议使用价格低、移动方便的塑料营养钵，直径 26 cm，高 30 cm。

（二）营养土配方

田园土 6 份，腐熟羊粪 1 份，山皮土 1 份，河沙 2 份。

三、利用温室促进早生快发

一般桃品种苗木在我国北方 12 月可以完成自然休眠期。将桃苗或桃树移植到容器中，灌足水分，移入温室栽培。温室温度以白天 20~25℃，夜间 5~10℃ 为宜，水肥适宜，经过半个月即可发芽。避免温度过高导致徒长，防止节间过长，使枝条充实健壮，修枝整形。一般经 3 个月的生长、修整，促使形成 30 cm 长结果枝 10~15 条。

四、诱导花芽并使其提前完成分化

第二年 4 月初开始，通过喷施多效唑及适当干旱处理，抑制营养生长，适当提高温室内的温度至 30~35℃，促进桃树由营养生长向生殖生长转化，完成花芽初始分化。5 月中旬天气转暖后，带盆移栽田间，或揭掉温室薄膜，利用自然环境使花芽继续发育。这期间要加强营养管理，6 月初喷施 PBO 100 倍液 2 次，间隔 10 d，一般在 7 月初雌雄蕊形态明显，于 7 月中旬至 8 月，喷雾 0.3% 磷酸二氢钾 +0.3% 硼砂促进花芽充实饱满，保护叶片完好，避免提早萌发，做好休眠前准备。可通过解剖花芽，镜检雌雄蕊发育程度。

五、冷库处理，提前完成休眠

于 8 月底至 9 月初带叶入冷库休眠（图5-25），休眠温度以 7℃ 左右为宜，休眠期间注意水分管理和通风换气。接近休眠期结束时，要定期取枝条检验，以确定休眠完成。一般每 2 d 取枝条样品 3 个，27℃ 水培，2 d 内萌动为解除休眠。休眠期结束后出库，进行发芽期管理。

图 5-25 冷库休眠

六、控制温度，保护花粉活力

盆栽桃树于 9 月底移出冷库，进行升温期管理。前 20 d 环境温度 18℃左右为宜，可采用遮阳网和间歇喷水方法降温（图5-26）。出库 30~40 d 开花，花期需要阳光直射和蜜蜂授粉（图5-27）。去掉遮阳网，花期白天温度以 20~23℃为宜，不得超过 25℃，空气相对湿度 50%~70%。初花期和花后 2 次喷施 100 倍 PBO 溶液，促进坐果。

图 5-26　遮阴和间歇喷水降温

图 5-27　开花期蜜蜂授粉

七、再入温室，保温防冻

10 月底霜冻出现前及时移栽到温室，避免霜冻，保证果实和树体继续生长发育。温室内进行冬季生长期管理。①温度管理。幼果期至硬核期 23~25℃，果实膨大期 26~28℃，果实成熟期 31~33℃，夜间 8~12℃，地面覆盖黑色地膜，可防止杂草发生并提高地温。②光照管理。进行疏花疏果，及时清扫积雪，清洗大棚薄膜，尽量增加光照时间和强度，如有必要（如雾霾严重），可实施人工补光，后墙加挂反光幕。③水肥管理。保持盆栽土壤湿润，增施豆饼冲施肥等有机肥，确保温度的前提下通风换气或增施二氧化碳肥。12 月果实开始着色，翌年 2 月（春节）果实成熟（图 5-28）。

图 5-28　果实成熟上市

八、综合防控，确保绿色、安全

该技术由于通过盆栽在温室和冷库转移进行移动控温，所以昆虫不能跟随。秋季开花阶段虽在室外，但由于没有叶片也未见桃蚜发生；多年实践仅见过桃潜叶蛾少量发生，可采取性诱剂粘虫板的方法进行防治，效果很好；病害可采取喷水冲洗的方法防治。生产过程无须农药防治，因此，可确保生产的桃果实绿色、安全。

第八节
日光温室桃病虫害防治技术

一、侵染性病害

（一）真菌性病害

由植物病原真菌引起的病害称为真菌性病害，占植物病害的70%~80%，一种作物上可发现几种甚至几十种真菌性病害。许多真菌性病害由于病菌及寄主的不同而有明显的地理分布。我国大部分桃产区都处在东亚季风气候区，夏季炎热多雨，桃病虫害较多，危害严重。真菌性病害的侵染循环类型最多，许多病菌可形成特殊的组织或孢子越冬。在温带，土壤、病残组织和病枝常是病菌的越冬场所；大多数病菌的有性孢子在侵染循环中起初侵染作用，其无性孢子起不断再侵染的作用。田间主要由气流、降水、昆虫和人事操作等传播。

传播真菌性病害的昆虫与病原真菌间绝大多数没有特定关系。真菌的菌丝片段可发育成菌株，直接侵入寄主表皮，有时导致某些寄生性弱的细菌再侵入，或与其他病原物进行复合侵染，使病症加重。

1. 常见病症　炭疽病、煤污病、褐斑穿孔病、霉斑穿孔病、灰霉病、曲霉软腐病、菌核病、褐腐病、白粉病、疫病、木腐病、侵染性流胶病、藻斑病等。明显的症状可用肉眼直接观察到。病害症状的出现与品种、器官、部位、生育时期以及外界环境有密切关系。许多真菌性病害在环境条件不适宜时完全不表现症状。真菌性病害的症状与病原真菌的种类有密切关系，如灰霉菌产生黑粉状物等。

2. 有效防治措施

（1）农业防治　选用抗病品种，合理施肥，及时灌溉排水，适度整枝打杈，搞好桃园卫生和安全运输储藏等。

（2）物理防治　清除病株及病部组织。

（3）化学防治　化学药剂防治作用迅速、效果显著，操作方法比较简便，是人类与病害做斗争的重要手段和武器。可针对性选择药剂。

3. 常见真菌性病害防治

（1）炭疽病

1）发病症状　如图5-29、图5-30所示。

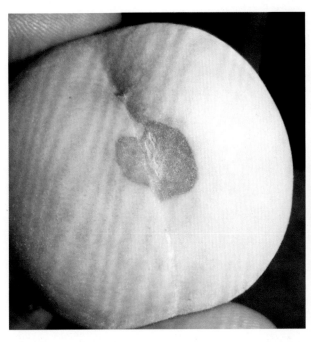

图 5-29　炭疽病危害果实症状

图 5-30　炭疽病危害叶片症状

2）识别与防治要点　见表5-1。

表 5-1　炭疽病识别与防治要点

危害部位	果实，叶片，新梢
危害症状	①果面产生淡褐色小斑点，逐渐扩大，成为圆形或椭圆形的红褐色病斑。病斑显著凹陷，其上散生橘红色小粒点，并有明显的同心环状皱纹 ②新梢受害，初在表面产生暗绿色水渍状长椭圆的病斑，后渐变为褐色，边缘带红褐色，略凹陷，表面也长有橘红色的小粒点 ③叶片发病，产生近圆形或不规则形淡褐色的病斑，病健部分界明显，后病斑中部变灰褐色或灰白色，并有橘红色至黑色的小粒点长出。最后病组织干枯、脱落，造成叶片穿孔。叶缘两侧向正面纵卷，嫩叶可卷成圆筒形
发病条件	病菌发育最适温度为25℃左右，最低12℃，最高33℃
防治药剂	咪鲜胺、代森锰锌、苯醚甲环唑，按产品说明书使用

（2）煤污病

1）发病症状　如图5-31~图5-33所示。

图 5-31　煤污病在叶片上的危害症状

图 5-32　煤污病重度危害果实症状　　图 5-33　煤污病轻度危害果实症状

2）识别与防治要点　见表5-2。

表 5-2　煤污病识别与防治要点

危害部位	果实，叶片，枝
危害症状	果实、叶片发病时初呈污褐色圆形或不规则形霉点，后形成煤污状物质，叶、枝及果面布满黑色霉层，影响光合作用，引起桃树提早落叶
发病条件	煤污病病菌以菌丝和分生孢子在病叶上、土壤内及植物残体上越冬，翌年春天产生分生孢子，借风雨及蚜虫、蚧类、粉虱等传播蔓延。荫蔽、湿度大的桃园或梅雨季节易发病
防治药剂	咪鲜胺、乙蒜素、抑霉唑，按产品说明书使用

（3）褐斑穿孔病

1）发病症状　　如图5-34~图5-39所示。

图 5-34　褐斑穿孔病在成龄叶片上的危害症状

图 5-35　褐斑穿孔病在幼叶上的危害症状

图 5-36　褐斑穿孔病中后期危害症状

图 5-37　褐斑穿孔病后期危害症状

图 5-38 褐斑穿孔病病果（毛桃）症状

图 5-39 褐斑穿孔病病果（油桃）症状

2）识别与防治要点 见表 5-3。

表 5-3 褐斑穿孔病识别与防治要点

危害部位	果实，叶片
危害症状	①在叶片两面形成圆形或近圆形病斑，边缘紫色或红褐色略带环纹，直径1~4 mm；后期病斑上长出灰褐色霉状物，病斑中部干枯脱落，形成穿孔，穿孔的边缘整齐。穿孔多时，叶片脱落 ②果实染病，症状与叶片相似，均产生灰褐色霉状物
发病条件	发病适温为28℃，低温多雨利于发病
防治药剂	咪鲜胺、乙蒜素、代森锰锌，按产品说明书使用

（4）灰霉病

1）发病症状　　如图5-40~图5-45所示。

图5-40　灰霉病在叶片上的危害症状（一）

图5-41　灰霉病在叶片上的危害症状（二）

图5-42　灰霉病在果实上的危害症状（毛桃）

图5-43　灰霉病在果实上的初期危害症状（毛桃）

图 5-44　灰霉病在果实上的中期危害症状（油桃）

图 5-45　灰霉病在果实上的后期危害症状（毛桃）

2）识别与防治要点　见表 5-4。

表 5-4　灰霉病识别与防治要点

危害部位	花，叶片，果实
危害症状	①花器发病，初期病花逐渐变软枯萎腐烂，以后在花萼和花托上密生灰褐色霉层，最终病花脱落，或不能顺利脱落而残留在幼果上，引起幼果发病 ②幼果发病，开始在果面上产生淡绿色小圆斑，以后全果腐烂，最终干缩成僵果悬挂于枝上。 ③叶片感病症状如图5-40、图5-41所示
发病条件	发病的适宜空气相对湿度为90%~95%，适宜温度为21~23℃
防治药剂	啶酰菌胺、嘧霉胺、异菌脲、腐霉利、苯噻菌酮，按产品说明书使用

（5）曲霉软腐病

1）发病症状　如图5-46~图5-52所示。

图 5-46　曲霉软腐病侵染露地毛桃果实症状（初期）

图 5-47　曲霉软腐病侵染露地毛桃果实症状

（后期）

图 5-48　曲霉软腐病危害日光温室内毛桃果实症状（一）

图 5-49　曲霉软腐病危害日光温室内毛桃果实症状 (二)

图 5-50　曲霉软腐病中期病果

图 5-51　曲霉软腐病后期病果

图 5-52　虫害诱发曲霉软腐病

2）识别与防治要点　见表5-5。

表 5-5　曲霉软腐病识别与防治要点

危害部位	果实
危害症状	果实后期发病较重，病果呈淡褐色软腐状，表面长有浓密的白色细茸毛， 即病原菌的菌丝层，几天后在茸毛丛中生出黑色小点，即病原菌的孢子囊。病果迅速软化腐烂，果皮易松脱，果面溢出黏液，最后皱缩成僵果
发病条件	21~38℃的高温最有利病菌的扩散。因而，此病常见于温热的地区。曲霉的侵染需要伤口和很高的湿度。病菌的分生孢子存在于各种基质，甚至空气中，但只有果皮破裂才能感染
防治药剂	乙蒜素+咪鲜胺、乙蒜素+戊唑醇,按产品说明书使用

（6）青霉菌危害

1）发病症状　如图5-53、图5-54所示。

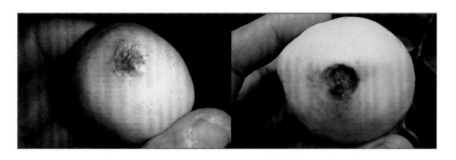

图 5-53　青霉菌危害油桃生育期果实症状

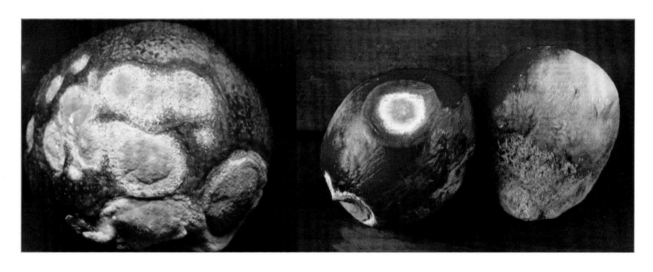

图 5-54　青霉菌侵染储藏期果实症状

2）识别与防治要点　见表5-6。

表 5-6　青霉菌危害识别与防治要点

危害部位	果实
危害症状	果实顶端凹陷，病斑褐色，斑上有青霉菌孢子呈现
发病条件	青霉菌的适生条件为温度20~30℃、空气相对湿度为90%
防治药剂	乙蒜素+咪鲜胺、抑霉唑，按产品说明书使用

（7）菌核病

1）发病症状　如图5-55~图5-58所示。

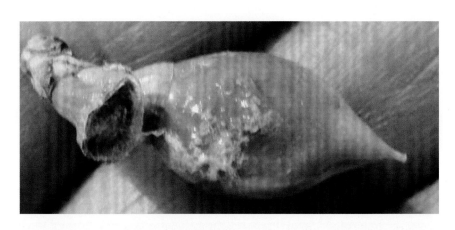

图 5-55　菌核病在幼果上的危害症状

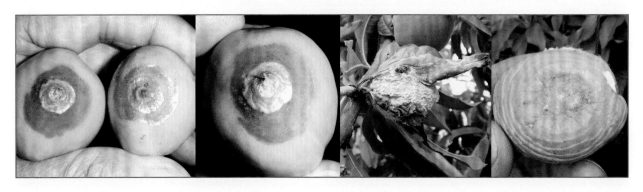

图 5-56　菌核病危害果实症状

图 5-57　菌核病在枝干上的危害症状

图 5-58　菌核病在新枝上的危害症状

2）识别与防治要点　见表5-7。

表 5-7　菌核病识别与防治要点

危害部位	果实，枝条，叶片，花
危害症状	①幼果发病，初在果面上产生淡绿色近圆形病斑，后变淡褐色并扩大，病部果肉腐烂，有不明显的轮纹。病斑上产生灰绿色的菌丝，后期病果全部腐烂，果面上产生很厚的初为白色、后为灰绿色的菌丝层，并在菌丝层上形成很多白色至灰黑色大小不一的菌核，最后病果干缩成僵果，挂在树上或落下 ②花受害后很快变褐枯死，多残留在枝上不脱落 ③叶片发病初为圆形褐色水浸状病斑，后扩大形成边缘绿褐色、中部黄褐色，有深浅相间的轮纹病斑 ④新梢发病病斑褐色，有流胶现象，当病斑绕枝一周时形成枯枝
发病条件	①病菌主要以菌核在病僵果上越冬。落地的僵果到翌年3月中下旬菌核即萌发抽盘，散发出大量子囊孢子，此时正值桃花盛开之际，如天气多阴雨，即能造成大量花朵的发病，很快枯死，并成为带病的组织。病花的碎片残体（包括花瓣、花药、花线、花柱及花萼等）遇到风雨即被吹散，散落和黏附在新叶和幼果上，引起叶片和幼果发病。因此，在病叶和幼果的病上，一般都可明显地看到黏附有病花的碎片或残余物 ②桃园管理粗放、园地潮湿、排水不良、冬季不深翻、春季不耕锄、越冬病原多，春季桃树开花期及幼果期间阴雨连绵，就容易发病 ③由于桃花的花萼形大、雄蕊多、花丝长，并在幼果上留存的时间较长，较易附着病残物。因此，在桃树幼果生长期间如多低温阴雨，幼果发育滞缓，花萼不能顺利脱落时极易发病 ④桃园内如间作油菜或有留种的十字花科蔬菜及莴苣等易发生菌核病的作物时，除易造成桃园阴湿、通风不良外，还容易增加病源，使桃树严重发病 ⑤桃幼果发病后，病菌还能通过病果与好果或病叶与好果的相互接触而传播，因此，如留果多，留枝过密，果与果、果与叶间相互密接时往往能造成幼果染病。桃菌核病只在桃树花期及幼果期发生，5月以后不再发生
防治药剂	乙蒜素+咪鲜胺、乙蒜素+戊唑醇，按产品说明书使用

（8）褐腐病

1）发病症状　如图5-59~图5-61所示。

图 5-59　褐腐病危害新梢症状

图 5-60　褐腐病危害果实症状（一）

图 5-61　褐腐病危害果实症状（二）

2）识别与防治要点　见表 5-8。

表 5-8　褐腐病识别与防治要点

危害部位	花，果实，新梢
危害症状	①在开花期低温高湿，花染病后变褐色而枯萎。天气潮湿时，病花表面丛生灰色霉层。新梢嫩叶受害，自叶缘开始逐渐变褐萎垂 ②果实自幼果至成熟期均可受害，果实被害后在果实表面出现褐色圆形病斑，果肉也随之变褐软腐
发病条件	发病适温为19~27℃，最佳产孢温度为17~23℃；不同光照条件对桃褐腐病菌生长影响不大，病菌对酸碱度适应性很强，生长和产孢的适宜pH 5.5~6.0
防治药剂	乙蒜素+咪鲜胺，按产品说明书使用

（9）白粉病

1）发病症状　　如图5-62~图5-64所示。

图 5-62　白粉病危害果实症状

图 5-63　白粉病危害叶片症状

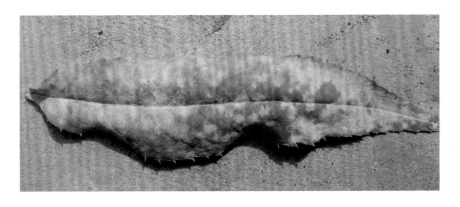

图 5-64　白粉病危害严重，导致落叶

2）识别与防治要点　见表 5-9。

表 5-9　白粉病识别与防治要点

危害部位	果实，叶片
危害症状	在果实或叶片上出现白色圆形或不规则形的粉状斑块，接着表皮附近组织枯死，形成浅褐色病斑，后病斑稍凹陷，硬化
发病条件	分生孢子萌发温度为4~35℃，适温为21~27℃，在直射阳光下经3~4 h，或在散射光下经24 h，即丧失萌发力，但抗霜冻能力较强，遇晚霜仍可萌发
防治药剂	戊唑醇、乙醚酚、吡唑醚菌酯，按产品说明书使用

（10）疫病

1）发病症状　如图5-65~图5-67所示。

图5-65　疫病侵染日光温室内桃叶片受害状

图 5-66　疫病侵染日光温室桃果实受害状

图 5-67　日光温室桃疫病和炭疽病混发

2）识别与防治要点　见表 5-10。

表 5-10　疫病识别与防治要点

危害部位	果实，叶片
危害症状	叶上初期表现如同高温障碍，持续高温后失水，后期变干。果实初期果面如同溃疡病有水渍斑，后期逐步扩大诱发腐烂
发病条件	温度32~36℃，空气相对湿度70%~100%
防治药剂	甲霜灵锰锌、代森锰锌、乙膦铝、霜脲氰锰锌，按产品说明书使用

（11）霉斑穿孔病

1）发病症状　如图5-68所示。

图 5-68　霉斑穿孔病危害叶片症状

2）识别与防治要点　见表 5-11。

表 5-11　霉斑穿孔病识别与防治要点

危害部位	叶片
危害症状	叶片上的病斑初为淡黄绿色，后变为褐色，呈圆形或不规则形，直径2~6 mm。幼叶被害后大多焦枯，不形成穿孔
发病条件	日均温19℃时为5 d，日均温1℃时则为34 d，低温多雨利于发病
防治药剂	乙蒜素、抑霉唑，按产品说明书使用

（12）木腐病

1）发病症状　如图5-69、图5-70所示。

图 5-69　木腐病危害枝干症状

图 5-70　木腐病危害伤口症状

2）识别与防治要点　见表 5-12。

表 5-12　木腐病识别与防治要点

危害部位	枝干及伤口处
危害症状	病部表面长出灰色的病菌子实体，多由锯伤口长出，少数从枝干长出，每株形成的病菌子实体一个至数十个，以枝干基部受害重，常引致树势衰弱，叶色变黄或过早落叶，致产量降低或不结果
发病条件	病菌发生适温30~33℃，气温低于14℃或高于40℃即停止侵染
防治药剂	刮除子实体，涂抹乙蒜素+复硝酚钠，按产品说明书使用

（13）缩叶病

1）病症状　如图5-71~图5-75所示。

图 5-71　缩叶病边缩型危害嫩梢症状　　　　　图 5-72　缩叶病边缩型危害全树症状

图 5-73　缩叶病肿缩型危害初期症状

图 5-74　缩叶病肿缩型危害中期症状

图 5-75　缩叶病肿缩型危害春梢初期症状

2）识别与防治要点　见表 5-13。

表 5-13　缩叶病识别与防治要点

危害部位	叶片，枝梢
危害症状	①春季嫩叶刚从芽鳞抽出时就显现卷曲状，颜色发红。随叶片逐渐开展，卷曲皱缩程度也随之加剧，叶片增厚变脆，并呈红褐色。春末夏初在叶表面生出一层灰白色粉状物，即病菌的子囊孢子。最后病叶变褐，焦枯脱落。叶片脱落后，腋芽常萌发抽出新梢，新叶不再受害 ②枝梢受害后呈灰绿色或黄色，较正常的枝条节间短，而且略粗肿，其上叶片常丛生。严重时整枝枯死
发病条件	病菌繁殖适宜温度为20℃，最低在10℃，最高为30℃
防治药剂	乙蒜素+复硝酚钠或复硝酚钠+咪鲜胺，按产品说明书使用

（14）侵染性流胶病

1）发病症状　如图5-76所示。

图 5-76　侵染性流胶病症状

2）识别与防治要点　见表 5-14。

表 5-14　侵染性流胶病识别与防治要点

危害部位	枝干
危害症状	初时以皮孔为中心产生疣状小凸起，后扩大成瘤状凸起物，上散生针头状黑色小粒点，翌年5月病斑扩大开裂，溢出半透明状黏性软胶，后变茶褐色，质地变硬，吸水膨胀呈冻状胶体，严重时枝条枯死
发病条件	此病多发生在高温、高湿环境中，枝干表皮孔开张，病菌由皮孔侵入，在运输养分皮层中产生病变
防治措施	刮除胶实体，涂抹乙蒜素+复硝酚钠，按产品说明书使用

（15）藻斑病

1）发病症状　如图5-77所示。

图 5-77　藻斑病危害症状

2）识别与防治要点　见表 5-15。

表 5-15　藻斑病识别与防治要点

危害部位	枝干
危害症状	枝干表皮生淡绿色藻斑
发病条件	高温、高湿，通风不良
防治措施	生石灰乳涂干

（16）溃疡病

1）发病症状　如图5-78所示。

图 5-78　设施桃新梢溃疡病症状

2）识别与防治要点　见表5-16。

表 5-16　溃疡病识别与防治要点

危害部位	嫩枝，叶片
危害症状	该病侵害新梢和叶片时，在新梢上形成暗褐色溃疡斑，叶片上产生暗褐色近圆形病斑
发病条件	病原菌以菌丝体、子囊壳和分生孢子器在枝干病组织内及地面上的落叶、烂果上或土壤中越冬。翌年春季孢子从伤口或枯死部位侵入寄主体内，形成分生孢子器和分生孢子，在适宜条件下可再次侵染。病果是远距离传播的主要途径
防治药剂	复硝酚钠+甲基硫菌灵或甲霜灵，按产品说明书使用

（二）细菌性病害

细菌性病害是由病原细菌侵染所致的病害，如穿孔病、疮痂病、酸腐病等。侵害植物的细菌都是杆状菌，大多数具有一至数根鞭毛，可通过自然孔口（气孔、皮孔、水孔等）和伤口侵入，借流水、雨水、昆虫等传播，在病残体、种子或土壤中过冬，在高温、高湿条件下容易发病。在发病后期遇潮湿天气，危害部位溢出黏液，是细菌性病害的特征。细菌性病害与真菌性病害的主要区别：细菌性病害无霉状物，真菌性病害有霉状物（如菌丝、孢子等）。

1. 常见病症

（1）斑点并穿孔　由假单胞杆菌侵染引起的，有相当数量呈斑点状，如细菌性穿孔病、疮痂病等。

（2）腐烂　多数由欧文杆菌侵染植物引起腐烂。

（3）畸形　由癌肿杆菌侵染所致，使植物的根、根颈及枝干上造成畸形，呈瘤肿状，如根癌病等。

2. 有效防治措施

（1）农业防治　培育健壮植株，抗御细菌侵染；防止修剪、移栽、冻害等对桃植株伤口造成感染，引发病害；控制环境条件。

（2）化学防治　发病初期用叶枯唑、农用链霉素、中生霉素等生物制剂对病治疗。

3. 常见细菌性病害的防治

（1）细菌穿孔病

1）发病症状　如图5-79、图5-80所示。

图 5-79　细菌穿孔病病叶症状

图 5-80　细菌穿孔病病果症状

2）识别与防治要点　见表 5-17。

表 5-17　细菌穿孔病识别与防治要点

危害部位	叶片，果实
危害症状	发病初期为水浸状小圆点，以后扩大为圆形或不规则形病斑，病斑周围水浸状并有黄绿色晕环，后期干枯
发病条件	适温为24~28℃，最高温度为37℃，最低温度为3℃。致死温度为51℃持续10分。病原菌在干燥条件下可存活10~13 d
防治药剂	乙蒜素+叶枯唑或硫酸链霉素（医用的较好），按产品说明书使用

（2）疮痂病

1）发病症状　如图5-81~图5-83所示。

图 5-81　疮痂病危害叶片症状

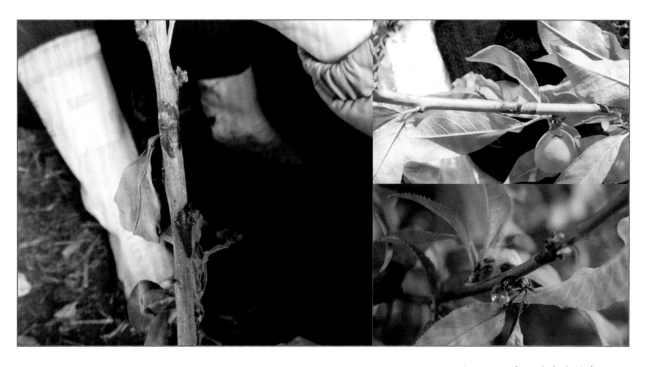

图 5-82　疮痂病危害枝条症状

图 5-83　疮痂病危害果实症状

2）识别与防治要点　见表 5-18。

表 5-18　疮痂病识别与防治要点

危害部位	果实，叶片，枝条
危害症状	①果实发病时多在果肩部产生暗褐色圆形小点，逐渐扩大至 2~3 mm，后呈黑色痣状斑点，严重时病斑聚合成片。病菌扩展一般仅限于表皮组织。当病部组织坏死时，果实仍继续生长，病斑处常出现皲裂，呈疮痂状，严重时造成落果 ②叶片发病开始于叶背，形成不规则多角形病斑，以后病斑干枯脱落，形成穿孔，严重时引起落叶。叶脉发病呈暗褐色长条形病斑 ③枝条发病，病斑暗绿色，隆起，常发生流胶，病、健组织界线明显
发病条件	露地 4~5 月产生分生孢子引起初侵染。借风雨传播。多雨或潮湿的环境有利于分生孢子的传播，地势低洼和郁闭的桃园发病率较高。南方地区雨季早，发病也较早，4~5 月发病率最高；北方地区则在 7~8 月。该病原菌在果实中潜伏期为 40~70 d，因此，早熟品种在未现症状时即已采收，很少发现病害症状；晚熟品种病害症状明显
防治药剂	叶枯唑、硫酸链霉素、新植霉素，按产品说明书使用

（3）根癌病

1）发病症状 如图5-84~图5-88所示。

图 5-84 根癌病（一）

图 5-85 根癌病（二）

图 5-86 根癌病（三）

图 5-87　根癌瘤剖面

图 5-88　根上割下的癌瘤

2）识别与防治要点　见表 5-19。

表 5-19　根癌病识别与防治要点

危害部位	根部
危害症状	主要发生在根颈部，也发生于侧根和支根。染病后形成癌瘤。初生癌瘤为灰色或略带肉色，质软、光滑，以后逐渐变硬呈木质化，表面不规则，粗糙，而后**皲裂**。瘤的内部组织紊乱，起初呈白色，质地坚硬，但以后有时呈腐朽状
发病条件	①该病为细菌性病害，病原细菌为根癌土壤杆菌，寄主范围非常广泛。病原细菌在根瘤组织的皮层内越冬，或在癌瘤破裂脱皮时进入土壤中越冬，在土壤中可存活数月至1年以上。雨水、灌水、移土等是主要传播途径，地下害虫如蛴螬、蝼蛄、线虫等也有一定的传播作用，带病苗木是远距离传播的最主要方式 ②细菌遇到根系的伤口，如虫伤、机械损伤、嫁接口等，侵入皮层组织，开始繁殖，并刺激伤口附近细胞分裂，形成癌瘤。碱性土壤有利于发病；土壤黏重、排水不良的果园发病较多；切接苗木发病较多，芽接苗木发病较少；嫁接口在土面以下有利于发病，在土面以上发病较轻
防治措施	复硝酚钠+乙蒜素+硫酸链霉素加水调成药浆，在定植时先蘸药浆后再定植。生长中后期，用复硝酚钠+乙蒜素+硫酸链霉素加水灌根，按产品说明书使用

（4）酸腐病

1）发病症状　　如图5-89~图5-91所示。

图 5-89　酸腐病侵染果实初期症状

图 5-90　酸腐病侵染果实中后期症状

图 5-91　酸腐病侵染果实后期症状

2）识别与防治要点　见表 5-20。

表 5-20　酸腐病识别与防治要点

危害部位	果实
危害症状	果肉变质腐烂
发病条件	果实在受到外因损伤或受到害虫侵食，高温、高湿或雨雾天伤口处受微生物接触引起发病，果肉染病腐烂发酵后散发出酸甜的气味，招来大量蚂蚁、果蝇及金龟子危害果实
防治措施	摘除烂果挖坑深埋。喷氯氰菊酯+复硝酚钠+乙蒜素+叶枯唑预防发病，按产品说明书使用

（三）病毒性病害

由病毒寄生引起的植物病害。蚜虫、线虫等可以传播植物病毒，桃繁殖材料（砧木、接穗）是传播的主要途径。病毒病的发生与寄主植物、病毒、传毒媒体、外界环境条件，以及人为因素密切相关。当田间有大面积的感病植物存在，毒源、传毒媒体多，外界环境有利于病毒的侵染和增殖，又利于传毒媒体的繁殖与迁飞时，植物病毒病就会流行。

1. 常见症状

（1）变色　由于营养物质被病毒利用，或病毒造成维管束坏死，阻碍了营养物质的运输，叶片的叶绿素形成受阻或积聚，从而产生花叶、斑点、环斑、脉带和黄化等病症。花朵的花青素也因之改变，使花色变成绿色或杂色等，常见的症状为深绿与浅绿相间的花叶症，如花叶病毒病等。

（2）坏死　由于植物对病毒的过敏性反应等可导致细胞或组织死亡，变成枯黄至褐色，有时出现凹陷。在叶片上常呈现坏死斑、坏死环和脉坏死，在茎、果实和根的表面常出现条状坏死斑等。

（3）畸形　由于植物正常的新陈代谢受干扰，体内生长素和其他激素的生成和植株正常的生长发育发生变化，可导致器官变形，如茎间缩短，植株矮化，生长点异常分化形成丛枝或丛簇，叶片的局部细胞变形出现疱斑、卷曲、蕨叶及带状化等。

2. 有效防治措施

（1）脱毒　植物繁殖材料除可利用脱毒技术获得无毒繁殖材料，或通过药液热处理进行灭毒外，尚无理想的药剂治疗方法。

（2）预防　本病宜以预防为主，综合防治。一方面消灭侵染来源和传毒媒体，另一方面采取农业技术措施，包括增强植物抗病力，推广抗病或耐病品种等。

3. 常见病毒性病害防治　花叶病毒病防治。

1）发病症状　如图5-92所示。

图 5-92　桃花叶病毒病在叶片上的危害症状

2）识别与防治要点　见表 5-21。

表 5-21　花叶病毒病识别与防治要点

危害部位	叶片
危害症状	发病初期病叶上出现斑驳，继而发展成黄绿色的褪绿斑块，严重时褪绿部分呈黄色，甚至黄白色。有时新梢叶片全部发病。该病具高温隐症现象
发病条件	病毒可以通过各种组织结合传播，如通过昆虫传毒与嫁接传病，特别是接穗传播
防治药剂	氨基寡糖素+复硝酚钠混喷，按产品说明书使用

二、非侵染性病害

气象因素（温度过高或过低，雨水失调，光照过强、过弱和不足等），营养因素（氮、磷、钾及各种微量元素的过多或过少），有害物质因素（土壤含盐量过高、pH过大或过小），工业三废（废气、废水、废渣），有害农业生物等，导致桃在生长发育过程中出现的不正常的生长状态称生理性病害。这类病害没有病原物的侵染，不会在植物个体间互相传染，所以也称非传染性病害。生理性病害只有病状，没有确切的病症。

（一）常见现象

1.突发性　病害在发生发展上，发病时间多数较为一致，往往有突然发生的现象。病斑的大小、色泽较为固定。

2.普遍性　通常是成片、成块普遍发生，常与温度、湿度、光照、土质、水、肥、废气、废液等特殊条件有关，因此，无发病中心，相邻植株的病情差异不大，甚至附近某些不同的作物或杂草也会表现出类似的症状。

3.散发性　多数是整个植株呈现症状，且在不同植株上的分布比较有规律，若采取相应的措施改变环境条件，植株一般可以恢复健康。

（二）有效防治措施

加强环境因子的管理与调节，平衡施肥，增施有机肥料，及时除草，勤松土；合理控制单株果实负载量，增加叶果比。对易发生日灼病的品种，夏季修剪时，在果实附近多留叶片以遮盖果实，注意果袋的透气性，对透气性不良的果袋可剪去袋下方的一角，促进通气。天气干旱、日照强烈的地方，要注意尽量保留遮蔽果实的叶片，预防日灼的发生。生长前期注意追施速效氮肥，在果实成熟前要控制施用氮肥。采收后及时追施速效氮肥，增强后期叶片的光合作用，增加树体养分的积累和花芽的分化。叶面喷肥能较快弥补氮素营养的不足，但不能代替基肥和追肥，对缺氮的桃园尤其要重视基肥的施用。

（三）常见非侵染性病害防治

1. 生理性病害

（1）银叶病

1）发病症状　如图5-93所示。

图 5-93　夏剪过重造成银叶病

2）识别与防治要点　见表5-22。

表 5-22　银叶病识别与防治要点

危害部位	叶片
危害症状	病叶先呈铅色，后变为银白色。展叶不久就能看到病叶变小，质脆，叶绿素减少，靠近新梢的叶片症状明显
发病条件	生长中修剪过重造成
防治措施	避免修剪过重，用2.85%硝萘合剂+尿素先喷施后灌根，按产品说明书使用

（2）生理性缩果

1）发病症状　如图5-94所示。

图 5-94　生理性缩果

2）识别与防治要点　见表5-23。

表 5-23　生理性缩果识别与防治要点

危害部位	果实
危害症状	①果实线合处凹陷皱缩。其症状在果实长到蚕豆大时就表现出来，由暗绿色转为深绿色，并逐渐呈木栓化斑块而出现开裂，长成畸形果；②同时还表现早春芽膨大，接着枯死并开裂。叶片厚而且畸形，新梢从上往下枯死，枯死部位的下方长出侧枝，呈现丛枝反应
发病原因	落花后2周（约5月中旬）表现受害，很快达到发病盛期，一直到7月上旬，是因硼素供应不足所致
防治措施	细胞赋活剂+速效硼，健身栽培，平衡施肥，合理负载

（3）生理性流胶

1）发病症状　如图5-95~图5-98所示。

图 5-95　春季花芽期生理性流胶（一）

图 5-96　春季花芽期生理性流胶（二）

图 5-97　春季生理性流胶

图 5-98　夏秋季生理性流胶

2）识别与防治要点　见表 5-24。

表 5-24　生理性流胶识别与防治要点

危害部位	枝干
危害症状	在主干、主枝上，树胶初时为透明或褐色，时间一长，柔软树胶变成硬胶块
发病原因	肥水过于充足，形成高压高渗，导致细胞壁破裂。机械损伤，致使养分外渗
防治措施	刮除流胶，涂抹乙蒜素+硫酸链霉素+复硝酚钠，按产品说明书使用

（4）生理性裂果

1）发病症状　如图5-99~图5-103所示。

图 5-99　蟠桃生理性裂果

图 5-100　油桃生理性裂果（一）

图 5-101　油桃生理性裂果（二）

图 5-102　毛桃生理性裂果（一）

图 5-103　毛桃生理性裂果（二）

2）识别与防治要点　见表5-25。

表 5-25　生理性裂果的识别与防治要点

危害部位	果实
危害症状	果实表面多处出现规则不一的裂口
发病条件	水分不均衡
防治措施	结合补钙，喷施细胞赋活剂。适时平衡浇水

（5）果实风害

1）发病症状　如图5-104所示。

图 5-104　风害造成的果实擦伤

2）识别与防治要点　见表5-26。

表 5-26　果实风害识别与防治要点

危害部位	果实
危害症状	果面粗糙、凹凸不平，伤处布满褐色粗糙栓皮
发病条件	由于留果位置不当，离枝条太近。果实膨大后在遭遇有风天气，枝条来回摆动，使果实表皮拉伤
防治措施	疏除离枝干过近果实，利用合理空间留果。果实套袋

（6）设施内高温障碍

1）发病症状　如图5-105所示。

图5-105　日光温室内高温造成的桃叶片障碍

2）识别与防治要点　见表5-27。

表5-27　日光温室内高温障碍识别与防治要点

危害部位	叶片
危害症状	表现为叶片由边缘向内扩展呈淡黄色
发病条件	设施内温度持续35℃以上，叶片失绿，出现不规则淡黄斑
防治措施	叶面喷施细胞赋活剂，结合放风降温，室内温度保持20~30℃

（7）日灼

1）发病症状　如图5-106~图5-108所示。

图 5-106　日灼造成果实病斑

图 5-107　日灼造成果实开裂

图 5-108　热气烫伤果实

2）识别与防治要点　　见表 5-28。

表 5-28　日灼识别与防治要点

危害部位	果实
危害症状	果实表面产生灼伤，伤处变淡褐或炭化
发病条件	果实叶片较少或无叶片，遇到高温阳光直射，产生灼伤
防治措施	果实套袋。果实边上多留叶片

（8）生理性缺氮

1）发病症状　如图5-109所示。

图 5-109　叶片缺氮症状

2）识别与防治要点　见表 5-29。

表 5-29　生理性缺氮识别与防治要点

危害部位	叶片
危害症状	幼叶叶肉淡金黄色，生长势弱，树体易早衰
发病条件	负载量过大，生殖生长大于营养生长，导致氮元素不足
防治措施	细胞赋活剂+尿素喷施

（9）缺钙

1）发病症状　如图5-110所示。

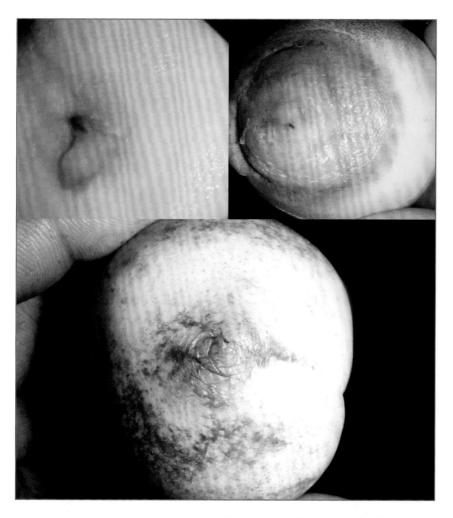

图 5-110　果实生理性缺钙的不同症状

2）识别与防治要点　见表5-30。

表 5-30　缺钙识别与防治要点

危害部位	果实
危害症状	果实在七成熟时顶部变软，表皮出现皱缩
发病条件	湿度过大或过于干旱
防治措施	细胞赋活剂+螯合钙喷雾。平衡土壤干湿度

（10）缺磷

1）发病症状　如图5-111~图5-113所示。

图 5-111　轻度缺磷症状

图 5-112　中度缺磷症状

图 5-113　叶片严重缺磷，手摸如皮革状

2）识别与防治要点　见表5-31。

表 5-31　缺磷识别与防治要点

危害部位	叶片
危害症状	枝条细而直立，分枝较少，呈紫红色。初期全株叶片呈深绿色。严重缺磷时，叶片转青铜色或发展为棕褐色或红褐色。新叶较窄，基部叶片出现绿色和黄绿色相间的斑纹。开花展叶时间延迟，花芽瘦弱而且少，坐果率低。果实成熟期推迟，果个小，着色不鲜艳，含糖量低，品质差。桃树生活力下降，生长迟缓
发病条件	土壤中缺少有效磷、土壤水分少、pH过高时，易出现缺磷。土壤施钙肥过多、偏施氮肥，易出现缺磷
防治措施	细胞赋活剂+磷酸二氢钾叶面喷施或灌根

（11）缺铁

1）发病症状　　如图5-114、图5-115所示。

图5-114　整株缺铁，造成叶片黄化

图 5-115　整株严重缺铁，造成脱叶

2）识别与防治要点　见表 5-32。

表 5-32　缺铁识别与防治要点

危害部位	叶片
危害症状	新梢节间短，发枝力弱。严重缺铁时，新梢顶端枯死。新梢顶端的嫩叶变黄，叶脉两侧及下部老叶仍为绿色，后随新梢长大，全叶变为黄白色，并出现茶褐色坏死斑。新梢中上部叶变小早落或呈光秃状。新梢顶端可抽出少量失绿新叶。花芽不饱满。果实品质变差，产量下降。数年后树冠稀疏，树势衰弱，致全树死亡
发病条件	土壤pH高、石灰含量高或土壤含水量高，均易造成缺铁。磷、氮肥施入过多，可导致树体缺铁。另外铜元素不利于铁元素的吸收，锰和锌过多也会加重缺铁
防治措施	细胞赋活剂+螯合铁肥叶面喷施

（12）缺镁

1）发病症状 如图5-116~图5-120所示。

图 5-116 叶片缺镁中期症状

图 5-117 叶片缺镁后期症状

图 5-118 单枝缺镁导致叶缘发黄

图 5-119 幼树缺镁导致叶缘发黄（一）

图 5-120 幼树缺镁叶缘发黄症状（二）

2）识别与防治要点 见表 5-33。

表 5-33 缺镁识别与防治要点

危害部位	叶片
危害症状	缺镁初期，成熟叶片呈深绿色或蓝绿色，小枝顶端叶片轻微缺绿，叶片薄。生长期缺镁，当年生长枝基部叶片出现坏死斑，有淡金黄色叶缘，坏死区由灰白浅绿变成淡棕黄色，以后凋落。缺镁叶缘失绿，落叶严重。成年桃树缺镁，影响花芽形成
发病条件	土壤偏酸、偏碱、干燥，有机肥不足，以及施用钾、钠、磷、氮等肥料过量时，都易引起桃植株缺镁症
防治措施	细胞赋活剂+硫酸镁叶面喷施

（13）光腿枝

1）发病症状　如图5-121所示。

图 5-121　光腿枝

2）识别与防治要点　见表5-34。

表 5-34　光腿枝识别与防治要点

危害部位	新梢
危害症状	无芽眼
发生规律	在8月抽出的部分新梢由于生长过快，无法形成芽眼，翌年只有顶端发芽
防治措施	少施氮肥，适时控梢

（14）枝缢缩

1）发病症状　如图5-122所示。

图 5-122　管理失误造成枝干缢缩

2）识别与防治要点　见表5-35。

表 5-35　枝缢缩识别与防治要点

危害部位	枝干
危害症状	拉枝绳处下陷变细，产生深沟，易折断，导致养分输送不均衡
发生原因	未能及时解除拉枝绳
防治措施	及时解除拉枝绳子

（15）畸形果

1）发病症状　如图5-123~图5-126所示。

图 5-123　油桃畸形果

图 5-124　毛桃畸形果

图 5-125　蚜虫危害造成畸形果（一）

图 5-126　蚜虫危害造成畸形果（二）

2）识别与防治要点　见表 5-36。

表 5-36　畸形果识别与防治要点

危害部位	果实
危害症状	畸形
发生原因	①人为因素，如过量使用生长调节剂 ②虫害，如蚜虫危害 ③环境因素，如水分亏缺、低温、高温、强光等
防治措施	喷施细胞赋活剂 6 000 倍液，及时治蚜，搞好田间管理

（16）水涝黄化

1）发病症状　如图5-127、图5-128所示。

图 5-127　露地桃因积水致涝，导致根系缺氧，导致叶片发黄

图 5-128　设施内桃因地势不平，低洼积水根系缺氧，引起叶片发黄

2）识别与防治要点　见表5-37。

表 5-37　水涝黄化识别与防治要点

危害部位	叶片
危害症状	新梢叶片黄，生长不良
发病原因	山桃砧不适宜平原高肥水地带，其原因为毛细根及侧根少，只有为数不多的主根，吸收肥水能力弱，长时间土壤湿度大引起根系缺氧导致黄化及时解除拉枝绳
防治措施	采用平原区生长毛桃作砧木，可以有效改善这一现状。及时中耕松土，可促进根系吸氧，有效改善山桃砧在高肥水地带易出现的这一缺陷。叶面喷施细胞赋活剂6 000倍液

2.药害与肥害　在防治病虫草害的过程中，因使用化学药物（杀虫剂、杀菌剂、除草剂、植物生长调节剂等）或肥料不当，对桃所造成的伤害，称为药害与肥害。

（1）药害类型　果树药害在夏秋季节容易发生，农药对果树的损害类型分为急性药害和慢性药害2种。遭受慢性药害的果树生长缓慢；遭受急性药害的果树，常出现落叶落果、光合作用差等异常状况。

（2）药害产生的原因

1）药剂的剂型不对　药剂的理化性质与果树的关系最大。一般情况下，水溶性强的、分子小的无机药剂最易产生药害，如铜、硫制剂。水溶性弱的药剂则比较安全，微生物药剂对果树安全。农药的不同剂型引起药害的程度也不同，油剂、乳化剂比较容易产生药害，可湿性粉剂次之，乳粉及颗粒剂则相对安全。

2）果树对药剂敏感　桃在生长季对除草剂敏感，无论用何种比例配制极易发生药害。例如在桃园使用40%阿特拉津胶悬剂除草时，每亩300 mL，桃树会出现药害，轻者叶片黄化，重者大量落叶。

3）药剂施用方法不当　用药浓度过高，药剂溶化不好，混用不合理，喷药时期不当等，均易发生药害。如波尔多液与石硫合剂、退菌特等混用或使用间隔少于20 d，就会产生药害。药剂混配后浓度叠加效应药害更易发生。

4）环境条件不适　环境条件中以温度、湿度、光照影响最大。

高温强光易发生药害，因为高温可以加强药剂的化学活性和代谢作用，有利于药液侵入植物组织而引起药害，如石硫合剂，温度越高，疗效越好，但药害发生的可能性就越大。

湿度过大时，施用一些药剂也易产生药害。如喷施波尔多液后，药液未干即遇降雨，或叶片上露水未干时喷药，会使叶面上可溶性铜的含量骤然增加，易引起叶片灼伤；喷施后经过一段时间，遇到较大风时，也会使叶面上可溶性铜含量增加，使叶片焦枯。

5）风起药害　在有风的天气喷洒除草剂，易发生飘移药害。

（3）药害产生的部位

1）果实药害　施药后3~5 d，幼果果面出现红色或褐色小点斑。随果实发育膨大成圆形斑，但一般不脱落。有的施药后 7~10 d，幼果大量脱落，严重的全树落光。成熟的果实因果面出现铁锈色或"波尔多"药斑变成"花脸"果，严重影响果品等级。

    2）叶部药害　施药后 1~2 d，叶面出现圆形或不规则形红色药斑。叶尖、叶缘变褐干枯，严重的全叶焦枯脱落。施药后 5~7 d。叶片部分不规则变黄。严重的全叶变黄脱落。如图5-129~图5-131 所示。

    3）枝干药害　从地面沿树干向上树体韧皮部变褐，严重的延伸到二至三年生枝。5~7 d 后严重的全树叶片变黄脱落或干焦在树上；轻的

图5-129　盲目混用药剂导致叶片脱落

图 5-130　盲目混用药剂导致叶片灼伤（一）　　图 5-131　盲目混用药剂导致叶片灼伤（二）

部分主枝变黄枯死，部分受害轻的树，还能长出新叶。药害发生的原因主要与农药的质量、使用技术、果树种类和气候条件等因素有关。农药质量不合格，原药生产中有害杂质超过标准，农药存放时间长等，不仅杀虫、杀菌效果差，还易出现药害；农药使用过量，包括浓度过高、重复喷药，也易造成药害；农药混用不当，同时施用 2 种或 2 种以上农药，农药间相互发生化学变化，杀虫、杀菌效果低，还可发生药害；环境条件也是发生药害的重要原因，如喷波尔多液后，药液未干遇雨或气温过高等。

（4）防治策略

1）暂停应用同类药　　在药害完全解除之前，尽量减少使用农药，尤其是同类农药要停止使用，以免加重药害。

2）用清水冲洗　如果施药浓度过大造成药害，要朝果树叶片两面反复喷施清水冲洗，以冲刷掉残留在叶片表面的药剂。此项措施进行时间越早越及时效果越好。

3）适量修剪　果树受到药害后，要及时适量进行修剪，剪除枯枝，摘除枯叶，防止枯死部分蔓延或受病菌侵染而引起病害。

4）喷药中和　如药害造成叶片白化时，可用50%腐殖酸钠颗粒配制3 000倍液进行叶面喷雾，5 000倍液进行灌溉，3~5 d后叶片会逐渐转绿。如因波尔多液中的铜离子产生药害，可喷0.5%~1%石灰水溶液来消除药害；如因石硫合剂产生药害，水洗的基础上，再喷洒400~500倍的米醋溶液，可减轻药害；若错用或过量使用有机磷、菊酯类、氨基甲酯类等农药造成药害，可喷洒0.5%~1%石灰水、肥皂水、洗洁精水等，尤以喷洒碳酸氢铵等碱性化肥溶液为佳，这样，不仅有解毒作用，而且可以起到根外追肥、促进果树生长发育的作用。

5）及时追肥　果树遭受药害后，生长受阻，长势衰弱，必须及时追肥（氮、磷、钾等速效化肥或稀薄人粪尿），以促使受害果树尽快恢复长势。如药害为酸性农药造成，可撒施一些草木灰、生石灰，药害重的用1%漂白粉溶液进行叶面喷施。对碱性农药引起的药害，可追施硫酸铵等酸性化肥。无论何种药害，叶面喷施0.3%尿素溶液加0.2%磷酸二氢钾混合液，每隔15 d喷1次，连喷2~3次，均可减轻药害。

6）注射清水　在防治天牛、吉丁虫、木蠹蛾等蛀干害虫时，因用药浓度过高而引起的药害，要立即自树干上虫孔处向树体注入大量清水，并使其向外流水，以稀释农药，如为酸性农药药害，在所注水液中加入适量的生石灰，可加速农药的分解。

7）中耕松土　果树受害后，要及时对园地进行中耕松土（深10~15 cm），适当增施磷、钾肥，以改善土壤的通透性，促使根系发育，增强果树自身的恢复能力。

（5）常见药害与肥害防治

1）超剂量使用复硝酚钠

①危害症状如图5-132、图5-133所示。

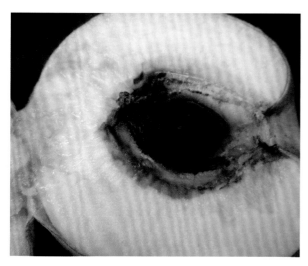

图 5-132　超剂量使用复硝酚钠导致毛桃果实后期开裂

图 5-133　超剂量使用复硝酚钠导致油桃果实后期开裂

②识别与防治要点见表 5-38。

表 5-38　超剂量使用复硝酚钠识别与防治要点

危害部位	果实
危害症状	顺果实表面缝合线处有裂口，用手一掰即开，果核呈现自然开裂状
发生规律	生长季节为抑制新梢生长，超剂量、多次使用复硝酚钠
防治措施	按复硝酚钠说明书合理使用

2）乙草胺药害

①危害症状如图5-134~图5-137所示。

图 5-134　误将除草剂乙草胺当作杀菌剂灌入桃树根部在新梢上表现

图 5-135　果园过量施用除草剂乙草胺在桃新梢上的顶端表现

图 5-136　果园大量施用除草剂乙草胺导致新梢畸形

图 5-137　果园大量施用除草剂乙草胺导致叶片畸形

②识别与防治要点见表 5-39。

表 5-39　乙草胺药害识别与防治要点

危害部位	叶片，果实
危害症状	叶面边缘淡黄，叶尖变褐枯死
发生原因	误用
防治措施	细胞赋活剂 6 000 倍液喷雾或灌根

3）阿维三唑磷药害

① 危害症状如图5-138~图5-140 所示。

图 5-138　阿维三唑磷防治根结线虫用法与用量不当造成叶缘枯焦

图 5-139　阿维三唑磷防治根结线虫用法与用量不当造成落叶

图 5-140　阿维三唑磷防治根结线虫用量与用法不当在吸收根上的症状

②识别与防治要点见表 5-40。

表 5-40　阿维三唑磷药害识别与防治要点

危害部位	根系
危害症状	根系接触药液，吸收根灼伤坏死，地上叶片两侧变褐变焦，严重时养分供应不上，叶片发黄脱落
发生条件	药液浓度高灼伤根系
防治措施	根部灌施硝萘合剂6 000倍液+腐殖酸6 000倍液

4）农药的隐性成分造成药害

①危害症状如图5-141至图5-144所示。

图 5-141　农药的隐性成分造成果面灼伤

图 5-142　农药的隐性成分造成果面灼伤泡，伤愈合后，果面留下的疤痕及胶体

图 5-143　农药的隐性成分造成果面灼伤泡并引起果实脱落

图 5-144　农药的隐性成分造成叶面灼伤

②识别与防治要点见表 5-41。

表 5-41　农药的隐性成分造成药害识别与防治要点

危害部位	叶片，果实
危害症状	果实表面如同烫伤，布满灼伤水泡
发生原因	农药隐性成分中毒，同一种农药商品，不同厂家正负效果不同
防治措施	早期发现后，用高压水枪反复喷清水冲洗，降低树体药液含量；随后喷施细胞赋活剂 6 000 倍液

5）有机肥毒害

①危害症状如图5-145~图5-148所示。

图5-145　有机肥在土壤中二次发酵引起灼根后在叶片上的症状

图5-146　日光温室内施用大量未充分腐熟农家肥，导致大量有害气体
　　　　　（硫化氰或氨气）挥发，引起植株中毒，导致全树落叶

图 5-147 农家肥二次发酵，引起根系灼伤

图 5-148 未腐熟农家肥引起根系灼伤，导致木质部变褐

②识别与防治要点见表 5-42。

表 5-42 有机肥毒害识别与防治要点

危害部位	叶片，根系
危害症状	叶面淡黄，叶尖变褐枯死，叶缘黄枯等；根系变褐，腐烂
发生规律	秋季大量施用没有充分腐熟的有机肥，翌春在土壤中遭遇高温、高湿，产生二次发酵散发恶臭气体（硫化氢）导致果树根系中毒。初期地上表现叶片出现淡黄色，逐步加重，后续脱落
防治措施	硝萘合剂6 000倍液灌根；结合中耕松土，进行散气、散热、排毒

6）生长季节喷施毒死蜱造成药害

①危害症状如图5-149所示。

图 5-149　生长季节喷施毒死蜱造成卷叶

②识别与防治要点见表5-43。

表 5-43　生长季节喷施毒死蜱造成药害识别与防治要点

危害部位	叶片
危害症状	由叶两侧向上打卷
发生原因	生长季节喷施毒死蜱
防治措施	喷施细胞赋活剂6 000倍液缓解

7）日光温室桃大剂量使用硝态氮毒害

①危害症状如图5-150~图5-152所示。

图 5-150　超剂量使用硝态氮肥导致营养生长过旺，出现果枝过粗、少果
　　　　　或无果

图 5-151　生长过旺的表现

图 5-152　错误的施肥方法——根部撒施大量硝态氮肥

②识别与防治要点见表 5-44。

表 5-44　日光温室桃大剂量使用硝态氮毒害识别与解决方法

危害部位	整株
危害症状	树体徒长，枝条过粗挂不上果，叶片肥大过密，通风不良易产生病害
发生原因	果农缺乏施肥经验，多批次大量施入硝态氮肥
防治措施	日光温室排湿降温，根部适量施入多效唑控制徒长，疏除过密枝条

三、虫害

危害植物的动物种类很多，主要是昆虫，也有螨类、线虫、蜗牛、鼠类、鸟类等。昆虫中虽有很多属于害虫，但也有益虫，对益虫应加以保护、繁殖和利用。因此，认识昆虫，研究昆虫，掌握害虫发生和消长规律，对于防治害虫，保护作物获得优质高产，具有重要意义。

（一）危害部位及常见害虫种类

根据主要危害部位，大致可分为：

1.叶部害虫　蚜、螨、绿盲蝽、金龟子等。

2.枝条害虫　桃蛀螟、天牛类、蚧类、斑衣蜡蝉等。

3.果实害虫　桃蛀螟、绿盲蝽等。

4.根部害虫　蛴螬及根结线虫等。

（二）有效防治措施

1.农业防治　利用农业技术措施，在不用药或者少用药的前提下，改善植物生长的环境条件，增强植物对虫害的抵抗力，创造不利于害虫生长发育或传播的条件，以控制、避免或减轻虫害。主要措施有培育壮树，适时修剪，及时中耕松土，科学施肥，及时排涝抗旱等。应用该类措施花钱少，收效大，作用时间长，不伤害天敌。

2.物理防治　利用简单工具和各种物理因素，如光、热、电、温度、湿度、放射能和声波等防治虫害的措施。包括徒手捕杀或清除。

3.化学防治　使用化学农药防治植物虫害的方法。

4.生物防治　利用有益生物或其他生物来抑制或消灭有害生物的一种防治方法。简单地说就是以虫治虫或以菌治虫。

（三）常见虫害防治

1.梨小食心虫

（1）虫体形态与危害症状　如图5-153、图5-154所示。

图5-153　梨小食心虫虫体形态

图 5-154   梨小食心虫危害状

（2）识别与防治要点   见表 5-45。

表 5-45   梨小食心虫识别与防治要点

危害部位	新梢
危害症状	从新梢顶端第二至第三片叶片的基部蛀入，蛀孔外有虫粪排出，被害梢不久就萎蔫下垂
发生规律	梨小食心虫1年发生5~6代。7~8月危害严重
防治药剂	丙溴磷、氰马乳油，按产品说明书使用

2. 蚜虫

（1）虫体形态与危害症状　如图5-155~图5-157所示。

图 5-155　桃蚜虫体形态

图 5-156　桃蚜危害幼芽、新梢及叶片症状

图 5-157 桃蚜危害果实症状

（2）识别与防治要点　　见表5-46。

表5-46　蚜虫识别与防治要点

危害部位	新梢、叶片、花器及幼果
危害症状	群集在新梢、嫩芽和幼叶背面刺吸营养，使被害部分出现黑色、红色和黄色小斑点，叶片向背面卷曲。导致新梢不能生长，成年叶非正常脱落，影响产量及花芽形成，削弱树势 蚜虫危害刚刚开放的花朵，刺吸子房营养，影响坐果，降低产量。蚜虫排泄的蜜露，污染叶面及枝梢，使桃树生理作用受阻，常造成煤污病，加速早期落叶，影响生长 危害果实形成畸形果。此外，桃蚜还能传播桃树病毒病
发生原因	桃蚜一年发生10余代甚至20余代。以卵在桃树芽腋、裂缝和小枝杈等处越冬。翌年3月中下旬开始孵化，群集芽上危害。嫩叶展开后，群集叶背面危害，并排泄蜜状黏液。被害叶呈不规则的卷缩状。影响新梢和果实生长。雌虫在4月下旬至5月繁殖最盛，危害最大。5月下旬以后，产生有翅蚜，迁飞转移到烟草、蔬菜等作物上危害。10月，有翅蚜又迁飞回到桃树上危害，并产生有性蚜，交尾产卵越冬 桃蚜的发生与危害情况，受温湿度影响很大，尤其湿度至关重要，连日平均空气相对湿度在80%以上或大暴风雨后，虫口数量下降。春季干旱年份，发生危害特别严重
防治措施	化学防治：烯啶虫胺、丁硫克百威、马拉硫磷、辛硫磷。低温下，马拉硫磷、辛硫磷效果差 生物防治：利用瓢虫治蚜，如图5-158所示  图5-158　瓢虫若虫食蚜

3. 舟形毛虫

（1）虫体形态与危害症状　　如图5-159所示。

图 5-159　舟形毛虫危害新梢

（2）识别与防治要点　　见表5-47。

表 5-47　舟形毛虫识别与防治要点

危害部位	叶片
危害症状	初孵幼虫常群集危害，小幼虫啮食叶肉，仅留下表皮和叶脉呈网状，幼虫长大后多分散危害，但往往是一个枝的叶片被吃光，老幼虫吃光叶片和叶脉而仅留下叶柄。一株树上有1~2窝舟形毛虫常将全树的叶吃光，致使被害枝秋季萌发
发生规律	每年发生1代，以蛹在根部深约7 cm的土内过冬，7~8月羽化为成虫，盛期在7月中下旬，成虫白天静伏不动，夜间交尾产卵，有较强的趋光性，卵成块状，每块有几十粒，卵期约7 d，幼虫早晚及夜间取食，老幼虫白天不取食，常头尾翘起，似舟状静止，故而叫舟形毛虫 小幼虫群集一起排列整齐，头朝同一方向，早晚取食，白天多静伏休息，受震动吐丝下垂，但仍可回到原先的位置继续危害。幼虫期多在8~9月发生，所以又称"秋黏虫"，幼虫老熟后体长约5 cm，紫红色至紫褐黑色，两侧各有黄色至橙黄色纵条纹3条，各体节有黄色长毛丛。头黑色有光泽，腹部紫红色。幼虫危害期很易被发现
防治药剂	马拉硫磷、丙溴磷、氰马乳油、甲维盐，按产品说明书使用

图 5-160 害螨虫体形态

4. 害螨（红蜘蛛）

（1）虫体形态与危害症状 如图5-160~图5-162所示。

图 5-161 害螨危害叶片症状

图 5-162　害螨危害整树症状

（2）识别与防治要点　见表 5-48。

表 5-48　害螨识别与防治要点

危害部位	叶片
危害症状	常造成桃树叶片脱落，果实品质降低，甚至落果。害螨常群聚于叶背拉丝结网，于网下用口器刺入叶肉组织内吸汁危害，叶片正面呈现块状失绿斑点，叶背呈褐色，容易脱落
发生规律	每年发生代数因各地气候而异，一般3~9代。当平均气温达9~10℃时即出蛰，此时芽露出绿顶，出蛰约40 d即开始产卵，7~8月繁殖最快，8~10月产生越冬成虫。越冬雌虫出现早晚与树受害程度有关，受害严重时7月下旬即可产生越冬成虫。危害期为4~10月
防治措施	阿维达螨灵、螺螨酯、唑螨酯、炔螨特，按产品说明书使用

5. 桃蛀螟

（1）虫体形态与危害症状　如图5-163~图5-166所示。

图 5-163　桃蛀螟幼虫

图 5-164　桃蛀螟的蛹

图 5-165　桃蛀螟成虫

图 5-166　桃蛀螟危害果实症状

（2）识别与防治要点　见表 5-49。

表 5-49　桃蛀螟识别与防治要点

危害部位	果实
危害症状	幼虫孵出后蛀入果实，蛀果孔常有流胶点，不久干涸呈白色蜡质粉末。幼虫在果内串食肉，并将粪便排在果内，幼果长成凹凸不平的畸形果，形成"豆沙馅"果。幼虫发育老熟后从果内爬出，果面上留一圆形脱果孔，孔约火柴棒粗细
发生规律	4月中旬前后，幼虫开始破茧出土，出土可一直延续到7月中旬，5月上中旬为出土盛期。幼虫出土时间的早晚、数量多少与降水关系密切：降水早，则出土早；水量充沛，出土快而整齐；反之，则出土晚而不整齐
防治药剂	马拉硫磷、丙溴磷、氰马乳油，按产品说明书使用

6. 蜗牛

（1）虫体形态与危害症状　　如图5-167所示。

图 5-167　蜗牛及危害叶片状

（2）识别与防治要点　　见表 5-50。

表 5-50　蜗牛识别与防治要点

危害部位	叶片、果皮及果肉
危害症状	蜗牛用齿舌刮啃叶片，将叶片刮啃成孔洞或缺刻
发生规律	蜗牛越冬场所多在潮湿阴暗处，如桃树根部、草堆石块下或土缝里。越冬蜗牛在上树初期啃食嫩叶。到了夏天干旱季节便隐蔽起来，常常分泌黏液形成蜡状膜将壳口封住，暂时不吃不动。干旱季节过后又恢复活力，继续危害，11月逐步转入越冬状态。蜗牛为雌雄同体，异体受精或同体受精，每一个体均能产卵，每一成体可产卵30~235粒，卵粒成堆，多产在潮湿疏松的土里或枯叶下。4~5月或9月卵量较大，卵期14~31 d，若土壤过分干燥，卵不能孵化。若将卵翻至地表，接触空气后易爆裂。蜗牛喜阴湿，如遇雨天，昼夜活动危害，而在干旱情况下，白天潜伏，夜间活动
防治药剂	甲萘威、四聚乙醛，按产品说明书使用

7. 朝鲜球坚蚧

（1）虫体形态与危害症状　如图5-168、图5-169所示。

图 5-168　朝鲜球坚蚧在主干上危害状　图 5-169　朝鲜球坚蚧在幼枝上危害状

（2）识别与防治要点　见表5-51。

表 5-51　朝鲜球坚蚧识别与防治要点

危害部位	枝干
危害症状	虫体黏附枝干吸食汁液，导致枝条生长衰弱，伴生煤污病，使桃树发生流胶病，干枯而死
发生规律	每年发生2代，以2龄若虫在枝干的老皮下、大枝干、裂皮缝处、剪锯口处越冬，3月出蛰，转移到枝条上取食危害，固着一段时间后，可反复多次迁移。4月上旬虫体开始膨大，以后逐渐硬化。5月初开始产卵，5月末为第一代若虫孵化盛期，爬到叶片背面，以及新梢上固着危害。第二代若虫8月间孵化，中旬为盛期，10月迁回，在适宜场所越冬
防治措施	生物防治，天敌种类很多，主要利用的有黑缘红瓢虫和寄生蜂化学防治，可选用水胺硫磷、杀扑磷、螺虫乙酯、石硫合剂，按产品说明书使用

8. 梨圆蚧

（1）虫体形态与危害症状　如图5-170~图5-173所示。

图 5-170　梨圆蚧在桃树枝干上危害

图 5-171　梨圆蚧在桃树枝干上孵化若虫

图 5-172 梨圆蚧在桃树主干上危害

图 5-173 梨圆蚧严重危害导致叶片黄化

（2）识别与防治要点 见表 5-52。

表 5-52 梨圆蚧识别与防治要点

危害部位	叶片，枝干，果实
危害症状	①叶脉附近被害，则叶片逐渐枯死 ②枝条被害可引起皮层爆裂、落叶，抑制生长，甚至枯梢和整株死亡 ③果实被害，围蚧形成凹陷斑点，严重时果面皲裂，降低果品质量
发生规律	1~2龄若虫和少数受精雌虫在枝干上越冬，翌年春树液流动时继续危害。梨圆蚧为两性繁殖，以产仔方式繁殖后代。第一代幼虫期6月上旬出现，6月中旬为危害盛期，6月下旬为危害末期。第二代幼虫8月中旬出现，8月末为危害盛期，9月上旬为危害末期。初孵出若虫为鲜黄色，在壳内过一段短时间后爬行出壳
防治药剂	水胺硫磷、杀扑磷、螺虫乙酯、石硫合剂，按产品说明书使用

9. 桑白蚧

（1）虫体形态与危害症状　如图5-174、图5-175所示。

图 5-174　桑白蚧危害树干症状

图 5-175 桑白蚧与朝鲜球坚蚧混生，同时危害树干症状

（2）识别与防治要点 见表 5-53。

表 5-53 桑白蚧识别与防治要点

危害部位	枝干
危害症状	该虫以群集固定危害为主，以其口针插入新皮，吸食树体汁液。卵孵化时，发生严重的桃园，植株枝干随处可见片片发红的若虫群落，虫口难以计数。介壳形成后，枝干上介壳密布重叠，枝条颜色灰白，形状凹凸不平。被害树树势严重下降，枝芽发育不良，甚至引起枝条或全株死亡
发生规律	桑白蚧1年发生4~5代，以受精雌成虫在枝干上越冬。翌年2月下旬越冬成虫开始取食危害，虫体迅速膨大并产卵，卵产于雌蚧壳下，每头雌虫可产卵数百粒。4月上旬产卵结束。第一代若虫于3月下旬始见，初孵若虫先在壳下停留数小时，后逐渐爬出分散活动，1~2 d后固定在枝干上危害。5~7 d后开始分泌灰白色和白色蜡质，覆盖体表并形成介壳。5月下旬始见第二代若虫。6月上旬为第二代若虫盛发高峰期，6月下旬进入成虫期
防治药剂	水胺硫磷、杀扑磷、噻嗪酮、石硫合剂，按产品说明书使用

10. 白星花金龟子

（1）虫体形态与危害症状　如图5-176~图5-178所示。

图 5-176　白星花金龟子成虫

图 5-177　白星花金龟子幼虫（蛴螬）

图 5-178　白星花金龟子危害果实

（2）识别与防治要点　见表5-54。

表5-54　白星花金龟子识别与防治要点

危害部位	果实
危害症状	主要是成虫啃食成熟或过熟的桃果实，尤其喜食风味甜的果实。幼虫为腐食性，一般不危害植物叶子
发生规律	以幼虫(蛴螬)在土中或粪堆内越冬，5月上旬出现成虫，发生盛期为6~7月，9月为末期。成虫具假死性和趋化性，飞行力强。多产卵于粪堆、腐草堆和鸡粪中。幼虫以腐草、粪肥为食，危害植物根部，在地表幼虫腹面朝上，以背面贴地蠕动而行
防治措施	马拉硫磷、辛硫磷、诱捕（见图5-179~图5-182）   图5-179　糖醋液诱捕金龟子装置　　图5-180　糖醋液诱剂   图5-181　糖醋液诱捕金龟子（一）　图5-182　糖醋液诱捕金龟子（二）

11. 草履蚧

（1）虫体形态与危害症状　如图5-183所示。

图5-183　草履蚧危害状

（2）识别与防治要点　见表5-55。

表5-55　草履蚧识别与防治要点

危害部位	枝干
危害症状	该虫以群集固定危害为主，以其口器插入新皮，吸食树体汁液。卵孵化时，发生严重的桃园，植株枝干随处可见的若虫群落，虫口难以计数。介壳形成后，枝干上介壳密布重叠，枝条灰白，凹凸不平。被害树树势严重下降，枝芽发育不良，甚至引起枝条或全株死亡
危害时期	树液流动、芽萌发即开始危害
防治药剂	水胺硫磷、杀扑磷、螺虫乙酯、石硫合剂，按产品说明书使用

12. 黑绒金龟子

（1）虫体形态与危害症状　如图5-184~图5-186所示。

图 5-184　黑绒金龟子成虫　图 5-185　黑绒金龟子危害花蕾症状

图 5-186　黑绒金龟子危害花蕊症状

（2）识别与防治要点　见表5-56。

表 5-56　黑绒金龟子识别与防治要点

危害部位	嫩芽，花蕾，新叶
危害症状	主要以成虫危害嫩芽、花蕾和新叶，常造成缺刻，危害严重时造成叶、花全无
危害时期	3月底至4月初开始危害
防治药剂	马拉硫磷、辛硫磷、吡虫啉，按产品说明书使用

13. 苹毛金龟子

（1）虫体形态与危害症状　如图5-187、图5-188所示。

图 5-187　苹毛金龟子成虫

图 5-188　苹毛金龟子危害花蕾症状

（2）识别与防治要点　见表5-57。

表 5-57　苹毛金龟子识别与防治要点

危害部位	花蕾，嫩芽，新叶
危害症状	主要以成虫危害嫩芽、新叶和花蕾
危害时期	3月底至4月初开始危害，1年发生1代
防治药剂	马拉硫磷、辛硫磷、吡虫啉，按产品说明书使用

14. 斑潜蝇

（1）虫体形态与危害症状　　如图5-189、图5-190所示。

图 5-189　斑潜蝇

图 5-190　斑潜蝇危害桃叶症状

（2）识别与防治要点　　见表5-58。

表 5-58　斑潜蝇识别与防治要点

危害部位	叶片
危害症状	斑潜蝇（叶蛆）为多食性害虫，其幼虫、成虫均可危害叶片。受害叶片光合效率和营养物质的传导受阻，成虫有时还可传播病毒
危害时期	成虫体长1~2 mm，有明显的趋光性、趋黄性和趋绿性。雌虫虫体略大于雄虫，成虫体色偏黑，有一定的飞翔能力。雌虫依靠产卵器刺伤叶片取食汁液，取食斑多集中于叶片边缘。卵多产在叶片上、下表皮，产卵孔较取食斑小且圆。卵用肉眼很难观察，卵粒半透明，乳白色，近孵化时颜色转深。幼虫孵化后立即取食，以口沟刮食叶肉，在叶片上形成单向延伸的蛇形潜道，潜道盘绕无规律
防治药剂	阿维高氯、灭蝇胺，按产品说明书使用

15. 绿盲蝽

（1）虫体形态与危害症状   如图5-191~图5-193所示。

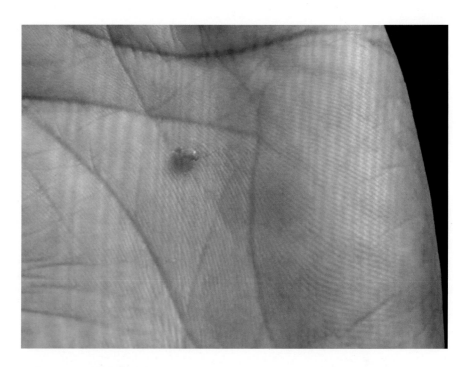

图 5-191   绿盲蝽成虫

图 5-192   绿盲蝽危害叶片症状

图 5-193　绿盲蝽在生长点上危害症状

（2）识别与防治要点　见表 5-59。

表 5-59　绿盲蝽识别与防治要点

危害部位	叶片
危害症状	幼叶受害，被害处形成红褐色、针尖大小的坏死点，随叶片的伸展长大，以小坏死点为中心，拉成圆形或不规则的孔洞。危害严重的叶片，从叶基至叶中部残缺不全，就像被咀嚼式口器的害虫嚼食过。危害严重的新梢尖端小嫩叶出现孔网状褐色坏死斑
危害时期	4月中下旬花后即开始受害，发生与危害盛期在5月上中旬
防治药剂	丁硫毒、联苯菊酯，按产品说明书使用

16. 苹小卷叶蛾

（1）虫体形态与危害症状　如图5-194~图5-200所示。

图5-194　苹小卷叶蛾幼虫危害叶片

图5-195　苹小卷叶蛾幼虫在叶片上危害

图5-196　苹小卷叶蛾幼虫在桃树新梢上危害

图5-197　苹小卷叶蛾幼虫在叶片上危害

图 5-198　苹小卷叶蛾幼虫危害叶片

图 5-199　苹小卷叶蛾幼虫危害果实
症状（一）

图 5-200　苹小卷叶蛾幼虫危害果实
症状（二）

（2）识别与防治要点　见表 5-60。

表 5-60　苹小卷叶蛾识别与防治要点

危害部位	叶片，新梢，果实
危害症状	苹小卷叶蛾幼虫吐丝缀连叶片，潜居缀叶中食害，新叶受害严重。当果实稍大常将叶片缀连在果实上，幼虫啃食果皮及果肉，形成残次果
危害时期	1年发生3~4代，黄河故道和陕西关中一带可发生4代。幼虫有转果危害习性，一头幼虫可转果危害桃果6~8个。混栽情况下，桃受害最重，在桃系列品种中，油桃重于毛桃。以幼龄幼虫在粗翘皮下、剪锯口周缘裂缝中结白色薄茧越冬。翌年新梢上吐丝缠结幼芽、嫩叶和花蕾危害，长大则多卷叶危害，老熟幼虫在卷叶中结茧化蛹
防治药剂	马拉硫磷、氯氰菊酯、辛硫磷·甲维盐，按产品说明书使用

17. 红颈天牛

（1）虫体形态与危害症状　如图5-201~图5-204所示。

图 5-201　红颈天牛成虫及幼虫

图 5-202　红颈天牛成虫交尾状

图 5-203　红颈天牛危害树干症状

图 5-204　红颈天牛危害桃枝干排出粪便

（2）识别与防治要点　见表5-61。

表 5-61　红颈天牛识别与防治要点

危害部位	枝干
危害症状	红颈天牛主要危害木质部，卵多产于树势衰弱枝干树皮缝隙中，幼虫孵出后向内蛀食韧皮部。翌年春天幼虫恢复活动后，继续向内由皮层逐渐蛀食至木质部表层，初期形成短浅的椭圆形蛀道，中部凹陷。6月以后由蛀道中部蛀入木质部，蛀道不规则。随后幼虫由上向下蛀食，在树干中蛀成弯曲无规则的孔道，有的孔道长达50 cm
发生规律	2~3年1代，以各龄幼虫越冬。寄主萌动后开始危害。幼虫蛀食树干，初期在皮下蛀食，逐渐向木质部深入，钻成纵横的虫道，深达树干中心，上下穿食，并排出木屑状粪便于虫道外。受害的枝干引起流胶，生长衰弱
防治措施	可制作丙溴磷毒签或用鲜泽漆草茎插虫孔，也可破皮挖虫

18. 斑衣蜡蝉

（1）虫体形态与危害症状　如图5-205~图5-207所示。

图 5-205　斑衣蜡蝉若虫

图 5-206　斑衣蜡蝉成虫及在桃树上排卵状

图 5-207　斑叶蜡蝉虫卵

（2）识别与防治要点　见表5-62。

表 5-62　斑叶蜡蝉识别与防治要点

危害部位	新梢，果实
危害症状	若虫刺吸枝、叶汁液，栖息时头翘起，有时可见数十头群集在新梢上，排列成一条直线，排泄物诱致煤污病发生，削弱植株生长势，严重时引起茎皮枯裂，甚至死亡
发生规律	1年发生1代。以卵在树干或附近建筑物上越冬。翌年4月中下旬若虫孵化危害，5月上旬为盛孵期；若虫稍有惊动即跳跃而去。经3次蜕皮，6月中旬至7月上旬羽化为成虫，活动危害至10月。8月中旬开始交尾产卵，卵多产在树干的南方（阴面），或树枝分叉处。一般每块卵有40~50粒，多时可达百余粒，卵块排列整齐，覆盖白蜡粉。成、若虫均具有群栖性，飞翔力较弱，但善于跳跃
防治药剂	马拉硫磷、氰马乳油，按产品说明书使用

19. 桃小叶蝉

（1）虫体形态与危害症状　如图5-208~图5-209所示。

图 5-208　露地桃小叶蝉危害叶片症状

图 5-209　日光温室内桃小叶蝉危害叶片症状

（2）识别与防治要点　见表5-63。

表 5-63　桃小叶蝉识别与防治要点

危害部位	叶片
危害症状	以成虫和若虫在叶片上吸食汁液，使叶片出现失绿的白色斑点，严重时全树叶片呈苍白色，引起早期落叶，使树势衰弱，花芽发育不良，引起"十月小阳春"二次开花，影响翌年产量
发生规律	桃小叶蝉露地一般在4月开始活动，6~8月危害最重。设施内只要温度适宜可周年危害
防治药剂	噻嗪酮、烯啶虫胺、吡虫啉、马拉硫磷，按产品说明书使用

20. 橘小食蝇

（1）虫体形态与危害症状　如图5-210、图5-211所示。

图 5-210　橘小食蝇幼虫　　　　　　　　　　　　图 5-211　橘小食蝇成虫

（2）识别与防治要点　见表5-64。

表 5-64　橘小食蝇识别与防治要点

危害部位	果实
危害症状	果实表面有针尖大小孔，挖开后可见到蝇蛆，成虫产卵于果皮内，幼虫在果肉内蛀食，引起果实的腐烂与落果，严重影响品质和产量，被誉为水果的"头号杀手"
发生规律	1年6~8代，7月初发生，每周1代，危害至10月底
防治措施	性诱灭雄：用甲基丁香酚制作性引诱剂诱杀雄虫，如图5-212、图5-213所示

图 5-212　橘小食蝇诱捕器　　　　图 5-213　诱捕器捕捉的橘小食蝇

黄板诱捕：利用橘小实蝇成虫喜欢在即将成熟的黄色果实上产卵的习性，可以采用黄色粘板诱捕成虫

21. 根结线虫

（1）危害症状　如图5-214~图5-216所示。

图 5-214　根结线虫危害植株的地上表现

图 5-215　根结线虫危害症状（地下、地上）

图 5-216　根结线虫危害症状

（2）识别与防治要点　见表 5-65。

表 5-65　根结线虫识别与防治要点

危害部位	根系
危害症状	叶褪绿变黄、变小，枝条细弱，开花少或不开花。挖出桃树的幼根，可见其上生有许多虫瘤，老虫瘤表皮粗糙，质地坚硬。虫瘤基本上生于须根的侧面，扁圆形
发生规律	桃根结线虫以幼虫在土中或以成虫及卵在遗留于土中的虫瘤内越冬，1年发生数代。刚孵出的幼虫不久即离开虫瘤迁入土中，如接触幼根即侵入危害，刺激细胞，形成大小不等的虫瘤。根结线虫在土温25~30℃、土壤相对湿度为40%左右时发育最适宜。中性沙质壤土发病严重
防治药剂	阿维菌素，按产品说明书使用

22. 蝉（知了）

（1）虫体形态与危害症状　如图5-217~图5-221所示。

图 5-217　蝉幼虫

图 5-218　蝉成虫

图 5-219　留在树干上的蝉蜕

图 5-220 蝉产卵于新梢，导致新梢死亡

图 5-221 蝉卵

（2）识别与防治要点 见表 5-66。

表 5-66 蝉识别与防治要点

危害部位	新梢
危害症状	造成新梢枯死，枯死处有一道道伤口，剥开伤口可看见蝉产下牙黄白色的卵
危害时期	6~9月
防治措施	利用成虫趋光性，在夜里果园点火，轻微晃动树体，待成虫飞向火堆人工捕捉。在夜里手持电筒挨树捕捉出土若虫

第六章
日光温室樱桃生产技术

　　樱桃是我国北方落叶果树中成熟最早、经济效益最高的树种之一。近年来，日光温室樱桃生产受到人们的高度关注，发展势头迅猛。本章介绍了日光温室樱桃生产概况、日光温室樱桃生产的品种、日光温室樱桃的生物学习性、日光温室樱桃生产的育苗技术、日光温室樱桃的建园技术、日光温室樱桃生产促花技术、日光温室樱桃生产调控技术、日光温室樱桃病虫害防治技术等内容。

第一节
日光温室樱桃生产概况

一、日光温室樱桃生产的历史

樱桃是北方落叶果树中成熟果树最早的果树树种之一，素有"春果第一枝"的美誉。樱桃果实色泽鲜艳、柔嫩多汁、营养价值高，深受消费者的喜爱。目前，生产中栽培较广的樱桃品种主要为欧洲樱桃，于1855年引入我国，20世纪70年代开始进行规模经济栽培。我国山东省、辽宁省大连地区、天津市、江苏省连云港市、甘肃省天水等地区以及云、贵、川等高海拔地区均是我国露地甜樱桃的主要栽培区域。日光温室樱桃生产始于20世纪90年代，最早在山东省的福山、淄博两地尝试性进行大棚栽培。到1994年，日光温室甜樱桃品质筛选及设施配套栽培技术首先在辽宁省大连市获得成功，随后利用日光温室进行樱桃生产得以全面推广，加快了甜樱桃设施栽培的发展步伐，并逐渐取得令人瞩目的实际应用效果。

二、我国日光温室樱桃生产的现状

日光温室樱桃生产是利用特定的环境将樱桃树加以保护，人为地创造适合于樱桃生长发育的环境条件，使樱桃提早上市，从而获得可观的经济效益。目前，我国樱桃面积突破4 000 hm^2，辽东半岛以北的冷凉区及辽东和胶东两个半岛丘陵凉润区是樱桃生产最适宜的区域，涌现出辽宁省大连市和山东省烟台市等著名樱桃产地，每年的樱桃生产和交易量很大，经济效益显著。尽管日光温室樱桃生产取得十分显著的效果，但生产上还存在诸如设施管理、品种选择及打破休眠、土壤盐分积累和土壤浓度障碍及樱桃早期丰产技术等一些亟待解决的问题。

第二节
日光温室樱桃生产的品种

一、日光温室樱桃生产品种选择原则

樱桃优良品种都有其特定的对周围环境的适应性，日光温室内樱桃品种的选择有其特殊的要求，只有满足其生长发育的最适条件，其品种的优良性状才能得以发挥，才能获得最大的经济效益。

（一）成熟期
目前，日光温室生产中多采用促进樱桃果实提早上市的栽培模式，要求选择低温需冷量少的早熟和极早熟樱桃品种，以满足市场对鲜果的需求。

（二）树形
相对于樱桃露地栽培，日光温室内的空间较为有限，自然环境条件与露地差异也很大。因此，受场地和环境条件所限，应注意选择树形矮小、树冠紧凑的樱桃品种。

（三）结果习性
日光温室内栽培的樱桃应选择成花容易、花粉量大、自花结实率高的品种。生产中还要考虑主栽品种和授粉品种的合理配置，保证日光温室樱桃的成功栽培。

（四）果实性状
日光温室樱桃生产应选择外观艳丽、果实大、肉硬、含糖量高和风味好的品种，以满足消费者的需求，获得较大的经济效益。

二、日光温室樱桃生产的主要品种

（一）红灯

大连市农业科学研究院培育，亲本为那翁和黄玉（图6-1）。果实肾形，整齐，平均单果重9.6 g，最大果重10.9g。果皮浓红色至紫红色，有鲜艳光泽。可溶性固形物含量17.1%，耐储运，抗裂果。红灯果实露地栽培发育期为45 d，设施栽培发育期为花后45~50 d。定植4年后开始结果，连续结果能力强，丰产性好。可作为设施栽培的主栽品种之一。

图6-1　红灯

（二）拉宾斯

加拿大培育出的樱桃品种，平均单果重 8 g，最大果重 11.5 g（图 6-2）。果实近圆形或卵圆形。果皮紫红色，果肉红色，酸甜适口，可溶性固形物含量 16%，抗裂果。拉宾斯果实露地栽培发育期为 50 d，设施栽培发育期为花后 50~55 d。自花结实，连续结果能力强，极丰产。可作为设施栽培的主栽品种之一。

图 6-2　拉宾斯

（三）意大利早红

原产法国的樱桃品种（图 6-3）。果实单果重 6~7 g，果形近肾形。果皮浓红色，完熟时为紫红色，有光泽。果肉红色，肥厚多汁，风味酸甜，可溶性固形物含量 12.5%。果实发育期为 40 d。可作为设施栽培的主栽品种之一。

图 6-3　意大利早红

（四）佳红

大连市农业科学研究院培育的樱桃品种（图 6-4）。果实宽心脏形，大而整齐，平均单果重 9.57 g，最大果重 11.7 g。果皮浅黄，阳面呈鲜红色霞和较明晰斑点，有光泽，外观美丽。果肉浅黄白色，质较脆，肥厚多汁, 风味甜酸适口, 可溶性固形物含量 19.75%。果实露地栽培发育期为 50 d 左右, 设施栽培发育期为花后 50~55 d。定植后 3 年开始结果, 丰产性好, 果实品质最佳, 可作为日光温室生产的授粉品种或塑料大棚的主栽品种之一。

图 6-4　佳红

（五）红艳

大连市农业科学研究院培育的樱桃品种（图 6-5）。果实宽心脏形, 大而整齐, 平均单果重 8 g, 最大果重 9.4 g。果皮底色稍呈浅黄, 阳面呈鲜红色霞, 有光泽。果肉浅黄, 肉质软, 肥厚多汁, 风味酸甜, 可溶性固形物含量 18.52%。红艳果实露地栽增发育期 50 d 左右, 设施栽培发育期为花后 50~55 d。适宜作设施栽培的授粉品种之一。

图 6-5　红艳

（六）早红宝石

乌克兰培育的樱桃品种（图 6-6）。果实阔心脏形，单果重 6~7 g，果皮紫红色，果肉紫红色，肉质细嫩多汁，酸甜适口。果实露地栽培发育期为 27~30 d，设施栽培发育期为花后 28~30 d。可作为设施栽培的主栽品种之一。

（七）美早（7144-6）

从美国引进的中早熟樱桃品种（图 6-7）。果实宽心脏形，果顶稍平，果个大而整齐，平均单果重 9.4 g，最大果重 11.4 g，果皮全面紫红色，有光泽，色泽艳丽。肉质脆，肥厚多汁，风味酸甜较可口。美早的果实露地栽培发育期为 55 d 左右，设施栽培发育期为花后 55~60 d。定植后 3 年开始结果，可作为塑料大棚的主栽樱桃品种之一。

图 6-6　早红宝石

图 6-7　美早（7144-6）

第三节
日光温室樱桃的生物学习性

一、樱桃枝芽种类及其特性

（一）樱桃的生长枝和结果枝

樱桃的生长枝用于形成树冠骨架和增加结果枝的数量，其中前部的芽抽枝展叶，中后部的芽则抽生中、短枝，形成结果枝。

樱桃的结果枝依长度和花芽着生程度可分为五大类：混合枝（长度30 cm以上）除基部几个芽为花芽外，其余芽全是叶芽；长果枝（15~30 cm），除顶芽和枝条先端少数几个侧芽为叶芽外，其余侧芽皆为花芽；中果枝（5~15 cm）除顶芽为叶芽外，侧芽全部为花芽；短果枝（5 cm左右）除顶芽为叶芽外，侧芽全部为花芽；花束状果枝（1~1.5 cm）年生长量有限，顶芽仍为叶芽，侧芽全部为花芽，密集簇生。每年顶芽向前延伸仍形成花束状果枝，连续结果能力极强，以花束状果枝结果的品种枝组紧凑，结果部位外移缓慢，产量高而稳定，结果寿命长。

（二）樱桃芽的种类和特性

樱桃的芽分为叶芽和花芽。叶芽较瘦长，呈圆锥形到宽圆锥形，所有种类枝条的顶芽、发育枝的叶腋、长中果枝和混合枝的中上部侧芽均是叶芽。樱桃的花芽较饱满，萌发后开花结果。在花束状果枝、短果枝和中果枝上着生的所有明显膨大的侧芽、长果枝和混合枝基部的数个侧芽通常为花芽（图6-8）。

樱桃的花芽为纯花芽，每个花芽萌发后可开1~5朵花。开花结果后着生花芽的节位即光秃，不再抽生枝条。所以在先端叶芽抽枝延伸生长过程中，枝条后部和树冠内膛容易发生光秃，造成结果部位外移，尤其生长强旺、枝条角度不好的树容易出现此种情况，在修剪过程中要加以注意。

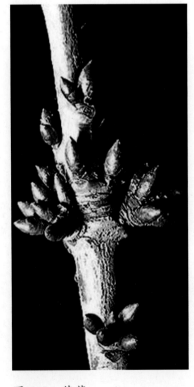

图6-8　花芽

二、开花与坐果

　　樱桃是起源于温带的落叶果树，喜温暖而润湿的气候，抗寒力弱，对温度反应较敏感，当日平均气温达10℃左右时，樱桃的花芽便开始萌动，日平均气温达15℃左右即可开花（图6-9）。日光温室栽培的樱桃整个花期可持续1~2周，此期多处于寒冷的冬季，温室内温度、水分及光照等环境条件对樱桃的坐果率影响很大。因此，要避免日光温室内温度等条件的过大波动，确保授粉受精的正常进行，确保樱桃坐果（图6-10）。

图 6-9　开花

　　樱桃果实生长发育过程分为3个时期：第一次速长期、硬核和胚发育期、第二次速长期。第一时期为果实的第一次速长期，从谢花后至硬核前，在设施中历时4~5周。第二个时期为硬核和胚发育期，此期从外观上看，果实纵横径增长不明显，果色深绿，果核由白色逐渐木质化为褐色并硬化。此期一定要保证水肥平稳供应，干旱、水涝均易引起樱桃大量幼果黄落。第三个时期为果实的第二次速长期，此期大多持续2周左右，此时温室内湿度过大或灌大水，极易引起裂果，影响最终的产量和品质。

图 6-10   坐果

三、樱桃对环境条件的要求

（一）温度

樱桃不抗寒，萌芽期最适宜的温度在 10℃左右，开花期在 15℃上下，果实成熟期 20℃左右。冬季温度在 -20~-18℃时，樱桃即发生冻害。如果樱桃花蕾着色期遇 -1.7℃低温，开花期和幼果期遇 -2.8~-1.1℃低温就会发生冻害，轻者伤害花器、幼果，重者导致绝产。因此，维持日光温室内樱桃花期的适宜温度，对获得樱桃丰产非常重要。

（二）水分

樱桃既不抗旱又不耐涝。干旱易引起大量落果，尤其可引起硬核期樱桃大量黄落，严重者可造成 50% 以上的减产。樱桃对土壤通气状况要求甚高，雨季土壤积水，极易引起叶片萎蔫变色、死枝、死树。花期空气相对湿度过大往往导致花药不开裂，授粉不良，坐果率下降。土壤相对湿度过大也是引起树体流胶的重要原因之一。因此，要控制好日光温室内的土壤水分含量和空气相对湿度，确保樱桃的正常生长发育。

（三）光照

樱桃是喜光性强的树种之一，如果光照不足，就易致樱桃的枝、叶生长发育不良，叶片大而薄，光合能力弱，枝条变细，叶芽发育不良，尤其侧芽发育更差，难以成花。因此，进行日光温室樱桃的整形修剪时应充分考虑其对光照条件的较高要求，根据温室的空间分布条件，采取合理的树形结构，严防树冠郁蔽。可以采取适当的补光措施，满足樱桃对光照条件的需求。

（四）土壤

由于樱桃根系分布较浅，对土壤条件要求较高。最适宜土层深厚、土质疏松、肥沃，保水保肥力强的沙壤土或砾质壤土。在黏重土壤、瘠薄沙土壤条件下樱桃生长不良。樱桃耐盐碱的能力较差，适宜土壤 pH 为 6.0~7.5。生产中采取适宜的砧木类型与合理的土壤条件配合，可实现樱桃成功栽培。

第四节
日光温室樱桃生产的育苗技术

多以分株育苗、扦插育苗、嫁接育苗等方法繁育，技术要点如下：

一、分株育苗

分株育苗繁殖法是中国樱桃育苗常采用的方法，当年可育成大苗。生产上常采用堆土压条、水平压条和直接分株 3 种方法。

（一）堆土压条

堆土压条法在秋末或春初，在选好的母树基部堆起 30~50 cm 高的土堆，促使树干基部发生的萌蘖生根形成新的植株。翌年秋天或第三年春天，将生根植株剪断取下，直接定植在园中或用作砧木。一般每株母树每年可获取 5~10 株新苗。

（二）水平压条

水平压条法水平压条一般于 7~8 月进行，选靠近地面而且有较多侧枝的萌条，使其呈水平状态于沟中，用木钩固定，然后填土压实，待生根后于秋天或翌年春天分段将已生根的压条剪断，分出新株。

（三）直接分株

直接利用树冠下面的根蘖苗，于早春堆土，第二年春开扒土堆，截取带根的蘖苗，定植于果园或苗圃当砧木苗。

二、扦插育苗

于春夏生长期间，选取半成熟的健壮枝条，直径 0.7~1.2 cm，每段长 15~20 cm，附生 4~6 片叶，插于河沙、蛭石、泥炭土或数种混合物皆适合作苗床介质，插条尤需保持湿润并遮阴。扦插后 1.5~2 个月发根，待根群生长旺盛后再移植。扦插法若管理得当，将有 60%~90% 成活率。扦插法简单而且成功率最高。

三、嫁接繁殖

（一）实生砧木苗的培育

中国樱桃实生苗病毒病严重，尽量不用实生砧苗。山樱桃实生苗未发现有病毒病，多采用其实生苗作甜樱桃砧木。

（二）嫁接方法

樱桃生长季嫁接采用 "T" 字形芽接和带木质芽接法；春季发芽前嫁接采用劈接、切接、切腹接、舌接等方法。

（三）嫁接苗管理

樱桃嫁接后遇雨或浇水易引起流胶，影响成活。因此，嫁接前后 15~20 d 不要浇水。夏季芽接成活后要及时松绑，以防绑缚物缢入皮层引起流胶，松绑宜在接芽 10 cm 长时进行。

1. 芽接苗的管理　芽接苗春天接近萌芽才能剪砧。剪砧过早，砧桩易向下抽干使接芽枯死。剪砧要在接芽以上 3~5 cm 处。当接芽 20~30 cm 时，要及时设立支柱，并于其后再绑缚 2~3 次。待苗高 30~40 cm 时，可留 20~30 cm 摘心，翌年可形成花芽，第三年便可开花结果。

2. 枝接苗的管理　枝接的苗木要及时去除培土；用塑料袋装湿锯末保湿的，接芽长 5 cm 时，应开口放风。山东、河南等地常发生春旱，为促使苗木前期健壮生长，应根据降水情况及时灌水、追肥、中耕除草，促进苗木成熟。

注意事项

具体的育苗技术请参阅《当代果树育苗技术》（ISBN 978-7-5542-1166-3）

第五节
日光温室樱桃的建园技术

一、园地选择与设施规划

（一）园地选择

在生态条件良好，远离污染源，背风向阳、土质肥沃、土层深厚、取水用水方便、便于排灌、交通方便并具有可持续生产能力的农业生产区域适宜建园。同时要符合农产品安全质量无公害水果产地环境要求。

（二）日光温室规划

在沈阳地区栽培樱桃应选择辽沈Ⅰ型日光温室及冬季保温条件好的温室，温室一般长 50~80 m，跨度 6~9 m，脊高 2.8~3.6 m，后墙高 1.8~2.8 m，后坡宽 1.5~2 m，后坡上仰角 35°~40°。一般后墙每隔 3 m 左右开一个直径 30 cm 的通风口，通风口距地面 1~1.5 m。外横墙（山墙）厚度与后墙相同，墙体内夹聚苯板、珍珠岩或炉渣，一般多在外横墙开门处连接一个缓冲间。拱架采用镀锌钢管，覆盖聚乙烯或聚氯乙烯薄膜，拉紧后用压膜线或 8 号铁丝压膜，两端固定在地锚上。棚膜多采用透明无滴膜，呈微拱形，共设置三道通风口，第一道在最高处，第二道在 1~1.2 m 处，第三道在地面压膜处。配套有卷帘机、卷膜机和地下热交换等设备。冬季防寒外覆盖保温材料多采用厚约 5 cm 的草帘，有条件的地区也可以采用轻便且保温效果较好的保温被，同时可以在温室前挖一条宽 30~40 cm 的防寒沟，沟内填草或保温材料，填土封严，高出地面 5~10 cm。

二、栽植时期

日光温室樱桃应该在植株落叶后和发芽前的时间段内进行移栽。

需要注意的是在辽宁中北部地区樱桃不能正常露地越冬，故越冬前移栽后应立即覆盖保温材料，防止发生越冬冻害。

通常樱桃幼树移栽后第三年才能进入结果期，投资回报期较晚。为了提早获得经济效益，目前生产上多定植四至五年生已经形成大量花芽的幼树，在设施内经过1年的生长发育，翌年1月即可加温进行樱桃生产。

图 6-11　高垄栽植

三、栽植方法

日光温室内除了主栽品种外，授粉树的配置对提高樱桃的产量也非常重要。在日光温室樱桃生产中，通常每栋温室中栽植3个以上品种以利于相互授粉，即每隔3~5行栽植1行授粉树。在温室中栽植应该起高垄或高台进行根系限制栽植（图6-11），这样既有利于增加地温，又有利于降低湿度，垄或台高度应在 40~50 cm，宽度在 1.2~1.5 m。樱桃植株定植的距离为株距 1.5~2.0 m，行距 2~2.5 m。

樱桃根系对水分条件较为敏感，在沙质壤土中栽植樱桃，应在垄或台内填入有机质含量高的土壤，施足腐熟的有机肥，并充分拌匀。回填后用大水沉实，然后再按苗木根系的大小挖坑，剪掉苗木的病伤根，并将所有根系剪出新茬，这样有利于发生大量新根。将樱桃苗木移入栽植坑后，用土回填至苗木的根茎处，修好灌水盘，浇足水。在苗木两侧铺设滴灌管，然后覆盖黑色地膜封闭垄或台面。这样既有利于进行小水灌溉，防止降低地温，又有利于降低环境湿度，防止病害发生。

第六节
日光温室樱桃生产促花技术

一、施肥、浇水技术

新定植的樱桃树在确定株行距后，可按行向挖深 50 cm、宽 150 cm 的通沟，将肥料混入。全园施入有机肥 3 000 kg、复合肥 80 kg。定植后平整树盘及时灌透水。成龄植株于 6 月底每亩施复合肥料 60 kg，叶面喷 0.3% 磷酸二氢钾，每 7 d 喷 1 次，连续喷 3 次，促进植株的花芽发育水平。成龄树于升温前灌 1 次透水，花前和果实硬核后补灌少量水，采收后灌 1 次透水，少量补水的标准是四至五年生树每次每株灌水量 30~40 kg，六年生以上 40~60 kg，覆地膜的补水量减半。揭除温室棚膜以后，灌水量与灌水时间依降水状况而定，土壤水分经常保持田间最大持水量 60% 左右。

二、修剪促花技术

（一）刻芽

刻芽处理于芽体萌发前进行，用果树刻芽刀或钢锯条，在芽上方 0.5 cm 处进行刻伤，要求深达木质部，以利于发出枝条补充空间或促发形成中短果枝。

（二）摘心

摘心处理在樱桃枝条半木质化以前进行，主枝延长头长到 30 cm 时，新梢留 20 cm 进行摘心，摘心处理进行 1~2 次，使之多发二次枝，以利于迅速扩大树冠 (图 6-12)。对于预留的结果枝组新梢长到 20~25 cm 时，新梢留 10 cm 进行摘心处理，以利促发分枝，形成各类结果枝。

图 6-12　摘心

（三）扭梢

扭梢处理在樱桃枝条半木质化之前进行，当新梢长 20 cm 左右时，将枝条扭至 90° 左右，改变枝条角度来缓和生长势 (图 6-13)。处理时注意不要折断枝条，主枝竞争枝和背上直立枝多采用此处理方法。

图 6-13　扭梢

（四）拉枝

樱桃枝条于当年 9 月或翌年 4 月进行拉枝处理，拉枝后使分枝角度至 80°~90° （图 6-14）。枝条拉平目的在于缓和枝条的生长势，多促发中短枝，以利于形成花芽。

图 6-14　拉枝

第七节
日光温室樱桃生产调控技术

一、设施休眠调控技术

樱桃自落叶开始即进入休眠期，必须经过一定时期的低温冷量打破休眠，才能顺利萌芽、开花、结果。若低温冷量不足，则表现萌芽晚或萌芽不整齐，生长发育不正常，严重影响樱桃果实的产量及品质。

在辽宁省中北部地区樱桃自然落叶后，可于11月初将日光温室覆盖塑料薄膜，并盖好草苫，通过开闭通风口来调节设施内的温度，使温室内温度保持在0~7.2℃，以便顺利通过休眠期。在山东省等其他樱桃产区，在秋季樱桃落叶前，将叶片人工去掉，提前覆盖塑料薄膜和草苫，温室内放置冰块降温，调控温室内温度在0~7.2℃，以便提早打破休眠。

二、环境管理技术

（一）温、湿度管理

1.升温到萌芽期　樱桃芽体打破休眠后即可以进入升温管理阶段。此阶段白天揭开草苫，温室内温度保持在10~15℃，最高不超过25℃，傍晚放下草苫，夜间温度控制在2~5℃，最低温度不得低于3℃。需要注意的是开始时升温的幅度不宜过急，温度不宜过高，否则容易出现先展叶后开花和雌蕊先出等生长倒序现象，应保持温室内温度呈梯度上升趋势。此期温室内的空气相对湿度应保持在70%~80%，若空气相对湿度过低，易导致萌芽、开花不整齐。

2.开花期　此时温室内空气温度应保持在15~20℃。最高温度不得超过22℃，最低温度不得低于5℃，以防受精不良或发生冻害。此期空气相对湿度应适当降低，保持在50%~60%为宜。空气相对湿度过低，花器柱头干燥，对授粉受精不利；空气相对湿度过高，花粉不易散出，影响授粉效果。

3. 落花到果实膨大期　此时温室内空气温度应保持在 20~22℃，最高温度不得超过 25℃，最低温度不得低于 10℃。空气相对湿度继续保持在 50%~60%，以利果实的正常膨大。

4. 果实着色到果实成熟期　果实发育是干物质积累的过程，温度的高低和温差大小对其影响至关重要。温室内樱桃果实开始膨大以后，白天空气温度应控制在 18~20℃，最高温度不得超过 25℃，夜间空气温度保持在 15℃左右，昼夜温差 10℃以上，减少夜间呼吸消耗，增加物质积累，促进果实快速发育，此期温度过高会影响果实继续膨大和果实着色。此期的空气相对湿度应保持在 60%~70%，以利果实的正常成熟。

（二）温、湿度控制措施

1. 增温保温　日光温室温度管理期间，常处于冬季低温阶段，为了保证日光温室内有适合的空气温度，夜间要覆盖草帘或保温被，白天揭开覆盖物。遇到低温天气时，可采取适当的补温措施，确保日光温室内的温度不至于下降过快。

2. 降温　冬季近中午时，日光温室内的空气温度往往过高，影响果树和果实的发育，应及时扒开棚膜的上下风道，快速降低室内的温度，也可采用遮阴设备进行遮光降温。

3. 降湿　温室内为密闭的小环境，往往容易出现空气相对湿度过高的现象，影响树体的发育和滋生病菌。因此，设施内的水分管理尤为重要。可少浇水或小水勤浇，不要大水漫灌。温室内空气相对湿度过大时，要及时扒放棚膜的上下通风道，也可于棚内适当用瓷器堆放优质石灰，减少空气相对湿度。

（三）光照调控技术

在樱桃生产的每个生长季，最好使用新的覆盖棚膜，棚膜种类最好为无滴膜；在光照管理过程中及时清除棚膜外表面的灰尘，早揭晚放外覆盖防寒材料（草帘等），尽量减少支柱等附属物遮光。同时加强树体的夏季修剪管理，减少无效梢叶的数量。阴天尤其是连续阴天可采用高压钠灯等人工光源进行补光。

（四）气体管理技术

日光温室内 CO_2 浓度的日变化较大，单靠日光温室内空气中的 CO_2 很难满足樱桃树生长发育的需求。因此，需要在晴天 9~11 时，采用日光温室气肥增施装置补充 CO_2，适宜浓度为 800~1 000 mg·kg^{-1}。

三、花果管理技术

（一）提高坐果率

1. 蜜蜂授粉　樱桃是异花授粉树种，在日光温室内应想法释放一些昆虫提高授粉效率，如熊蜂、壁蜂和蜜蜂等，可大大提高樱桃的坐果率（图6-15）。

2. 人工授粉　日光温室栽培的樱桃树花量大，采取人工点授较困难，生产上可利用简易授粉器进行人工授粉（图6-16），也可用鸡毛掸子来

图 6-15　蜜蜂授粉

代替。设施内樱桃授粉要多次进行，一般从初花至盛花末期要进行 3~5 次，以保证开花时间不同的花朵均能及时授粉。

图 6-16　人工授粉

　　3. 花期喷硼　硼元素对雌蕊柱头萌发有重要的促进作用。生产中可在樱桃盛花期喷 1 次 0.3% 硼砂液，提高坐果率和果实品质。

（二）疏花疏果

　　樱桃花芽膨大未露花朵之前，将花束状果枝上的瘦小花芽疏除，每个花束状果枝保留 3~4 个花芽；花朵露出时，疏除花苞中瘦小的花朵，每个花苞中保留 2~3 朵花，果实硬核后疏除小果和畸形果（图 6-17）。

图 6-17　疏花疏果

四、肥水管理技术

（一）秋施基肥

樱桃是喜肥的树种，植株对养分的需求量很大，秋施基肥可满足植株对养分的需求。生产中秋施基肥通常在 8~9 月进行，以腐熟农家肥为主，加入少量磷肥，幼树每株 5 kg，结果树每株 20 kg 左右。

（二）萌芽前

为了补充樱桃树体的养分，可在萌芽前进行"打干枝"处理。即以浓度为 0.5% 磷酸二氢钾喷布樱桃树体，促进养分的吸收。

（三）花前追肥
此期可每亩施尿素 80 kg，确保樱桃正常开花的养分需求。

（四）花后追肥
花后樱桃幼果膨大期，叶面喷布 1 次 0.3% 尿素，间隔 10 d 左右。地下结合灌水追施腐熟豆饼水、猪粪尿等，间隔 15 d，以利果实膨大。

（五）灌水
设施大樱桃在苗木的两侧应该铺设滴灌管（图6-18），然后覆盖黑色地膜，这样既有利于小水勤灌，防止降低地温，又有利于降低环境湿度，防止病害发生。日光温室樱桃生产以地膜覆盖、膜下灌水为较好的灌水方法，在开花前、果实膨大期、果实采收后都要及时灌水。

图 6-18　滴灌管

五、整形修剪技术

日光温室内樱桃植株的生长量大，通过整形修剪可以控制树高度和树冠宽度，调整枝条密度，减少无效枝条的比例，创造良好的通风透光条件，使樱桃植株在有限的空间内正常生长与结果。

（一）树形
1. 开心形　树高 1.5~1.8 m，干高 30~40 cm，全树有主枝 3~5 个，无中心领导干，每个主枝上有侧枝 6~7 个，主枝与主干呈 30°~45°倾斜延伸，在各级骨干枝上培养结果枝组（图 6-19）。此树形主要定植在温室内的前部。

2. 主干形　树高 2~2.5 m，干高 30~50 cm，有中心领导干，在中心领导干上培养 10~15 个单轴延伸的主枝，下部主枝长 1.5~2.0 m，向上逐渐变短，主枝自下而上呈螺旋状分布，主枝基角 80°~85°，在主枝上直接着生结果枝组。此树形主要定植在设施内的中后部（图 6-20）。

图 6-20　主干形

图 6-19　开心形

（二）整形修剪

1. 生长期修剪　此期修剪于温室内樱桃花后 15 d 直至落叶前（图 6-21）。在新梢半木质化之前，对主枝和侧枝的背上直立新梢，留 10 cm 摘心或扭梢。摘去旺长的延长枝新梢幼嫩部分，然后扭梢、环剥和拉枝，实现控旺目的。过密枝拉向缺枝方向或疏除，剪锯口处过多萌蘖及时摘除。

2. 休眠期修剪　此期修剪主要于落叶后到枝条萌芽前。对骨干枝的延长枝适度短截或甩放。疏除竞争枝，回缩细弱枝，背上直立枝留 1~2 cm 短桩疏除，对结果枝组及时进行回缩更新（图 6-22）。萌芽前可对樱桃的枝条进行拉枝和刻芽处理（图6-23、图 6-24），可有效缓和树势，形成有效花芽。

图 6-21　扭梢、环剥、拉枝、摘心

图 6-22　背上疏枝处理

图 6-23　拉枝处理

图 6-24　刻芽处理

第八节
日光温室樱桃病虫害防治技术

一、侵染性病害

（一）樱桃叶片穿孔病

1. 发病症状　如图6-25所示。

图 6-25　樱桃叶片穿孔病

2. 识别与防治要点　见表6-1。

表 6-1　樱桃叶片穿孔病识别与防治要点

危害部位	叶片
危害症状	樱桃叶片穿孔病主要有细菌性穿孔病和褐斑穿孔病2种。细菌性穿孔病主要危害樱桃的叶片，初为水渍状半透明淡褐色小病斑，后发展成深褐色，周围有淡黄色晕圈的病斑，边缘发生裂纹，病斑脱落后形成穿孔或相连。樱桃褐斑穿孔病初发病时有针头大的紫色小斑点，以后扩大并相互联合成为圆形褐色病斑，病斑上产生黑色小点粒，最后病斑干缩，脱落后形成穿孔
防治措施	樱桃叶片穿孔病防治要与冬季结合修剪，增加树体通风透光条件；注意增施有机肥料，避免偏施氮肥；药剂防治一般于花后半月开始每隔10~15 d喷1次72%农用链霉素可湿性粉剂3 000倍液，或90%新植霉素3 000倍液

（二）樱桃流胶病

1.发病症状 如图6-26、图6-27所示。

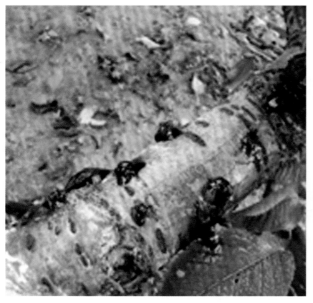

图 6-26 樱桃流胶病危害主干状　　　　　图 6-27 樱桃流胶病危害主枝状

2.识别与防治要点 见表6-2。

表 6-2 樱桃流胶病识别与防治要点

危害部位	主干，主枝
危害症状	流胶病是樱桃的一种重要病害，其症状分为干腐型和溃疡型流胶2种。干腐型多发生在主干、主枝上，初期病斑不规则，呈暗褐色，表面坚硬，常引发流胶，后期病斑呈长条形，干缩凹陷，有时周围开裂，表面密生小黑点。溃疡型流胶病，病部树体有树脂生成，但不立即流出，而存留于木质部与韧皮部之间，病部微隆起，随树液流动，从病部皮孔或伤口处流出。病部初为无色略透明或暗褐色，坚硬
防治措施	①加强果园管理合理建园，改良土壤。大樱桃适宜在沙壤土和壤土上栽培，加强土、肥、水管理，增施嘉美红利、赢利来，提来土壤肥力，增强树势 ②合理修剪，一次疏枝不可过多，对大枝也不宜疏除，避免造成较大的剪锯口伤，避免流胶或干裂，削弱树势。树形紊乱，非疏除不可时，也要分年度逐步疏除大枝，掌握适时适量为好 ③樱桃树不耐涝，雨季防涝，及时中耕松土，改善土壤通气条件 ④刮治病斑。病斑仅限于表层，在冬季或开春的雨雪天气后，流胶较松软，及时刮除，同时在伤口处涂80%乙蒜素乳油50倍液，再涂波尔多液保护；或直接涂5波美度石硫合剂进行防治

（三）樱桃根癌病

1.发病症状　如图6-28所示。

图 6-28　樱桃根癌病

2.识别与防治要点　见表6-3。

表 6-3　樱桃根癌病识别与防治要点

危害部位	根部
危害症状	①病瘤为球形或扁球形，初生时乳白至乳黄色，逐渐变为淡褐至深褐色。瘤内部组织初生时为薄壁细胞，愈伤组织化后渐木质化，瘤表面粗糙，凹凸不平。往往几个瘤连接形成大的瘤，导致树体衰弱，大根死亡，树干枯死继而引起全株死亡。侧根及支根上的根瘤不会马上引起死树，栽培条件改善，植株健壮的根瘤往往自行腐烂脱落，不再影响植株生长发育 ②感染根癌病的植株，由于树势衰弱，长梢少，往往形成大量短枝并形成大量花芽。根癌病较轻时，可正常开花结果，且坐果率很高，但花期略晚，展叶也迟，果实可正常发育。根癌较重时，在果实发育硬核期造成植株突然死亡
发生规律	根癌病的发病期较长，6~10月均有病瘤发生，以8月发生最多，10月下旬结束。土壤相对湿度大有利于发病，土壤温度18~22℃，土壤相对湿度60%最适宜病瘤的形成。土质黏重、排水不良时发病重，土壤碱性发病重，土壤pH 5以下时很少发病
防治措施	大樱桃树体一旦感染根癌病后，没有药剂可以治疗。根癌病的防治重点在于预防。可以从以下几个方面着手 ①选用抗根癌病砧木。马哈利和烟樱3号是高抗樱桃根癌病的砧木 ②不在重茬地育苗。不用带瘤苗木建园。苗木定植前用K84生物菌制剂2倍液或72%农用链霉素可溶性粉剂1 000倍液进行蘸根 ③加强栽培管理。田间除草、施肥等作业时尽量防止造成伤口；降低地下水位、改良黏质土壤；使土壤环境不利用病菌生长。采取滴灌、渗灌等技术，防止病菌随水传播。大量施用含有益活性菌的生物有机肥，改善土壤微生物结构

（四）樱桃褐腐病

1. 发病症状　如图6-29所示。

图 6-29　樱桃褐腐病

2. 识别与防治要点　见表6-4。

表 6-4　樱桃褐腐病识别与防治要点

发病部位	叶片，果实
发病症状	叶片染病初期在病部表面出现不明显褐斑，后扩及全叶，上生灰白色粉状物。染病果实表面初现褐色病斑，后扩及全果，致果实收缩，成为灰白色粉状物，病果多悬挂在树梢上，成为僵果
防治措施	防治樱桃褐腐病时注意收集病叶和病果集中烧毁或深埋减少菌源；合理密植及修剪，改善通风透光条件，避免湿气滞留；开花前或落果后喷77%可杀得可湿性微粒粉剂500倍液，或50%腐霉利可湿性粉剂2 000倍液。注意采收前半个月内禁止使用农药

二、非侵染性病害

樱桃在生长发育过程中，既需要大量元素，也需要微量元素。当缺乏某种元素时，樱桃树体就会不能正常生长发育，叶片就表现出相应的病症。在生产中通过肥料种类上给予补充，可缓解症状，恢复植株的正常生长。

（一）缺氮症

樱桃植株缺氮可导致叶片呈淡绿色，老叶呈橙色或紫色，早期脱落。果少且小，果实着色度高。防治时可以单独追施氮肥矫正。

（二）缺钾症

樱桃植株缺钾可导致叶片边缘枯焦，多发生在夏季，在老树的叶片上先发现边缘枯焦。果实缩小，着色不良，易裂果。防治时可以在生长季喷施 0.2%~0.3% 磷酸二氢钾或土壤追施硫酸钾矫正。

（三）缺锌症

樱桃植株缺锌导致新梢顶端叶片狭窄，枝条纤细，节间短，小叶丛生，呈莲座状，叶脉偶发呈白色或灰白色。防治时可以采取土壤追施硫酸锌或叶面喷布 0.2%~0.4% 硫酸锌的方法矫正。

（四）缺硼症

樱桃植株缺硼易出现枝条顶枯，叶片窄小，锯齿不规则。坐果率降低，根系停止生长。防治时可以采取叶面喷施硼肥或者土壤追施硼砂的方法矫正。

（五）缺镁症

缺镁影响叶片叶绿素的合成，呈现叶片失绿症。缺失严重时，新梢叶片叶脉失绿并早期脱落，造成果实可溶性固形物、维生素 C 含量降低。防治时可以采取叶面喷施 0.2%~0.4% 硫酸镁或土壤追施硫酸镁的方法矫正。

三、虫害

（一）螨类

樱桃结果期在叶片背面经常有白蜘蛛危害叶片，在果实采收后常见红蜘蛛危害叶片，严重时可使叶片失绿，影响光合作用。生产上可用 1.8% 阿维菌素乳油 800 倍液喷雾防治。

（二）金龟子类

金龟子类害虫常危害樱桃的幼叶、幼芽、花和嫩枝等（图 6-30）。可以利用成虫假死的习性，在每天的早、晚用振落的方法捕杀成虫，或用 20% 氰戊菊酯乳油 3 000 倍液喷雾防治。

图 6-30　金龟子类

（三）毛虫类

毛虫类是危害樱桃叶片的一类虫害。幼虫暴食叶片，严重时将叶片全部吃光，仅剩叶柄或叶脉。在群居的幼虫未分散前剪除幼虫群居的枝条。幼虫分散后可用 20% 氰戊菊酯乳油 3 000 倍液喷雾防治。

（四）桑白蚧

桑白蚧危害枝条和树干后，造成樱桃树势衰弱，严重时枝条干枯死亡（图 6-31）。可在樱桃发芽前喷 5% 重柴油乳剂或结合修剪，剪除有虫枝条，或用硬毛刷刷除越冬成虫。若虫孵化期喷药防治。可喷布 45% 石硫合剂晶体 120 倍液，或洗衣粉 600 倍液。采收后可喷布 28% 蚧宝乳油 1 000 倍液，或 40% 蚧杀乳油 1 000 倍液防治。

图 6-31　桑白蚧

（五）红颈天牛

红颈天牛又称桃红颈天牛、红脖子天牛、铁炮虫、哈虫，属鞘翅目，天牛科，是危害樱桃枝干的一类害虫。幼虫蛀食枝干，先在皮层下纵横串食，然后蛀入木质部，深入树干中心，蛀孔外堆积木屑状虫粪，引起流胶，严重时造成大枝以至整株死亡（图 6-32）。

在离地表 1.5 米范围内的主干和主枝上，于成虫出现高峰期（7 月中下旬）后一周开始，用 40% 毒死蜱乳油 800 倍液喷树干，10 天后再喷 1 次，毒杀初孵幼虫。对蛀孔内较深的幼虫用磷化铝毒签塞入蛀孔内，或者用注射器向孔内注入 40% 毒死蜱乳油 20~40 倍液，并用黄泥封闭孔口。由于药剂有熏蒸作用，可以把孔内的幼虫杀死。

图 6-32　红颈天牛危害状

第七章
日光温室杏生产技术

　　杏原产于我国，树体具有抗旱、抗寒等突出优点，是在北方地区广泛栽培的一个果树种类。本章主要介绍了日光温室杏生产概况、日光温室杏生产的品种、日光温室杏的生物学习性、日光温室杏生产建园技术、日光温室杏生产管理技术、日光温室杏生产病虫害调控技术等内容。

第一节
日光温室杏生产概况

　　杏原产于亚洲西部和我国华北、西北地区，是北方地区重要的落叶果树之一，其果实甘甜适口，具有较高的营养保健价值，是继樱桃之后上市的早熟果品，对丰富鲜果淡季供应有重要作用。杏树常规露地栽培，一般在 5 月底至 7 月初成熟上市，货架期约 2 个月。近年来，随着草莓、葡萄、桃及樱桃等树种日光温室栽培的生产发展，日光温室杏栽培逐渐显现出后发优势。利用日光温室条件进行杏树栽培，可使杏果实提早成熟上市，延长鲜果供应期，获得更高的经济效益。

第二节
日光温室杏生产的品种

一、日光温室杏生产品种选择原则

　　大多数杏品种具有高度自花不结实及雌蕊败育率高等缺点，加之密闭温室内缺乏良好的昆虫媒介，造成杏的自然坐果率极低，严重影响日光温室杏生产的发展。因此，选择雌蕊败育率比例低，自花结实能力高，果实成熟早、果个大、色泽艳、品质优、耐储运，树体成花早、丰产、抗性强和易管理，适应设施栽培的杏品种，是进行日光温室杏成功栽培的重要环节之一。

二、日光温室杏的主要品种

（一）凯特杏

美国品种，果皮底色浅黄，果面橙黄色，有光泽，极美观；果肉黄色，可溶性固形物含量可达16%，味甜可口，鲜食品质极佳（图7-1）。3~4年进入盛果期，单果重105 g，疏花疏果后单果重可达230 g以上；雌蕊败育率低，自花结实率高，果实发育期85 d左右。

图 7-1　凯特杏

（二）金太阳

美国品种，单果重 85 g，疏花疏果后单果重可达 130 g 以上（图 7-2）。味浓甜，可溶性固形物含量 15%，果皮橙黄着红晕，肉细汁多，味极佳，丰产、稳产性好。果实发育期 75 d 左右。

图 7-2　金太阳

（三）黄金杏

黄金杏是山东省果树研究所从意大利杏系列品种中发现的新品种，2002 年通过鉴定和品种审定（图 7-3）。果实中等大，单果重 50 g，大小极整齐。果实椭圆形。果面光滑，橙红色，全面着色均匀。果肉橙红色，汁液中等，肉质松脆。含总糖 8.8%，风味酸甜适中，品质上，离核。果实发育期 70 d 左右。结果早，雌蕊败育率低，自花结实率低，有授粉树时极丰产。适应性强，抗病，适合大棚和日光温室栽培。

图 7-3　黄金杏

（四）大棚王杏

山东省果树研究所 1993 年从美国引入的早熟品种。属特大果型，果实可溶性固形物含量 12.5%，平均单果重 120 g，最大果重可达 200 g，单株产量可达 45 kg。果实长圆形或椭圆形，果面较光滑，有细短茸毛，底色橘黄色，2/3 果面鲜红色。各类果枝均能结果，以短果枝结果为主，自花结实力较强，易成花，产量高。

（五）新世纪

山东农业大学培育的品种，果实卵圆形，平均单果重73.5 g，最大果重108 g（图7-4）。果皮底色橙黄色，肉质细，香味浓，风味极佳，含可溶性固形物15.2%，品质上等。具有自花结实能力，开花晚，成熟早。

图7-4　新世纪

第三节
日光温室杏的生物学习性

一、根系

杏的根系决定于砧木。杏一般以桃、李、杏为砧木，抗性强，根系发达（图7-5）。主要分布在距地表20~40 cm处，水平根分布范围比树冠直径大1~2倍。一年中根系生长活动早于地上部分生长，停止生长晚于地上部分。当土壤温度在5℃时，细根开始活动；温室内土温稳定在18~20℃时，开始第二次生长，生长量小；土温低于10℃时，根的生长减弱几乎停止。

图7-5　杏根系

二、芽和枝种类及其特性

（一）芽的种类

杏树的芽分为叶芽和花芽，花芽为纯花芽，每个花芽内有1朵花（图7-6）。芽的着生方式有单生芽和复生芽2种。复芽有1个花芽和1个叶芽并生，也有中间为叶芽、两侧为花芽的3芽并生。一般长果枝的上端以及短果枝各节的花芽为单芽，其他枝的各节多为复芽。杏树单芽和复芽的数量、比例、着生部位与品种、营养及光照有关。芽具有早熟性，很容易抽生副梢，发生二次枝、三次枝，在副梢上也能形成花芽。利用杏芽的早熟特性，可以扩大设施内杏树树冠及结果枝组。

图7-6　杏花芽

（二）枝的种类

杏树的枝条分为结果枝、营养枝和徒长枝。杏树枝条的生长能力和更新能力比其他核果类树种强。

1. 结果枝　结果枝（图7-7）是杏树的结果单位，其上着生花芽和叶芽。根据其长度可以分为长果枝（＞30 cm）、中果枝（15~30 cm）和花束状果枝（2~3 cm）。

2. 营养枝　营养枝（图7-8）又称发育枝。其上只着生叶芽，多生于大枝的先端作为延长头。营养枝生长期长、生长量大，有明显的二次生长，对于扩大树冠，维持树体健壮长势，及早形成花芽和早果丰产，都有明显效果。

3. 徒长枝　杏树树冠内部大枝萌生生长强旺的直立性营养枝，该类枝条生长速度快，节间较长，易扰乱树形，影响树体的通风透光。

徒长枝一般不形成花芽，且消耗养分多，温室内夏季修剪时注意加以控制。

图 7-7　杏的结果枝

图 7-8　杏的营养枝

三、物候期

（一）萌芽开花

当日平均温度 8℃ 以上时杏树开始萌芽（图7-9），10℃ 以上时开始开花（7-10）。花期遇 -2℃ 以下的低温雌蕊受冻。一朵花的花期 2~3 d，全株花期 8~10 d，花期遇到低温、干旱、病害等花器就会受到伤害，引起花朵脱落。温室内要注重花期温度的调控。

图 7-9　杏萌芽

图 7-10　杏开花

（二）新梢生长

温室内空气温度在 10℃ 以上时，杏树叶芽萌发，枝条开始旺盛生长。当果实进入硬核期，新梢生长渐慢；当硬核期结束，果实进入第二次生长高峰时，新梢几乎完全停止生长。果实成熟采收后，新梢又有一次迅速生长期。杏树生长季日常管理期间，要根据新梢生长发育规律，制定温室内相应的调控技术措施。

（三）休眠

杏树从落叶（10月中旬至11月中旬）开始进入休眠期，此阶段通过覆盖材料的揭放，控制温室内的空气温度。一般杏品种需要经历 7.2℃

以下低温 800~1 000 h，可度过自然休眠期。

第四节
日光温室杏生产建园技术

一、园片与设施规划

（一）设施选址

日光温室杏树栽培用的园地一般选择背风向阳、土质肥沃、土层深厚、排灌便利且交通方便的地块，避开易涝和排水不畅地段，防止发生内涝。

（二）日光温室

目前，国内日光温室主要采用由沈阳农业大学设计的辽沈 I 型日光温室、熊岳农业高等专科学校设计的熊岳第二代节能日光温室等第二代节能型日光温室。一般长 50~80 m，跨度 6~9 m，脊高 2.8~3.6 m，后墙高 1.8~2.8 m，后坡宽 1.5~2.0 m，后坡上仰角 35°~40°。一般后墙每隔 3 m 左右开一个直径 30 cm 的通风口，通风口距地面 1.0~1.5 m。外横墙（山墙）厚度与后墙相同，墙体内夹聚苯板、珍珠岩或炉渣，一般多在外横墙开门处盖一个工作间。拱架采用镀锌钢管，覆盖聚乙烯或聚氯乙烯薄膜，拉紧后用压膜线或 8 号铅丝压膜，两端固定在地锚上。棚膜多采用透明无滴膜，呈微拱形，共设置三道通风口，第一道在最高处，第二道在 1.0~1.2 m 处，第三道在地面压膜处。配套有卷帘机、卷膜机和地下热交换设备等。冬季防寒外覆盖保温材料多采用厚约 5 cm 的草帘，有条件的地区也可以采用轻便且保温效果较好的保温被，同时可以在温室前挖一条深 50 cm 宽 30~40 cm 的防寒沟，沟内填草或保温材料填土封严，高出地面 5~10 cm。该种设施具有保温好、投资少、节约能源的优点，非常适合我国经济欠发达的农村地区使用。

（三）土壤改良

温室内的土壤需要经过改良后方可栽植苗木。结合温室内的土壤深翻，施入充分腐熟的鸡粪 3 000 kg 或土杂肥 4 000 kg，配施氮磷钾复合肥 100 kg，将土、肥混匀后备用。

（四）日光温室杏苗木选择技术

杏品种大多数自花不育或自花结实率很低，故而必须配置授粉树才能获得高而稳定的产量。一般情况下主栽品种与授粉品种的比例为（3~4）∶1。杏树苗木繁殖主要采用嫁接繁殖，常用的砧木有山杏，即西伯利亚杏，广泛分布于华北、东北和西北地区。抗寒、抗旱，与杏的嫁接亲和力强，可以提高苗木的抗旱、抗寒力，而且有矮化作用。用普通杏作砧木，因树体高大，枝干粗壮，开始结果和进入结果期稍晚，但寿命长。有的地区用山桃、李、梅、榆叶梅等作砧木，多数表现亲和力弱，成活率低。

杏苗的培育采用嫁接方法，砧木主要用毛桃种子或山杏种子。

（五）起垄栽植

日光温室杏栽培采取台式起垄栽植（图7-11）的方式。垄台规格为上宽 40~60 cm，下宽 80~100 cm，台高 60 cm，台内填充物以人工配制的基质堆积而成。人工基质可以本着"因地制宜、就地取材"的原则，利用粉碎、腐熟的作物秸秆、锯末、食用菌下脚料、腐叶土及其他有机物料，并混入一定的肥沃表土和优质土杂肥配制而成。

二、栽植密度

温室杏树栽培主要采用南北行向，常用栽植密度为（1.5~2.0）m×(2.0~2.5) m（图7-12）。

图 7-11　起垄栽植

图 7-12　栽植密度

三、栽植时期与栽植方法

苗木的定植一般在春季土壤化冻后至苗木发芽前进行。若此时温室内还栽有其他作物或正待建立，可选取长势健壮、大小一致的苗木，先将其暂时假植在花盆或编织袋中进行蹲苗抚育。经抚育的杏苗木定植后，几乎没有缓苗期，且苗木成活率高。栽植苗木时要注意埋土并提苗，使根系与土壤紧密结合，防止出现"吊根"现象。苗木定植后及时浇透水，待水完全渗透后台面封土，并覆盖黑色地膜，膜下采用滴灌或渗灌（图7-13）。在整个生长季要注意肥水管理，病虫害防治，中耕除草，并注意夏季的整形修剪。

图 7-13　抚育大苗的栽植方法

四、授粉树的配置

日光温室杏树栽培需要合理配置授粉品种，以提高坐果率。设施内授粉树一般要占苗木总量的 40%~50%，最低不能少于 30%，最好是几个品种等量相间栽植，这样能最大限度满足授粉要求。

第五节
日光温室杏生产管理技术

一、肥水管理技术

（一）施肥

日光温室杏树的萌芽、展叶、开花、结果、新梢速长期，都集中在生长季的前半期。因此，越冬以前树体营养状况直接影响树体的生长发育。根据这个发育特点，秋施基肥和花果期以及果实采收后追肥必不可少。一方面满足当年树体发育对养分的需求，另一方面对花芽形成有促进作用。

1. 秋施基肥　施用经过腐熟的农家肥料，幼树每株猪粪尿 10 kg，或厩肥 20 kg。结果大树每株施猪粪尿 20 kg。

2. 花前追肥　开花前每亩施尿素 50~80 kg，或硫酸铵 100~150 kg。

3. 花后追肥　杏树坐果后，喷布 1 次 0.3%~0.5% 的加氮磷酸二氢钾，间隔 15 d 左右。对于采用膜下滴灌的可结合灌水通过水管加入肥料，间隔 15 d 施加 1 次。

4. 采果后追肥　由于温室内杏果实采收后树体养分消耗较大，应及时进行采后追肥管理。主要施用腐熟的猪粪尿、豆饼水、硫酸铵、尿素等速效性肥料，开沟或挖穴均可，施肥后补充水分。

（二）浇水

温室内的浇水管理通常结合起垄覆盖地膜同时进行（图7-14）。水分供给应采取少量多次，全年灌水可分为花前水，催果水（果实膨大期）采后水和封冻水。前几次灌水量不要太大，以免新梢徒长，影响养分的积累，不利于花芽分化。

图 7-14　膜下灌溉

二、整形修剪促花技术

（一）刻芽

在杏树发芽前，用刀、剪在骨干枝的缺枝部位进行刻芽，深达木质部，以利于发出骨干枝或多发短枝。

（二）摘心

杏树摘心在枝条半木质化前进行处理。主枝延长头进行1~2次摘心，使之多发二次枝，以利于迅速扩大树冠。其他新梢长到20~30 cm时摘心（图7-15），整个生长季进行3~4次，使之促发多次分枝，增加杏树的枝量和枝组形成。

（三）扭梢

扭梢在杏树新梢半木质化之前处理。当新梢长20 cm左右进行扭梢，将枝条扭至 90° 左右即可。

图 7-15　摘心

（四）拉枝

于当年 9 月或翌年 4 月进行拉枝（图7-16）处理，使之分枝角度为 80°~90°。通过枝条处理可缓和枝条生长势，多发短枝，以利于形成花芽。

图 7-16　拉枝

（五）整形修剪

日光温室内杏树通过整形修剪可以控制树冠，调整枝条密度，创造良好的通风透光条件，使杏树在有限的设施空间内良好生长与结果。

1. 树形　日光温室内栽培的杏树常采用纺锤形和开心形树形。采用纺锤形 (图7-17) 树形的植株，每株选留主枝 6~10 个，主枝长度为

图 7-17　纺锤形

1.0~1.5 m，不明显分层，水平着生。采用开心形（图7-18）树形的植株，每株选留主枝 2~4 个，主枝长度为 1.0~1.2 m，呈一定角度的向上斜生，主枝上可培养侧枝 2~3 个。可在日光温室前部采取无主干的开心形，温室后部采取有主干的纺锤形，实现定干高度由南向北依次提高，树高为 1.5~2.5 m。

图 7-18　开心形

2. 整形修剪　日光温室覆膜以后，当杏树的新梢萌发生长达到 20 cm 时，应及时采取新梢摘心措施加以控制。对于直立生长的侧生新梢，在当年的 8~9 月或第二年发芽前将其拉平，防止枝条营养生长过旺而影响光照条件。日光温室杏树第一至第二年的整形修剪主要是短截主枝和侧枝的延长枝，促生分枝，增加枝量并保持主侧枝的继续延伸。修剪量以剪去一年生枝的 1/4~1/2 为宜，掌握"粗枝少剪，细枝多剪；长枝多剪，短枝少剪"的原则。对有二次枝的延长枝，可视其着生部位高低，在其前部或后部剪截。对非骨干枝，除及时疏去直立性竞争枝外，其余均予以较轻的短截，促其形成果枝或结果枝组（图7-19）。新梢生长初期，用 15% 多效唑 50 倍液蘸尖，7 月用 15% 多效唑 200 倍液喷布，可使枝条节间缩短，控制生长，并可增大果实。采用环剥和绞缢措施可缓和树势，提高杏树的坐果率。

图 7-19　疏梢

三、日光温室休眠调控技术

一般可于 11 月中旬将日光温室盖好塑料薄膜，并盖上草帘。通过开、闭风口来调节温室内的温度，使温室内的空气温度保持在 0~7.2℃，以便满足所定植杏品种的低温需冷量，顺利通过休眠期。也可通过温室内放置冰块集中预冷和石灰氮处理方式快速打破休眠，提早进行升温管理。

四、环境管理技术

（一）温度管理

1. 升温至萌芽　可于 12 月下旬或翌年 1 月上旬揭开覆盖的草帘升温。温室内白天温度保持在 12~15℃，最高不超过 20℃，夜间温度维持在 3~5℃。

2. 萌芽至开花　温室内白天温度控制在 15~18℃，最高不超过 25℃，夜间温度维持在 5~6℃。

3. 落花至果实膨大期　温室内白天温度最适为 18~22℃，最高不要超过 25℃，夜间温度最低不低于 10℃。

4. 从果实上色至果实采收期　温室内白天温度控制在 20~22℃，最高温度不要超过 25℃，夜间温度保持在 15℃左右，以利果实着色。

（二）湿度管理

从升温至萌芽期温室内的空气相对湿度控制在 70%~80%，不宜过低，否则萌芽和开花不整齐。从开花期至果实膨大期的空气相对湿度可控制在 50%~60%，不宜过高，否则不利于授粉受精。果实着色成熟期的空气相对湿度宜保持在 50%~60%。

（三）光照调控技术

每年最好更换新薄膜，以聚氯乙烯无滴膜为主，注意及时清除薄膜上的灰尘，早揭晚放外覆盖防寒材料（草帘、保温被等）。加强夏季修剪，减少无效梢叶的数量，通风透光。在阴天尤其是连续阴天时可采用碘钨灯等人工光源进行补光。

（四）气体管理技术

温室内气体管理主要是人工补充 CO_2，需要在晴天 9~11 时，采用温室气肥增施装置补充 CO_2，适宜浓度为 800~1 000 mg·kg^{-1}。

五、花果管理技术

（一）保花保果

日光温室栽培的核果类果树花量大，生产上采用简易授粉器进行人工授粉（图7-20），也可用鸡毛掸子来代替。温室内的授粉要多次进行，

图 7-20　人工授粉

一般从初花至盛花末期要进行 3~5 次，以保证开花时间不同的花朵均能及时授粉。除了人工授粉外，温室内还可通过蜜蜂进行授粉，提高坐果率。

（二）疏花疏果

为增加温室内杏果实的单果重，提高果实的品质及整齐度，可萌芽前疏花芽，花芽萌发后至开花时再疏蕾或疏花，生理落果后再疏除小果、畸形果。在盛花期进行辅助授粉，在落花后半个月至硬核期以前进行疏果，先将病虫果、畸形果和小型果全部疏掉，再摘除过密果，使留下的果均匀地分布在果树上。疏果标准一般长果枝留 4~6 个果，中果枝留 2~3 个果，短果枝留 1 个果（图7-21）。

图 7-21　疏果标准

（三）促进果实上色

温室内杏果实开始着色时，可采用摘叶、疏枝等措施，促进果实上色。摘叶、疏枝主要是摘除和疏除直接遮住果实的叶片和新梢，但处理不宜过重，以免过度减少光合有效叶面积，影响光合产物的积累，进而对果实膨大和花芽分化产生负面影响。果实近成熟期可在树下铺设反光膜，也可用条状反光膜挂在杏树行间，以增加反光量，提高果实的商品价值。

第六节
日光温室杏生产病虫害调控技术

一、侵染性病害

（一）杏细菌性穿孔病

1. 发病症状　如图7-22所示。

图 7-22　杏细菌性穿孔病

2. 识别与防治要点　见表7-1。

表 7-1　杏细菌性穿孔病识别与防治要点

危害部位	叶片和果实
危害症状	①叶片受害初呈水浸状小斑点，后扩大为圆形、不规则形病斑，呈褐色或深褐色，病斑周围有黄色晕圈 ②果实上病斑暗紫凹陷，周缘水浸状。潮湿时，病斑上产生黄白色黏性分泌物
防治措施	杏细菌性穿孔病防治措施要消灭越冬菌源，彻底剪除病、枯枝，清除树下落叶、落果，集中烧毁；加强果园管理，增强树势，多施有机肥，合理使用化肥，合理修剪，适当灌溉，及时排水；发芽前喷布4~5波美度石硫合剂，落花后可每隔10 d左右喷1次65%代森锌可湿性粉剂500倍液，或50%代森铵水剂1 000倍液，共喷3~4次。展叶后喷0.3~0.4波美度石硫合剂。5~6月喷硫酸锌石灰液，用前最好做试验，以防药害；也可用65%代森锌可湿性粉剂500倍液

（二）杏流胶病

1. 发病症状　如图7-23所示。

图 7-23　杏流胶病

2. 识别与防治要点　见表7-2。

表 7-2　杏流胶病识别与防治要点

危害部位	枝干和果实
危害症状	①枝干受侵染后皮层呈疣状凸起，或环绕皮孔出现凹陷病斑，从皮孔中渗出流胶液。胶先为淡黄色透明，树脂凝结渐变红褐色。以后皮层及木质部变褐腐朽，其他杂菌开始侵染 ②果实受害多在近成熟期发病，初为褐色腐烂状，逐渐密生黑色粒点，天气潮湿时有孢子角溢出
防治措施	加强栽培管理，增强树势，提高树体抗性；及时防虫，树干涂白减少树体伤口；休眠期刮除病斑后涂赤霉素402的100倍液或5波美度石硫合剂进行保护；生长季节结合其他病害的防治用75%百菌清可湿性粉剂800倍液，70%甲基硫菌灵可湿性粉剂1 000倍液，50%异菌脲可湿性粉剂1 500倍液，50%腐霉利可湿性粉剂1 500倍液喷布树体

（三）杏褐腐病

1. 发病症状　如图7-24所示。

图 7-24　杏褐腐病

2. 识别与防治要点　见表7-3。

表 7-3　杏褐腐病识别与防治要点

危害部位	花、叶、枝梢及果实
危害症状	①花器受害变褐枯萎，潮湿时表面生出灰霉 ②嫩叶受害自叶缘开始，病叶变褐萎垂 ③枝梢受害形成溃疡斑，呈长圆形、中央稍凹陷，灰褐，边缘紫褐色，常发生流胶，天气潮湿时，病斑上也可产生灰霉 ④果实自幼果至成熟均可受害，接近成熟和成熟、储运期受害最重。最初形成圆形小褐斑，迅速扩展至全果。果肉深褐色、湿腐，病部表面出现不规则的灰褐霉丛。以后病果失水形成褐色至黑色僵果
防治措施	结合冬剪剪除病枝病果，清扫落叶落果集中处理；芽前喷布1~3波美度石硫合剂，春季多雨和潮湿时花期前后用50%速克灵可湿性粉剂1 000倍液，或50%苯来特2 500倍液，或70%甲基硫菌灵可湿性粉剂1 000倍液；65%代森锌可湿性粉剂500倍液

二、非侵染性病害

（一）缺铁症

缺铁症又叫黄叶病。缺铁导致叶绿素的合成受阻，幼嫩叶片失绿，叶肉呈黄绿色，但叶脉仍为绿色。发病后期叶片小而薄，叶肉呈黄白色至乳白色，逐渐枯死脱落，甚至发生枯梢现象。可以在生长季叶面喷施 0.5% 的硫酸亚铁矫正。

（二）缺锌症

缺锌症又叫小叶病。枝条下部叶片常有斑纹或黄化，新梢顶部叶片狭小或枝条纤细，节间短，小叶密集丛生，质地厚且脆。发病后期叶片从新梢基部向上逐渐脱落，果实小且畸形。可以在落花后 3 周，叶面喷施 0.2% 的硫酸锌矫正。

（三）缺锰症

杏发生缺锰时表现为叶片上缘和叶脉间轻微缺绿，逐渐向主脉扩展，随后呈黄色。可以采取增施有机肥，花前喷 0.3%～0.5% 的硫酸锰溶液，连喷 2 次。

三、虫害

（一）蚜虫类

蚜虫（图7-25）俗称蜜虫。群集于叶背面、嫩茎、生长点和花上，用针状刺吸口器吸食杏树汁液，使细胞受到破坏，生长失去平衡，叶片向背面卷曲皱缩，心叶生长受阻，严重时植株停止生长。可用 2.5% 溴氰菊酯乳油 4 000~5 000 倍液，50% 抗蚜威可湿性粉剂 1 000 倍液喷雾防治。

（二）桃潜叶蛾

图 7-25　蚜虫

桃潜叶蛾以幼虫潜叶危害杏树，在叶表可见弯曲的隧道，被害叶枯黄，早期脱落。秋季彻底清扫落叶、杂草，集中烧毁，以消灭越冬蛹或成虫。老熟幼虫吐丝做茧期、蛹期和成虫羽化初期是防治该虫的关键时期，喷药可杀死幼虫、蛹及成虫。20% 杀灭菊酯乳油 2 000 倍液，2.5% 溴氰菊酯乳油 3 000 倍液、20% 灭扫利乳油 4 000 倍液喷雾防治，均有良好效果。

（三）蚧类

蚧类（图7-26）以成虫或若虫固定在杏树枝干上，通过吸食汁液进行危害。严重发生时，枝上介壳密布，造成死枝、死树现象。发芽前，喷 5% 重柴油乳剂或 3.5% 煤油乳剂加合成洗衣粉 200 倍液。在第一代若虫孵化期和第一代雄虫羽化期，在第二代若虫孵化期再喷药 1~2 次。喷洒药剂有 0.3 波美度石硫合剂，或 50% 辛硫磷乳油 1 000 倍液，或

90% 敌百虫 800 倍液。

图 7-26　蚧类

（四）桃红颈天牛

桃红颈天牛（图7-27）主要以幼虫危害杏树枝干。在枝干蛀洞，并在洞口排出粪便，最终导致枝干死亡。成虫出现期，利用午间尤其是雨后成虫静息于枝条的习性，进行人工捕捉。向粪便孔塞入56%的磷化铝药片；注射药、水比为1∶1的药液0.5 mL(80% 敌敌畏乳油等)；树干喷药杀卵及初孵化幼虫，可用50% 杀螟松乳油800倍液，25% 西维因可湿性粉剂800倍液喷雾防治。注意采收前半个月内禁止使用农药。

图 7-27　桃红颈天牛

第八章
日光温室越橘生产技术

越橘果实清香多汁，酸甜可口，富含熊果苷、熊果酸等成分，具有很强的保健功能。本章介绍了日光温室越橘生产概况、日光温室越橘生产的适宜品种、日光温室越橘的生物学习性、日光温室越橘生产育苗技术、日光温室越橘生产建园技术、日光温室越橘生产环境调控技术、日光温室越橘生产管理技术、日光温室越橘病虫害防治技术等内容。

第一节
日光温室越橘生产概况

越橘，为杜鹃花科越橘属小浆果类果树，具有较高的经济价值和广阔的开发前景。果实为蓝色或红色，其中的蓝果类型俗称蓝莓。其果实果肉细腻，种子极小，甜酸适口，香气清爽宜人。其鲜果既可生食，又可加工果汁、果酒。越橘具有较高的保健作用和药用价值，在国内外极受消费者欢迎，并已被联合国粮食及农业组织列为人类五大健康食品之一。

越橘的种类、品种很多，近几年通过科研工作者的努力，现已选育出适合寒带、温带、亚热带等不同气候条件下栽培的种类和优良品种，在很多地区已经推广种植，并取得了不错的经济效益。

一、越橘栽培的历史

越橘的栽培最早始于美国。F.V. Coville 1906 年首先开始了野生选种工作，1937 年将选出的 15 个品种进行商业化栽培。到 20 世纪 80 年代，已选育出适应各地气候条件的优良品种 100 多个，形成了缅因州、佛罗里达州、新泽西州、密歇根（密执安）州、明尼苏达州、俄勒冈州等主要产区。目前，越橘已成为美国主栽果树树种。继美国之后，世界各国竞相引种栽培。各国根据自己的气候特点和资源优势开展了具有本国特色的越橘研究和栽培工作。荷兰、加拿大、德国、奥地利、丹麦、意大利、芬兰、英国、波兰、罗马尼亚、澳大利亚、保加利亚、新西兰和日本等国相继进入商业化栽培。据统计，全球已有 30 多个国家和地区进行越橘产业化生产。

我国的越橘研究首先由吉林农业大学开始。1979 年，吉林农大的郝瑞教授开始系统地调查长白山区的野生越橘资源。国内越橘的商业化栽培起步较晚，但发展速度较快。吉林农业大学于 1983 年率先在我国开展了越橘引种栽培工作。到 1997 年，先后从美国、加拿大、芬兰、德国引入抗寒、丰产的越橘优良品种 70 余个，其中包括兔眼越橘、高丛越橘、半高丛越橘、矮丛越橘、红豆越橘和蔓越橘六大类型。2000年开始，辽宁、山东、黑龙江、北京、江苏、浙江、四川等地相继引种试栽。到 2006 年为止，越橘栽培已经遍布全国十几个省市，总面积近千公顷。

二、越橘的栽培现状

（一）国外生产情况

世界各国栽培较多的是高丛越橘和矮丛越橘，美国、日本及大洋洲、南美洲一些国家以高丛越橘和兔眼越橘为主，欧洲各国则以高丛越橘为主。果实的利用形式主要是加工和鲜果销售。全球范围内，北美地区是越橘的发源地，同时也是越橘的主要产区，其中大部分地区以高丛越橘种植为主。大多数国家果实利用形式以鲜果销售为主，北美产量仍旧占据世界生产总量的主导地位。

北美、欧洲和亚洲的日本是目前越橘果品的最大消费和贸易市场。根据北美越橘协会统计，越橘产品中大约 50% 参与国际贸易，日本是亚洲最大的越橘产品进口国。美国尽管是越橘生产的主产国，但由于市场的需求，每年的 9 月到翌年的 4 月由于没有鲜果生产，从智利、澳大利亚和新西兰大量进口越橘鲜果，进口量每年达 2 万 t，但仍然满足不了市场的需要。据统计，南美洲各国、澳大利亚和新西兰生产的越橘 90% 以上出口到北美地区。

（二）国内生产情况

在我国，从 1983 年由吉林农业大学首次引种以来，已有 30 多年的研究历史，解决了诸如品种、栽培、育苗等技术问题，为我国越橘产业化生产打下了基础。从 1999 年起，吉林农业大学小浆果研究所在我国山东省率先开展了越橘的产业化生产。到 2004 年，栽培面积达100 hm^2，其中设施生产 10 hm^2。此外，吉林农业大学小浆果研究所通过技术支持和自主发展，在辽宁省的沿海地区和吉林省的长白山区建立了总计 200 hm^2 的越橘产业化生产基地。到 2017 年，全国越橘种植面积已经达 46 891 hm^2，总产量增加到 114 905 t（图8-1）。其中以吉林、辽宁、山东、浙江、贵州和云南等省发展尤为迅速。

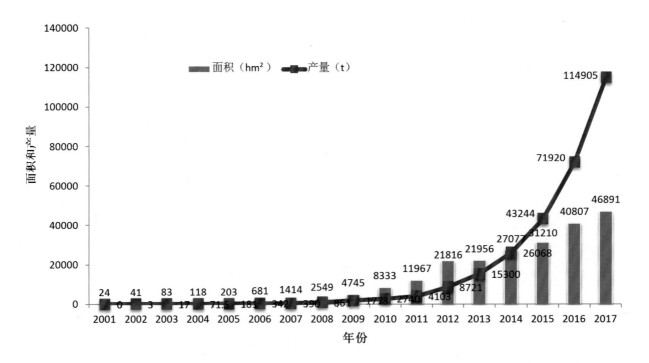

图 8-1　2001~2017 年我国越橘栽培面积和产量

利用设施进行越橘的反季节栽培是我国越橘生产的一大特点，并展现出巨大的市场潜力。早、中、晚熟品种搭配，日光温室栽培果实采收期可以提前到 3 月底至 5 月中旬，冷棚栽培果实采收期为 5 月中旬至 6 月下旬，露地生产的采收期为 6 月底至 8 月底。3 种栽培模式配合，全年可以实现连续 5 个月的鲜果供应期。另外，在设施生产中由于生长期延长，花芽分化好，产量比露地生产提高 30%。从 2001 年试验栽培开始，越橘的设施生产在我国从仅有的 0.13 hm^2 发展到 2007 年的 30 hm^2，2017 年达 2 326 hm^2。目前，日光温室生产主要集中在辽宁、山东、天津和江苏，塑料大棚栽培主要集中在山东、辽宁和吉林。栽培的品种有"蓝丰""奥尼尔""雷戈西"和"北陆"等（图8-2）。

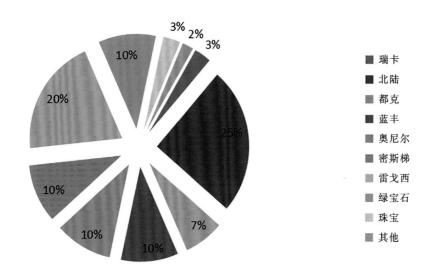

图 8-2　中国目前越橘品种构成和比例

第二节
日光温室越橘生产的适宜品种

一、日光温室越橘品种选择原则

目前，越橘日光温室生产主要是促成栽培，鲜果提早上市，补充淡季市场供应，经济效益更高。因此，日光温室越橘生产的品种选择就显得尤为重要，应遵循以下原则：

第一，应选择自然休眠期短、需冷量低的极早熟、早熟和中熟品种，以利于提早上市。

第二，日光温室生产以鲜食为主，应选择果个大、色泽艳丽、酸甜适口的优质、耐储运品种。

第三，应选择花芽易形成、坐果率高、较易丰产的品种。

第四，日光温室生产品种应具有较强的适应性，尤其是对温、湿度等环境条件的适应范围较宽，且抗病性较强。

第五，同一温室内应选择成熟期基本一致的品种，以便统一管理。不同日光温室种植的品种，可选择早、中、晚熟品种搭配，以延长鲜果供应期。

二、日光温室越橘主栽品种

越橘果树树体差异显著，兔眼越橘可高达7.0 m以上，生产上控制在3.0 m以下；高丛越橘多为2.0~3.0 m，生产上控制在1.5 m以下；矮丛越橘一般15.0~50.0 cm；红豆越橘一般15.0~30.0 cm；蔓越橘为5.0~15.0 cm。果实大小在0.5~2.5 g，多为蓝色、蓝黑色或红色。从生态分布上，从寒带到热带都有分布。根据其树体特征，果实特点及区域分布将越橘品种划分为6个品种群，分别为兔眼越橘、高丛越橘、矮丛越橘、蔓越橘、红豆越橘和欧洲越橘。根据需冷量的多少划分为3类，即低需冷量品种，需冷量在150~300 h；中等需冷量品种，需冷量在300~500 h；高需冷量品种，需冷量在500 h以上。

（一）低需冷量品种

1.珠宝（图8-3） 南高丛越橘，冷温量约200 h，早中熟；果实大到极大，果实亮蓝色，果实硬度和果蒂痕好于夏普蓝，充分成熟前风味微酸，风味好；树姿直立，树势极旺；适应性强，产量极高。

2.绿宝石（图8-4） 南高丛越橘，冷温量250 h，早中熟；果实极大，蓝色，果实硬，风味中等；很丰产；开花整齐，采摘期较长，整齐度高；树势旺，植株球形，树姿开张。

3.天后（图8-5） 南高丛越橘，冷温量300 h，早熟；果实大，淡蓝色，果实硬，风味极佳；树冠圆球形，树势中庸。

4.春高（图8-6） 南高丛越橘，冷温量约200 h，早熟；果粒大，甜度高酸度少，深蓝色，果蒂痕小而干，硬度好。生长旺盛、直立，对土壤的适应性较强；具有一定的自花授粉能力。

5.云雀（图8-7） 南高丛越橘，冷温量200 h；极早熟，果实大、硬，中度蓝色，果蒂痕小而干，酸度适中，风味好；果穗松散、果柄较长，

图 8-3　珠宝

图 8-4　绿宝石

图 8-5　天后

图 8-6　春高

适合机械采收；果实耐储性好，非常适合鲜果销售；生长旺盛，直立。

图 8-7　云雀

6. 追雪（图 8-8）　南高丛越橘，冷温量 100~200 h；极其早熟，是目前成熟期最早的品种；果实中到大，淡蓝色，具有良好的果蒂痕和硬度，风味好；长势旺盛，展叶较早，需要异花授粉。

7. 密斯梯（图 8-9）　南高丛越橘，冷温量 200~300 h；中熟品种；果大而坚实，有香味，色泽美观，果蒂痕小而干，鲜食品质佳；树体直立，生长势强，丰产和连续丰产；适应性强，种植管理容易。

图 8-8 追雪

图 8-9 密斯梯

8. 雷戈西（图 8-10）　南高丛越橘，中晚熟品种，成熟期比密斯提晚 3~5 d；果实蓝色，果实大，质地很硬，果蒂痕小且干；果实含糖量很高，鲜食风味极佳；尤其是果穗松散，采收容易；树体生长直立，分枝多，内膛结果多，丰产和连续丰产；适应性强。

图 8-10　雷戈西

9. 比乐西（图 8-11）　南高丛越橘，冷温量 150 h；早熟，果实颜色佳，果蒂痕小，果肉硬，果实中等大小，鲜食风味佳；树体生长直立健壮，生长势强，适应性强，栽培管理容易；具有二次开花和连续开花习性，在美国夏威夷栽培可以实现常年连续开花结果。

图 8-11　比乐西

（二）中等需冷量品种

1.科威尔（图 8-12） 兔眼越橘，冷温量 400~450 h；早熟，果实极大，平均果重 3 g，最大可达 5 g。中等至亮蓝色，果蒂痕小而干，果硬，风味佳，甜度大。

图 8-12 科威尔

2.法新（图8-13） 南高丛越橘，冷温量约 300 h；中晚熟；果实大，深蓝色，硬度非常好，果肉脆甜，风味好，果蒂痕小而干，耐储藏运

图 8-13 法新

输性非常好；长势旺盛，略开张，对环境的适应性非常强；开花期比珠宝、绿宝石晚，可避免晚霜的危害。

3. 苏西蓝（图 8-14）　南高丛越橘，冷温量 400~450 h；中熟，果实较大，中淡蓝色，果蒂痕小而干，硬度好，风味良好；长势旺盛、半开张中等树冠。

图 8-14　苏西蓝

（三）高需冷量品种

1. 新汉诺（图 8-15）　南高丛越橘，冷温量约 500 h；中早熟；果实大、较硬，果色漂亮，有香味，果蒂痕中等，采后保质期长；生长旺盛，半直立型，丰产性强。

图 8-15　新汉诺

2. 奥尼尔（图 8-16）　南高丛越橘，冷温量 400~500 h；极早—早熟，果实中大至大，果蒂很干，质地硬，鲜食风味佳；树体半开张，分枝较多，早期丰产能力强，开花期早且花期长，适宜机械采收；抵抗茎干溃疡病。

图 8-16　奥尼尔

3. 都克（图 8-17）　北高丛越橘，冷温量 450~500 h，早熟品种；果实大型，果面亮蓝色，果蒂痕小；丰产，抗寒、耐旱，适应性广。

图 8-17　都克

4. 蓝丰（图 8-18）　北高丛越橘，冷温量 960 h，中熟品种；果实大、淡蓝色，果粉厚，肉质硬，果蒂痕干，具有清淡芳香味，未完全成熟时略偏酸；极丰产且连续丰产能力强；树体生长健壮，树冠开张；抗寒、抗旱能力强。

图 8-18　蓝丰

5. 德雷珀（图 8-19） 北高丛越橘，冷温量 800 h，中熟品种，成熟期比蓝丰晚 2~3 d，成熟期集中，果实整齐一致；果实为紫罗兰色，果实大，果实质地很硬，风味极佳，果实耐储性极佳；生长旺盛，直立健壮，早产、丰产和连续丰产。该品种对果实腐烂病的抗性强于蓝丰，果实硬度和风味优于公爵和蓝丰。

图 8-19 德雷珀

第三节
日光温室越橘的生物学习性

一、树体形态特征

越橘为多年生灌木，各品种群间树高差异悬殊。兔眼越橘树高可达 10.0 m，栽培中常控制在 3.0 m 左右；高丛越橘树高一般 1.0~3.0 m；半高丛越橘树高 0.5~1.0 m；矮丛越橘树高 0.3~0.5 m；红豆越橘树高 5.0~25.0 cm；蔓越橘匍匐生长，树高只有 5.0~15.0 cm（图8-20）。

图 8-20　越橘植株

二、根系和菌根特性

（一）根系的特性

1. 根　越橘为浅根系，没有根毛，根系主要分布在浅层土壤中。在年生长周期内，越橘根系随土壤温度变化有 2 次生长高峰：第一次出现在 6 月初，第二次出现在 9 月。2 次生长高峰出现时，土壤温度为 14.0~18.0℃。低于 14.0℃和高于 18.0℃根系生长减慢，低于 8.0℃时，根系生长几乎停止。2 次根系生长高峰出现时，地上部枝条生长高峰也同时出现。

越橘的根纤细，呈纤维状，细根在分枝前直径为 50.0~75.0 μm。越橘根系的吸收能力比具有根毛的根系小得多，没有根毛的越橘细根吸收面积只有同样大小具有根毛的小麦根系的 1/10；越橘的细根每天生长只有 1.0 mm，而小麦的细根每天生长可达 20.0 mm。

应用草炭进行土壤改良时，根系主要分布在树冠投影区域内，深度 30.0~45.0 cm；土壤覆盖时，根系向外分布较广，但只集中在 15.0 cm 以内土层。施肥和灌水可促进根系大量形成和生长。在疏松、通气良好的沙壤土中，影响根系生长的主要因素是土壤温度。当土壤灌水不足时，易导致根系死亡。

2. 根状茎　矮丛越橘根系约 85.0% 的茎组织为根状茎。不定芽在根状茎上萌发，并形成枝条。根状茎一般为单轴生长，直径 3.0~6.0 mm。根状茎分枝频繁，在地表下 6.0~25.0 mm 深的土层内形成紧密（穿插）的网状结构。新发生的根状茎一般为粉红色，老根状茎为暗棕色，并且木栓化。

（二）菌根

几乎所有越橘的细根都有内生菌根真菌的寄生，从而解决越橘根系由于没有根毛造成的对水分和养分吸收能力下降的问题。众多的研究已证明，菌根真菌的侵染对越橘的生长发育和养分吸收起着重要作用，归结起来有以下几点。

1. 促进养分吸收　菌根侵染的一个重要作用是促进根系直接吸收有机氮。据调查，越橘生长的典型土壤中可溶性有机氮占 71.0%，而可

交换和不可交换的 NH_4^+ 只占 0.4%。人工接种后，植株氮含量可提高 17.0%。菌根对无机氮吸收也有促进作用。菌根也可促进越橘对磷（有机磷和难溶性磷）、钙、硫、锌、锰等元素的吸收。

2. 增强对重金属毒害的抵抗能力　越橘生长的酸性土壤中，重金属元素，如铜、铁、锌、锰等的供应水平很高，导致植株重金属中毒，造成生理病害甚至死亡。菌根真菌的菌丝通过在根皮细胞内主动生长吸收过量的重金属，从而防止树体中毒。

3. 促进越橘生长结果　菌根真菌对越橘养分吸收的调节作用最终反映在生长和结果上。人工接种菌根后，增加越橘分枝数量，增加植株生长量，并可使产量提高 11.0%~92.0%。

4. 提高幼苗定植成活率　当土壤中有石楠属菌根真菌的时，可以时显著提高定植的成活率，增强树势。

三、芽、枝、叶的生长特性

（一）叶芽的生长特性

高丛越橘叶芽着生于一年生枝的中下部。在生长前期，当叶片完全展开时叶芽在叶腋间形成。叶芽刚形成时为圆锥形，长度 3.0~5.0 mm，被有 2~4 个等长的鳞片。休眠的叶芽在春季萌动后产生节间很短、叶片簇生的新梢。叶片按 2/5 叶序沿茎轴生长。约在盛花期前 2 周叶芽完全展开。

（二）枝的生长特性

越橘新梢在生长季内可多次生长，2 次高峰最普遍，一次在春季至夏初，另一次在秋季。叶芽萌发抽生新梢，新梢生长到一定长度停止生长，顶端生长点小叶变黑形成黑尖，黑尖期维持 2 周后脱落并留下痕迹，叫黑点。2~5 周后顶端叶芽重新萌发，发生转轴生长，这种转轴生长 1 年可发生几次。最后一次转轴生长顶端形成花芽，开花结果后顶端枯死，下部叶芽萌发新梢并形成花芽。

新梢的加粗生长和加长生长呈正相关。按照茎直径，新梢可分为 3

类：细梢 < 2.5 mm、中梢 2.5~5.0 mm、粗梢 > 5.0 mm。茎直径的增加和新梢节数与品种有关。对"晚蓝"品种调查发现，株丛中 70.0% 新梢为细梢，25.0% 为中梢，只有 5.0% 为粗梢。若要形成花芽，细梢节位数至少为 11 个，中梢节位数为 17 个，粗梢节位数为 30 个。

高丛越橘和兔眼越橘的枝条产生于前一年形成的叶芽。一般叶芽萌动较花芽早 1~2 周，枝条长度可达数十厘米。对主蔓重剪可刺激基部的休眠芽萌发，有时还从根上萌发新枝。

矮丛越橘的枝条多产生于根茎上面的休眠芽，虽然整个根茎上都可以萌发新枝，但多数集中于近先端处。近地面分布的根茎萌发枝较多。有时根茎可钻出地面成为枝条。当年生枝一般不再分枝，延长生长到 6 月结束。当地面以上的部分被烧去后，春季未被烧去的枝条基部和根茎部位萌发新枝。在焚烧后第一年新梢约延迟到 7 月上旬才停止生长。此后开始进行花芽分化。顶部和近顶部的芽可以分化为花芽，基部则形成叶芽并在第二年萌发形成侧枝。枝条平均长度 8.0 cm。

笃斯越橘的茎有根态茎、行茎和营养茎 3 种类型。根态茎是位于土内的多年生固态茎，构成水平分布的地下骨架，其上有许多根须和少量粗根，在接近营养茎的地方斜伸向上。根态茎的寿命 30~40 年，可以经历地上部的多次更新。行茎一般是由根态茎先端下侧的隐芽萌生，萌发后向前方或侧前方延伸 10.0~30.0 cm。上面可以看到不发育的叶片。行茎一旦露出土面，就由水平延伸变为直立向上生长，而且色泽由白变绿，叶片由小变大，并开始光合作用。行茎的出土部分转变为营养茎，而留在土内的部分则变为根态茎。行茎的作用是繁殖、更新和扩大株丛。营养茎第一、第二年的生长量在 20.0 cm 以上，以后则愈来愈少。骨干枝的寿命可达 10~20 年，其上的小枝组不断更新。新梢一年只有 1 次生长，长度不过 2.2 cm，顶部几个芽可以发育成花芽，中部的一个或几个叶芽可以萌生新枝，基部芽一般不萌发。

（三）叶的生长特性

越橘叶片互生。高丛、半高丛和矮丛越橘在入冬前落叶；红豆越橘和蔓越橘为常绿，叶片在树体上可保留 2~3 年。各品种群间叶片长度不同，叶片长度由矮丛越橘的 0.7~3.5 cm 到高丛越橘的 8.0 cm。叶片形状最常见的是卵圆形。大部分种类叶片背面被有茸毛，有些种类的花和果实上也被有茸毛，但矮丛越橘叶片很少有茸毛。

四、开花坐果

（一）花器结构

越橘单花形状为坛状，亦有钟状或管状（图8-21）。花瓣联结在一起，有4~5个裂片。花瓣颜色多为白色或粉红色。花托管状，并有4~5个裂片。花托与子房贴生，并一直保持到果实成熟。子房下位，常4~5室，有时可达8~10室。每朵花中有8~10个雄蕊。雄蕊嵌入花冠基部围绕花柱生长，雄蕊比花柱短。

图 8-21　越橘的花

（二）花芽发育

1.花芽分化　越橘花芽形成于当年生枝的先端，从枝条顶端开始，以向基的方式进行分化。高丛越橘花序原基是在 8 月中旬形成，矮丛越橘是在 7 月下旬形成。花芽与叶芽有明显区别。花芽卵圆形、肥大，3.5~7.0 mm 长。花芽在叶腋间形成，逐渐发育，当外层鳞片变为棕黄色时进入休眠状态，但花芽内部在夏季和秋季一直进行各种生理生化变化。当2个老鳞片分开时，形成绿色的新鳞片。花芽沿着枝轴在几周内向基部发育，迅速膨大形成明显的花芽并进入冬季休眠。进入休眠阶段后，花芽形成花序轴。

每个枝条可以分化的花芽数与品种和枝条直径有关，一般高丛越橘5~7个，最多可达15~20个。花芽在节上通常是单生，偶尔会有复芽，其发生的概率与枝条的生长势有关，粗的枝条产生复芽的概率高。单芽和复芽分化期和开花期相同。高丛越橘花原基出现在7月下旬。高丛越橘花芽内单朵花的分化以向顶方式进行。花序梗不断向前分化出新的侧生分生组织。在一个花序中基部的花芽先形成、先开放。矮丛越橘是在花序梗轴不发育以后，先是近侧的花原基同时分化，然后是远侧的花原基分化。近侧的分生组织变扁平并出现萼片原基以后，接着花器的其他部分向心分化。大约在8月底时从外形上可以看出，枝条顶端的花芽比基部的叶芽大而且圆胖。红豆越橘于夏季在嫩枝的节上开始分化，8~9月时已经可以看出花芽比叶芽大。当温度保持在8.0℃以上时，花芽继续发育，直到夏末秋初。到冬季开始休眠时花药已经完全形成，而雌配子体则形成了孢原组织。

花芽在一年生枝上的分布有时被叶芽间断，在中等直径枝条上往往远端的芽为花序发育完全的芽。花芽形成的机制尚不十分清楚，但在矮丛越橘上位于枝条下部的叶芽可因修剪刺激转化为花芽。枝条的粗细和长度与花芽形成有关，中等粗细枝条形成花芽数量多。枝条粗细与花芽质量也有关系，中等粗细枝条上花序分化完全的花芽多，而过细或过粗枝条单花芽数量多。

2. 花芽分化的光照条件　越橘的花芽分化为光周期敏感型，花芽在短日照（12 h以下）下分化。大多数矮丛越橘品种花芽分化要求光周期日照时数在12 h以下，有的品种在日照时数为14~16 h的条件下也能分化，只是形成的花芽数较少。高丛越橘花芽分化需要的光周期日照时数因品种而不同，有8 h、10 h或12 h不等，时间为8周。当低温需要量较高的兔眼越橘向南推进时，也会遇到光周期问题。兔眼越橘品种间对日照时数的需要也有差异。例如，"Beckyblue"在秋季短日照条件下花芽分化得多，短日照还缩短了翌年的花期，但坐果率下降。

顶峰"Climax"品种花芽分化对光周期不敏感。

　　枝条的生长量与花芽分化量密切相关。枝条的生长量在日照时数为 16 h 时最大，8 h 时最小。在 14 h 或 16 h 的日照长度下花芽形成得少；在日照时数为 10 h 的条件下花芽分化量最大，而且枝条生长量也较大，这样就能有较多的枝条能进行花芽分化。分布在南方的兔眼越橘，如果在秋季花芽分化期枝条已经全部落叶，则不能形成花芽；如果部分落叶，则只在有叶的节位上形成花芽。

　　3.打破花芽休眠的温度条件　不同类型和不同品种的越橘对低温要求并不一致。在比较低的温度下，兔眼越橘品种爱丽丝蓝比乌达德和梯芙蓝积累的低温单位要多。在 -2.0℃ 以下，乌达德和梯芙蓝都不能积累低温单位。此外，高温对低温量的积累有干扰作用。分别在 13.0℃、15.0℃ 和 17.0℃，乌达德和梯芙蓝的积累值就变为负值了。由此可见，虽然目前多半以 7.2℃ 的小时数来笼统表示越橘通过休眠所需的低温单位或低温时数，实际上这样的数据只能作为一种参考，而并不能精确反映不同类型和品种真正的低温需要量。例如，南高丛越橘的低温需要量实际上可以用 10℃ 以下的时数来表示。

　　自然状况下存在着日夜温差。冬季期间出现 23.0℃ ±3.0℃ 的温暖天气会延长休眠，但不会使已经经过的低温失去作用。一般来说，北高丛越橘的花芽需经 650~850 h 低于 7.2℃ 的低温刺激才能打破休眠。南高丛越橘品种间的差异很大，短的 200~300 h，长的 800~1 000 h。兔眼越橘多数品种的低温需要量在 500 h 以下。也有在结果以后又马上开花的现象。

　　4.开花　越橘的花为总状花序。花序大部分侧生，有时顶生。花单生或双生在叶腋间。越橘的花芽一般着生在枝条前端。春季花芽从萌动到开放需 3~4 周，花期约 15 d。由于春季气温常不稳定，晚花品种花期受冻的危险较小。当花芽萌发后，叶芽开始生长，到盛花期时叶芽才萌发生长到其应有的长度。一个花芽开放后，每个花序中的单花数量因品种和芽质量而不同，一般为 1~16 朵花。开花时，顶生花芽先开放，然后是侧生花芽。粗枝上的花芽比细枝上的花芽开得晚。在一个花序中，基部花先开，然后是中部、上部。果实成熟时却是花序的顶部果实先成熟，然后中下部果实。花芽开放的时期则因气候条件而异。

五、果实的生长发育与成熟

越橘果实形状圆形至扁圆形，果实大小、颜色因品种而异。兔眼越橘、高丛越橘、矮丛越橘果实为蓝色，被有白色果粉，果实直径0.5~2.5 cm; 红豆越橘果实为红色，一般较小；蔓越橘果实为红色，果个大，为 1.0~2.0 cm(图8-22)。

图 8-22　越橘的果实

越橘果实一般花后 2~3 个月成熟。每个果实中平均有 65 粒种子。由于种子极小，并不影响果实的口感。

（一）坐果

1. 授粉受精　有些品种自花授粉结实率很低，无异花授粉时会大大影响产量。因此，促进授粉受精是越橘栽培中至关重要的一环。越橘的花开放时为悬垂状，花柱高于花冠，如果没有昆虫媒介，授粉会很困难。有些品种不需要受精只需花粉刺激即可坐果并产生无种子果实，但这种果实往往达不到品种固有的颜色、大小和品质，进而影响产量和果实的商品性，生产上应尽量避免。一般来说，授粉率至少在 80.0% 以上才能达到较好的产量。

越橘品种一般可以自花结实，但也有些品种不能自花结实。高丛越橘自花授粉果实往往比异花授粉的小并且成熟晚。兔眼越橘和矮丛越橘往往自花不结实或结实率低。自花结实的品种可以单品种建园，但在生产中提倡配置授粉树，因为异花授粉可以提高坐果率，增大单果重，提早成熟，提高产量和品质。

2. 影响坐果率的因素　花粉的数量和质量是影响坐果率的首要因素。有些品种花粉败育，授粉效率不佳。对高丛越橘、矮丛越橘来讲，花开放后 8 d 内均可授粉，但开花后 3 d 内授粉率最高，为最佳授粉时期。花粉落在柱头到达胚珠需要 3 d。花粉萌发后，花粉管的生长依赖于温度的高低。温度高，花粉管生长迅速，有利于受精。

3. 落果　越橘坐果之后，落果现象较轻。落果一般发生在果实发育前期，开花 3~4 周，脱落的果实往往发育异常，呈现不正常的红色。落果主要与品种特性有关。

（二）越橘果实发育曲线

越橘果实从落花至果实成熟一般需要 50~60 d，其果实发育曲线见图 8-23。受精后子房迅速膨大，约持续 1 个月后停止膨大。浆果停止生长时期持续约 1 个月，然后浆果的花托端变为紫红色，绿色部分呈透明状。几天之内，果实逐渐达到其品种固有颜色。在果实着色期，浆果体积迅速增加，此阶段可增加 50.0%。果实达到其固有颜色以后，还可增大 20.0%，再持续几天可增加糖含量和风味。根据浆果的发育进程越橘果实的发育可划分为 3 个阶段：

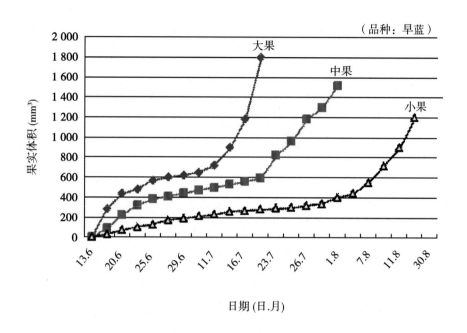

图 8-23　越橘果实发育曲线

资料来源：Eck P.1989,Blueberry Science,Kazimierz Pkiszka,2002 Blueberry cultuer

1.迅速生长期　受精后 1 个月内，此期主要是细胞分裂。

2.缓慢生长期　特征是浆果生长缓慢，主要是种胚发育。

3.快速生长期　此期一直到果实成熟，主要是细胞膨大，其果实发育成单 S 形。

（三）影响果实发育的因素

1.种类和品种　越橘果实发育所需时间主要与种类和品种特性有关。一般来讲，高丛越橘果实发育比矮丛越橘快，兔眼越橘果实发育时间较长。大多数情况下，果实发育时间的长短主要取决于果实发育迅速生长期时间的长短。另外，果实的大小与发育时间有关，小果发育时间长，而大果发育时间短，相差可达 1 个月。

2.种子　越橘果实中种子数量与浆果大小密切相关。在一定范围内，种子数量越多，果实越大，异花授粉时，浆果重量大约 60% 归功于种子。

对于单个果实来讲，如果在开花期花粉量大，则形成的种子多，形成的果实也大，但此时种子对果实发育的贡献只有果实大小的10%；但当开花期花粉量小，形成的种子少，则果实变小，此时种子对果实发育的贡献可达59%。因此，对果实发育而言，一定数量的种子是必需的，但并非越多越好。

3.外界环境条件　温度和水分是影响浆果发育的两个主要外界因子。温度增加加快果实发育，水分不足则阻碍果实发育。

（四）果实成熟

果实开始着色后需20~30 d才能完全成熟。矮丛越橘果实成熟比较一致。果实成熟过程中内含物质会发生一系列的变化。

1.果实色素　不同种类、不同品种越橘果实色素种类和含量有差别。对高丛越橘和矮丛越橘果实的分析结果表明，果实中含有14种花青素，主要有3-单半乳糖苷、3-单葡萄糖苷、3-单阿拉伯糖苷。果实的颜色与花青素含量有关。紫红色果实平均每10 g鲜果含花青素25 mg，而蓝色果实平均每10 g鲜果含花青素高达49 mg。果实中色素含量在着色后6 d内呈增加趋势，此后保持稳定。果实的成熟度、总酸含量、果实pH及可溶性固形物含量都与果实花青素含量密切相关。

2.果实中化学物质变化　越橘浆果中总糖含量在着色后9 d内逐渐增加，然后保持一定水平。然而，在果实成熟后期还原糖含量增加而非还原糖含量下降。随着果实成熟，可滴定酸含量逐渐下降，淀粉和其他碳水化合物含量没有明显变化。果实中糖酸比随果实成熟迅速增加。在果实发育过程中，总酸含量往往随果实成熟而下降。糖酸比和含酸量常作为越橘果实品质的一个判别依据。

负载量、氮肥施用量、果实收获期对越橘果实的糖酸含量作用明显。增加负载量极显著地降低果实中糖含量，但对酸含量没有影响；增施氮肥增加含酸量，降低果实糖的含量。晚收获比早收获极显著地增加果实含糖量，降低含酸量，但果实耐储性下降。

第四节
日光温室越橘生产育苗技术

越橘苗木繁殖方法主要有硬枝扦插、绿枝扦插和组织培养，其他方法，如种子繁殖、分株等也有应用。本节只介绍绿枝扦插和组织培养。

一、绿枝扦插

绿枝扦插方法易生根，但管理条件要求高。适用于绝大多数类型的品种。

（一）插条剪取时间

依枝条发育状况而定。剪取半木质化的春梢。通常在新梢暂时停长时（黑点期）或之前，插条生根率可达80%~100%。插条剪取后立即保湿，避免失水、高温、挤压或揉搓。

（二）插条准备

插条长度因品种而异，一般剪成有4~6片叶茎段，插条充足时可留长些。如果插条不足可以采用单芽或双芽繁殖。扦插前去掉插条下部片叶，上部留1~2叶片。

（三）蘸生根剂

用萘乙酸、吲哚丁酸及生根粉等生根剂处理可提高生根率。采用速蘸处理，浓度为萘乙酸500~1 000 mg·L^{-1}、吲哚丁酸2 000~3 000 mg·L^{-1}、生根粉1 000 mg·L^{-1}。

（四）扦插基质

河沙、锯末、草炭、苔藓等均可。比较理想的扦插基质为苔藓、草炭与河沙（1 : 1）或草炭与珍珠岩（1 : 1）的混合基质。基质在使用前喷施一定浓度的杀菌剂进行消毒，自然晾干备用。

（五）苗床准备

先在温室或塑料大棚内的地面上根据需要用木板条围出苗床，在苗床内先铺一定厚度河沙、炉渣等易渗水材料，上平铺厚 15 cm、宽 1 m 的基质，或用育苗盘（50~110 孔）；扦插前将苗床内的基质浇透水；再在苗床上搭设塑料小拱棚。

越橘绿枝扦插对空气相对湿度要求较高，在温室或大棚内扦插需要安装微喷灌设施；如在田间扦插，用全日光弥雾装置。

（六）扦插

扦插间距一般为 5 cm × 5 cm，深度为插条的 2~3 个节间。扦插时，用镊子夹住越橘插穗基部，轻轻插入基质中，然后稍稍压实，避免在插穗基部与基质间形成空隙（图 8-24）。

图 8-24　扦插

（七）扦插后管理

扦插后管理过程中要注意温度、空气相对湿度、光照和肥料的控制。

1.温度管理　生根前，白天温度控制在 25℃左右，夜间不能低于15℃；在冬季夜间，当苗床基质层温度低于 18℃时，开启地热线加温。

2.空气相对湿度管理　生根前，小拱棚内的空气相对湿度要在90% 以上；生根后通风降低空气相对湿度。

3.光照管理　生根前，温室内光照较强时，需要及时进行遮光处理。冬春季，每天 11~14 时在小拱棚上覆盖遮阳网遮光。在温室撤掉草帘子后到秋季再上帘子期间，温室要铺设可以活动的遮光率为 90% 的遮阳网。

4.肥料管理　生根后浇灌液态肥料。

（八）病虫害防治

育苗期间，间隔 10~15 d 进行一次病虫害防治。喷施叶面肥和保护型杀菌剂的混合液。发现病株时，把保护型杀菌剂换成治疗型杀菌剂。发现害虫时加入相应的杀虫剂。

二、组织培养

组织培养技术育苗的优点是繁殖速度快，适于优良品种的快速扩繁等。常用的培养基为 WPM 或改良的 WPM 培养基，添加的激素为玉米素。

生长季组培苗扦插的准备和方式同绿枝扦插；如果是在冬季育苗生产，需在苗床内铺设 1 000~2 000 W 的地热线。

注意事项

具体的育苗技术请参阅《当代果树育苗技术》(ISBN 978-7-5542-1166-3)

第五节
日光温室越橘生产建园技术

一、园地选择

选择背风向阳、排灌便利、土质疏松、通气良好、湿润、有机质含量高的酸性沙壤土。按照日光温室建造规划建园。大面积栽植时，温室成群，在温室群的北边应建造防风林和风障，以防风增温，调节小气候。

越橘日光温室生产主要是促成栽培，在品种选择上，主要是穗大粒大、色泽艳丽、味浓芳香、酸甜适口的中早熟鲜食品种。

二、土壤改良

越橘适宜的土壤条件为土壤疏松通气，有机质含量 8%~12%，pH 4.0~5.5，地下水位 40~60 cm。越橘日光温室生产是高投入、高产出的产业，理论上应严格按标准选择土壤类型，但随着日光温室生产的迅速发展，在沙滩地、山岭地等不太适合的土壤上建造温室的越来越多，在定植以前应对土壤结构、理化性状等做出综合评价，对不适宜的土壤进行改良。改良的重点是调节土壤 pH，增施有机肥，提高土壤有机质含量。土壤有机质含量低于 5.0% 时，就需要填入有机物改良，最理想的有机物是草炭，不仅增加土壤有机质，还具有降低 pH 的作用。此外，玉米、大豆秸秆、烂树皮、锯末、牛马粪等有机肥物质也可。在土壤有机质不足的情况下，只要 pH 适宜，越橘也能正常生长，但对后期的产量和生长的影响可达 30.0%~50.0%。

（一）土壤 pH 过高的调节

土壤 pH 过高是限制越橘栽培范围扩大的主要因素。pH 过高会造成越橘缺铁失绿，生长不良，产量降低甚至植株死亡。当土壤 pH > 5.5 时，就需要采取措施降低土壤 pH。最常用的方法是土施硫黄粉调节。施入硫黄粉可以有效地降低土壤 pH，随着施硫黄粉量的增加，土壤 pH 逐渐下降。土壤 pH 在施硫黄后 1 个月迅速降低，第二年仍可保持较低的水平。施入硫黄粉的时间要在定植前一年结合整地进行。将硫黄粉按所计算施用量均匀撒入地中，深翻后混匀。施硫黄粉要全园施用，不要只施在定植带上。根据对长白山区暗棕色森林土壤的研究结果，暗棕色森林土的 pH 由原来的 5.9 降至 5 以下，每公顷需施用硫黄粉约 1 300 kg，其效果可维持 3 年以上，而且施硫黄粉之后可以有效地促进植株生长，提高单果重和产量。不同的土壤类型硫黄粉的用量不同。土壤覆盖锯末、松树皮，施用酸性肥料，以及施用粗鞣酸等均有降低土壤 pH 的作用。

（二）土壤 pH 过低的调节

当土壤 pH 低于 4 时，易造成重金属中毒，使越橘生长不良，产量降低，甚至死亡。此时需要采取措施增加土壤 pH，最常用且有效的方法是施用石灰。当越橘在 pH 为 3.3 的土壤上栽培时，施用石灰 8 t·hm^{-2} 可使产量提高 20%；而当 pH 为 4.8 时，增施石灰则对产量没有作用。石灰的施用也应在定植前一年进行。施用量根据土壤类型及 pH 而定。

三、定植密度和授粉树配置

为追求早期丰产，一般来说日光温室生产定植密度应大于露地栽培。目前生产中越橘日光温室生产大都采用高密度建园，以增加前期产量。普遍采取的密度为 0.5 m×2 m 或 0.75 m×1.5 m。

高密度建园是提高当年产量的最有效途径。但以后几年随着树冠的形成，如何解决郁闭是一个关键问题。目前普遍采取 2 种方式解决：一是计划密植，去株间伐；二是永久密植，株密稀留枝。不论哪种方式，都应在加强肥水管理的基础上，加强整形修剪，做到通风透光。

异花授粉可以提高坐果率、增大单果重、提早成熟、提高产量和品质，因此在越橘保护地建园时授粉品种的配置就显得更加重要。一般每个日光温室可定植2~3个品种，尽量避免品种单一。授粉树配置方式可采用1∶1式或2∶1式。1∶1式即主栽品种与授粉品种每隔1行或2行等量栽植。2∶1式即主栽品种每隔2行定植1行授粉树。

四、定植方法

（一）定植时期

按日光温室的尺寸整地。春季和秋季定植均可，以秋季定植成活率高，若春季定植则越早越好。

（二）挖定植穴

定植前挖好定植穴。定植穴大小因种类而异，兔眼越橘应大些，一般1.3 m×1.3 m×0.5 m；半高丛越橘和矮丛越橘可适当缩小。定植穴挖好后，将园土与有机物混匀填回。定植前进行土壤测试，如果缺少某些元素，如磷、钾，则将肥料一同施入。

一般采用宽行密植，南北行向栽植方式，这样不仅光照条件好，而且有利于越橘的生长发育。

（三）株行距

兔眼越橘常用株行距为2 m×4 m，至少不少于1.5 m×3 m；高丛越橘株行距为（0.6~1.5）m×3 m，半高丛越橘常用1.2 m×2 m，矮丛越橘采用（0.5~1.0）m×1 m。

（四）定植

定植苗龄最好是生根后抚育的二至三年生大苗，一年生苗也可定植，但成活率低，定植后需要精细管理。定植时将苗木从营养钵中取出，在定植穴上挖20 cm×20 cm小坑，填入一些酸性草炭，然后将苗放入，埋好土，轻轻踏实，有条件时要浇透水。

第六节
日光温室越橘生产环境调控技术

一、温度的调控

（一）越橘的低温需求量

越橘与其他果树一样，必须满足一定的低温时数，才能通过自然休眠。如果自然休眠未解除，即使给予其生长发育适宜的环境条件，也不能萌芽开花，有时尽管开花，但不整齐，花期拖长，坐果率低。

对果树通过自然休眠的低温有效阈值现仍有争议，但一般认为最有效温度是 0~7.2℃。不同种类和品种的低温需求量不同。北高丛越橘的低温需求量为 650~1 000 h，南高丛越橘的低温需求量为 150~600 h，兔眼越橘的低温需求量为 350~650 h。

（二）开始升温时间的确定

首先，要考虑越橘的低温需求量是否得到满足，可查阅当地历年气象资料计算。为增加保险系数，在此基础上应适当延后数天。

其次，要考虑果品计划上市时间。目前，在越橘日光温室生产中，果品上市时间一般是越早越好。为避免果品上市过于集中，常采用分期升温的方法。

在高丛越橘集中产区山东青岛等地，采用日光温室（加温或不加温）或保温加温条件较好的塑料大棚，最早可于 12 月底开始升温；采用保温加温条件一般的塑料大棚，一般于 1 月底 2 月初开始升温；采用无保温加温条件的塑料大棚，一般于 2 月下旬开始升温。果品最早上市时间为 4 月中旬，集中上市时间是 4 月底至 5 月底。2 月底开始升温并且不盖草苫的塑料大棚，果品上市时间仅比露天栽培提前 10 d 左右。

（三）温度的调控

日光温室内的温度主要靠开闭通风口和揭盖保温被等来调控。从开始升温至萌芽，白天温度保持在 15~23℃，最高温度不超过 25℃，夜间不低于 7℃。花期至果实膨大期，白天温度 18~22℃，最高温度不超过 25℃，夜间最低温不低于 10℃。果实着色至果实采收期，如果连续 30℃ 以上高温数日，则果实来不及膨大就迅速成熟，影响品质和质量，因此白天最高温度不超过 25℃，夜间温度 15℃，昼夜温差 10℃。

（四）地温

日光温室生产尤其是促成栽培中，日光温室内地温上升慢，地温气温不协调，会造成发芽迟缓、花期延长等。另外，地温变幅大会严重影响根系的活动和功能发挥。因此，如何提高地温，并使其变化平缓是一项重要工作。扣棚前 30 d 左右在日光温室内地面可覆盖地膜可以提高土温。地膜一定要早覆，过晚或临近扣棚时再覆升温效果差，甚至使地温上升更慢。

二、湿度的调控

（一）空气相对湿度

不同生育期要求日光温室内空气相对湿度不同：萌芽前要求 80% 左右，花期 45%~65%，果实发育期 60%~70%，近成熟时 50%~60%。空气相对湿度过大时可采用通风和覆地膜的方式降低。此外，浇水时要避免大水漫灌。

（二）土壤相对湿度

日光温室内的土壤相对湿度主要取决于水分供应的次数及数量。一般情况下，由于设施覆盖减弱了地面水分散失，日光温室内土壤相对湿度要高于露地。而且越橘的耐涝性和耐旱性均一般，这也要求保护地越橘栽培应相应地减少浇水的次数和数量。切忌大水漫灌，一般采用沟灌、穴灌，最好采用滴灌，利于维持土壤含水量的相对稳定。

三、气体的调控

（一）二氧化碳调节

日光温室内冬季严寒时期由于密闭保温，二氧化碳含量不断降低，影响植株光合作用的正常进行，因此及时补充二氧化碳就显得很重要。增施有机肥是补充二氧化碳最简单的方法。试验证明，有机肥施入土壤中经过腐解能释放出大量二氧化碳。另外可采用施放固体二氧化碳或在中午加大透风量等方法，将大气中的二氧化碳交换到棚室内。

（二）有害气体的排除

日光温室内植株生长过程中会产生有害气体，不利于作物生长发育。生产中除控制其发生量外还要采取措施将其排除：在保证日光温室内温度前提下及时排除有害气体；施用充分腐熟的有机肥料，少用或不用碳酸氢铵化肥，减少氨气发生。不连续大量追施氮素化肥，减少亚硝酸气体；亚硝酸气体发生危害时，日光温室土壤内施入适量石灰；不用或少用采暖火炉直接加温，燃料一氧化碳主要来源于煤的不充分燃烧，短时间加温可采用酒精等清洁燃料。

四、光照的调控

光调控的主要任务是增加光照。除了采用优型日光温室、减少建筑材料遮光和利用透光性能优良的薄膜外，还可采取以下几项增光措施：

（一）延长光照时数

在保证日光温室温度前提下，适当地早揭晚盖草苫以增加光照时间。阴天只要无雨雪时仍要坚持揭苫，使果树利用散射光进行光合作用。

（二）挂反光幕

在中柱南侧、后墙和山墙上挂宽 2 m 的反光幕，可增加树冠光照25% 左右，明显提高果实的产量和品质。

（三）铺反光膜

果实成熟前 30~40 d，在树冠下铺聚酯镀铝膜，将光线反射到树冠下部和内膛，以提高下层叶片的光合能力，促进果实增大和着色，既提高产量又提高品质。

（四）清洁薄膜

使其保持较高的透光率，以改善日光温室内光照状况。清洁薄膜还包括清除薄膜内面的水滴、水膜，最好的方式是选用无滴膜。若使用普通薄膜，按明矾 70 g、敌磺钠 40 g、水 15 kg 的配方配制溶液喷洒棚面，可有效除去水滴，增加光照强度。

（五）调整树体

抹除或疏掉背上直立强旺枝以改善树冠内部光照，日光温室中南部植株不可过高，防止遮挡后部树体。

第七节
日光温室越橘生产管理技术

一、整形修剪

整形修剪的目的是调节生殖生长与营养生长的矛盾，解决通风透光问题，实现丰产优质。日光温室生产时，越橘叶片变大、变薄，叶绿素含量降低，枝条的萌芽率、成枝力均较露地条件下提高，新梢生长较旺，节奏性不明显，节间变长，根冠比下降，日光温室内光照状况下降，加剧了梢、果营养竞争。经一个生长季的保护栽培，揭膜后很快进入夏季，阳光充足，高温多湿，树体易发生代偿性的新梢徒长，此时正值花芽分化旺季，如不加控制，会使树体光照恶化，储藏养分不足，花芽分化不良，直接影响下一年的产量和效益，因此应进行夏季修剪（图 8-25）。

图 8-25　夏季修剪

（一）幼树修剪

幼树期修剪的主要目的是促进根系发育、扩大树冠、增加枝叶量，因此修剪以扩大树冠、疏除花芽为主。定植后的第一、第二年春季疏除细弱枝、下垂枝、树冠内膛交叉枝、过密枝、重叠枝以及病虫枝等，留壮枝。第三、第四年仍以扩大树冠为主，但可适量结果，以壮枝为主要结果枝，一般第三年株产量控制在 1 kg 以下。

（二）成龄树修剪

进入成年以后，内膛易郁闭，树冠比较高大，此时修剪主要目的是控制树高，改善光照条件。应以疏枝为主，疏除过密枝、细弱枝、病虫枝以及根部产生的分蘖。对较开张的树去弱枝留强枝，直立品种去中心干、开天窗、留中庸枝。结果枝最佳的结果年龄为 3~5 年，要及时回缩更新。对弱小枝可疏除花芽或短截复壮。回缩或疏除下垂枝。

成龄树花芽量大，每个枝条顶端可以形成 8~13 个花芽，可通过修剪去掉一部分花芽，壮枝剪留 2~3 个花芽，以增大果个。

（三）老树更新

定植约 25 年后，越橘地上部衰老，此时则全树更新，即紧贴地面用圆盘锯将其全部锯掉，一般不留桩，若留桩时，最高不超过 2.5 cm。这样从基部重新萌芽新枝。全树更新后当年不结果，但第三年产量可比未更新树提高 5 倍。兔眼越橘的修剪与高丛越橘基本相同，但注意控制树高，避免树冠过高不利于管理及果实采收。

二、花果管理

日光温室越橘生产成本高，经济效益也高。但温度、湿度、光照等管理不当，往往使坐果率下降，落花、落果严重，产量下降。因此，采取有效的花果管理措施是很有必要的。

（一）辅助授粉

日光温室内高温、高湿的环境不利于越橘花器官发育，不完全花比例增加，单花开放时间缩短，花粉黏滞、生活力下降。上述种种因素均不利于越橘授粉受精，往往使坐果率下降。因此，在越橘日光温室生产中，即使对有自花结实能力的品种，也要采取措施加强辅助授粉。辅助授粉的方法包括人工授粉、蜜蜂授粉（图8-26）等。

越橘花量大，人工授粉时一般采用掸授，即用柔软的家禽羽毛制作毛掸，在不同品种树的花朵上往返轻扫，达到传播花粉的目的。

有条件时尽量采用蜜蜂授粉。蜜蜂在温度为 12~30℃ 均能活动，授粉效率高而且省工。

无论采用哪种方法，授粉次数多、认真细致，则授粉效果好。日光温室生产中若进行人工授粉，一般要 3~5 次，至少要 2~3 次。

（二）疏花疏果

疏花疏果能有效集中树体养分，减少无效消耗，从而提高坐果率；

图 8-26　越橘蜜蜂授粉

增大果个，改善着色及内在品质，提早成熟，从而提高果品商品价值和经济效益；合理负载，维持树势中庸健壮，从而实现连年丰产、稳产。

萌芽前通过修剪疏花芽，一般每个枝条顶端有 8~13 个花芽，可疏掉 2/3 左右的花芽，保留 2~3 个饱满花芽。

（三）生长调节剂的应用

花期应用赤霉素或生长素都有促进坐果的作用。在盛花期喷施 $20 \text{ mg} \cdot \text{L}^{-1}$ 的赤霉素溶液，还能产生无种子果实，果实成熟期也提前。

（四）促进着色与提高品质

保护地条件下光照差、湿度大、产量过高等因素常导致果实含糖量降低、风味变淡、着色差，但生育期长、昼夜温差大、管理水平高又是提高果实品质的有利条件。如能扬长避短，则可以生产出品质优于露地栽培的反季节果品。促进果实着色、提高果实品质可采取以下管理措施。

1. 改善光照　疏除部分遮光、过密新梢。树冠下铺反光膜，增加冠内散射光。果实着色期适量摘除遮挡果实的叶片,注意不能摘掉过多。

霜期过后，放风锻炼 2~3 d，选阴天卷起棚膜，增强光照，如气温降低或遇下雨天，将膜重新盖好，提高温度并防雨。

2. 增加昼夜温差　果实着色至成熟期，白天温度适当高，夜晚温度适当低，保持 10~12℃ 的昼夜温差，可促进糖分积累，有利于果实着色和可溶性固形物含量的提高。

（五）采后修剪

日光温室越橘新梢生长后有大量 2 次开花现象；即使不开花，枝条上的花芽由于形成早，第二年花穗小、每穗坐果少（3~4 个果 / 穗），且果小。因此，采后修剪至关重要。

修剪方式为疏除、短截、回缩更新结果母枝。即根据具体品种、树势等，疏除弱枝（枝组），将壮枝条短截、回缩到相应部位，使结果母枝立体分布合理，每株保留结果母枝 15~30 个。

三、环境调控

12 月中旬至 1 月初升温解除休眠，白天揭开草帘，夜间盖帘，以满足植株发芽生长的温度需要；1 周内须循序渐进升温。温室内越橘各物候期温湿度范围见表 8-1。

表 8-1　温室内越橘各物候期温湿度范围

时期	昼温	夜温	空气相对湿度
催芽期	15~20℃	5℃以上	60%~80%
萌芽至开花前	25℃左右	10℃以上	60%~80%
开花期	20~22℃	8℃以上	50%~60%
幼果期	22~25℃	10℃以上	60%~70%
果实膨大期	25~27℃	10~15℃	60%~70%
果实成熟期	24~25℃	13℃以上	60%~65%

四、土肥水管理

（一）土壤管理

保护地越橘对土壤肥力要求较高，土壤管理的中心任务就是不断提高有机质含量，调节 pH，为壮树高产优质奠定基础。主要措施有：

1. 土壤覆盖　定植后园地内覆上 20 cm 厚的锯末、碎玉米秸或麦秸等有机物料，能达到保持土壤湿度、防止杂草生长、增加有机质的良好效果。

2. 覆地膜　应用黑地膜覆盖既可以防止土壤水分蒸发，控制杂草，又可以提高地温。如果覆盖锯末与覆盖黑地膜同时进行，效果会更好。

3. 调节土壤 pH　施用硫黄粉和硫酸亚铁，在冬季整地时每亩施用硫黄粉 150 kg、硫酸亚铁 150 kg，可使土壤 pH 维持在 4.5 左右，其效果能保持 3 年以上。④增施有机肥。挖栽植沟时将腐熟有机肥与原土 1:1 混匀回填，每亩施用有机肥 15 m³。定植时每株施泥炭至少 2 kg，与熟土 1:1 混合均匀。

（二）施肥

1. 施肥时间　越橘从展叶、抽梢、开花、果实发育到成熟都集中在生长的前半期。一年中从展叶到果实成熟前需肥量最大，采果后、花芽分化盛期需肥量次之，其余时间需肥量较少。因此，在保护地越橘生产中，必须抓好秋季、花期前后、幼果期和果实采收后的几次施肥。其中，秋季施肥以有机肥为主，花期前后、幼果期和果实采收后以速效肥为主。

2. 肥料选择　越橘施肥中,施用完全肥料比单纯肥料效果要好得多。施用完全肥料比施用单纯肥料产量可提高 40%。在兔眼越橘上单纯施用氮肥 6 年使产量下降 40%。越橘对铵态氮容易吸收，而硝态氮不仅不易吸收，且对越橘生长产生不良影响。铵态氮肥在越橘上最为推荐的是硫酸铵。土壤施入硫酸铵不仅供应越橘铵态氮，而且具有降低土壤 pH 的作用，在 pH 较高的矿质土壤和钙质土壤上尤其适用。

3. 施肥方式和施肥量

（1）施肥方式　越橘施肥可采用沟施，深度一般为 10~15 cm。

（2）施肥量　越橘对施肥反应敏感，过量施肥容易造成产量降低，生长受抑制，植株受害甚至死亡。因此，施肥量的确定必须慎重，不能凭经验，而要以土壤肥力及树体营养状况为依据。肥料比例一般为 1:1:1；在有机质含量较高的土壤上，氮肥用量应减少，肥料比例为 1:2:3 或 1:3:4；而在矿质土壤上磷、钾含量高，肥料比例以 1:1:1 为宜，或者采用 2:1:1。

（三）灌水

越橘喜土壤湿润，但又不耐涝。因此，棚室内要求有良好的排灌条件。浇水时不要直接浇冷水，最好把水放到蓄水池里，待水温与地温接近时再浇，灌水量以渗到多数根所在的深度为宜。

第八节
日光温室越橘病虫害防治技术

病虫害防治是越橘栽培管理中的重要环节。各种病虫害主要危害越橘的叶片、茎干、根系及花果，造成树体生长发育受阻、产量降低、果实商品价值降低甚至失去商品价值。我国越橘尚未进入大面积栽培阶段。迄今为止，在引种栽培研究过程中，尚未发现严重的病虫害发生。鉴于越橘在我国是一个新的树种，在从国外引种及国内各地引种栽培中，应严格把好检疫关，防患于未然。危害越橘的病虫害有上百种，这里只介绍一些常见的、危害较为严重的病虫害及其防治措施。

一、侵染性病害

（一）越橘灰霉病
1.发病症状　如图8-27所示。

图 8-27　越橘灰霉病（严雪瑞提供）

2.识别与防治要点　见表 8-2。

表 8-2　越橘灰霉病识别与防治要害

危害部位	花、果实
危害症状	灰霉病病原为灰霉葡萄孢，是葡萄孢属真菌。分生孢子梗丛生，直立或弯曲，分枝末端膨大成棒头状。越橘的花果最容易感染灰霉病。由先开放的单花快速传播到所有花蕾和整个花序，感染部位表层覆一层灰色的细粉尘霉状物，后期整个花序变成黑色枯萎状。果实感染后浆果破裂流水，呈现腐烂状。干旱时，病果干缩成僵果，经久不落
防治措施	①生产中可以通过品种选择，降低病害危害 ②生产前，清除果园内落叶、落果，控制温室内的湿度，可有效降低病的发生 ③药剂防治：可在开花前喷施50%的代森铵500~1 000倍液，花谢花后喷50%的腐霉利1 500倍液

（二）越橘根癌病

1.发病症状　如图 8-28 所示。

图 8-28　越橘根癌病（严雪瑞提供）

2.识别与防治要点　见表 8-3。

表 8-3　越橘根癌病识别与防治要点

危害部位	根部
危害症状	表现为根部有凸起，根系表面有粗糙的白色瘤状物。发病早期为浅褐色，后期根癌颜色不断变深、增大，直至呈现棕黑色
防治措施	①选择优质壮苗 ②加强温室内的肥水管理，并注意减少农事操作时对根系的伤害 ③及时铲除病瘤，伤口进行消毒处理 ④药剂防治：苗木定植前或发病后，采用K84菌悬液浸泡根系。土壤用10%~20%的农用链霉素消毒，具有较好的防效

二、虫害

（一）小青花金龟

1. 危害症状及害虫形态　　如图8-29所示。

图 8-29　小青花金龟（严雪瑞提供）

2. 识别与防治要点　　见表8-4。

表 8-4　小青花金龟危害识别与防治要点

危害部位	花瓣、花蕊、芽及嫩叶
危害症状	幼虫咬食越橘须根，使植株出现缺水症状，成虫主要危害叶片，造成网状
防治措施	①农业防治：以防治成虫为主，利用成虫假死性，在树底下张单振落，集中杀死 ②药剂防治：25%喹硫磷乳油1 000倍液或16%顺丰3号乳油1 500倍液

（二）墨绿彩丽金龟

1. 危害症状及害虫形态　如图8-30所示。

图 8-30　墨绿彩丽金龟（严雪瑞提供）

2. 识别与防治要点　见表8-5。

表 8-5　墨绿彩丽金龟危害识别与防治要点

危害部位	花瓣，花蕊，叶
危害症状	成虫危害叶片，造成网状
防治措施	①人工捕杀成虫：利用金龟子有假死的习性，进行人工捕杀 ②趋化诱杀：在果园内设置糖醋液诱杀罐进行诱杀。取红糖5份、食醋15份、水80份配成糖醋液，装入空罐头瓶内，每25~30 m挂一个糖醋罐进行诱杀 ③药剂防治：金龟子危害盛期，用10%吡虫啉可湿性粉剂1 500倍液、40%毒死蜱乳油1 000倍液防治

（三）浅黄褐果蝇

1.危害症状及害虫形态　　如图8-31所示。

图 8-31　浅黄褐果蝇（严雪瑞提供）

2.识别与防治要点　　见表8-6。

表 8-6　浅黄褐果蝇危害识别与防治要点

危害部位	果实
危害症状	幼虫取食汁液，被害果实果汁外溢，脱落腐烂
防治措施	①清洁腐烂杂物：清除越橘园腐烂杂物、杂草，同时用20％辛硫磷乳油1 000倍液对地面喷雾处理，压低虫源基数，可减少发生量 ②清理落地果：将蓝莓成熟前的生理落果和成熟采收期的落地烂果，及时捡净，送出园外一定距离的地方覆盖厚土或用90％敌百虫晶体1 000倍液喷雾处理，可避免雌蝇大量在落地果上产卵、繁殖危害。 ③诱杀成虫：利用果蝇成虫趋化性，当蓝莓果实进入转色即将成熟期，用敌百虫、香蕉、蜂蜜、食醋以1∶10∶6∶3配制成混合诱杀浆液，每亩约堆放10处进行诱杀，防治效果较好

（四）舞毒蛾

1. 危害症状及害虫形态   如图8-32所示。

图 8-32　舞毒蛾幼虫（严雪瑞提供）

2. 识别与防治要点   见表8-7。

表 8-7　舞毒蛾危害识别与防治要点

危害部位	叶片
危害症状	以幼虫取食叶片，将叶片取食成缺刻或孔洞，严重时可将全株叶片吃光，仅剩叶脉和叶柄
防治措施	①人工采集舞毒蛾卵块，并集中销毁 ②烟剂防治：在舞毒蛾幼虫3龄期进行化学烟剂防治，放烟时间一般掌握在清晨或傍晚出现逆温层时进行，烟点之间的距离为7 m ③灯光、性引诱剂诱杀：舞毒蛾雌雄成虫均有强烈的趋光性，雄成虫有强的趋化性

第九章
日光温室枇杷生产技术

枇杷果实富含人体所需的营养元素，是一类具有保健功能的水果。本章介绍了我国日光温室枇杷生产现状及存在的问题、日光温室枇杷生产中的主栽品种、日光温室枇杷的生物学习性、日光温室枇杷的育苗技术、日光温室枇杷的建园技术、日光温室枇杷的促花调控技术、日光温室枇杷生产调控技术、日光温室枇杷病虫害防治技术等内容。

第一节
我国日光温室枇杷生产现状及存在的问题

一、日光温室枇杷生产的历史

枇杷因其果实形状似乐器琵琶而得名。成熟的枇杷味道鲜美，营养丰富，含有各种果糖、葡萄糖、钾、磷、铁、钙、胡萝卜素以及维生素 A、维生素 B、维生素 C 等，其中胡萝卜素含量较高。中医认为枇杷果实有润肺、止咳、止渴的功效。除鲜食外，主要有枇杷炖雪梨、枇杷糖水罐头或枇杷酒等加工品。

枇杷是原产我国东南部的水果，栽培区域主要分布于福建、四川、广东、台湾、广西、江苏、江西、云南、陕西等温暖地区。除我国外，在美国、西班牙、日本、澳大利亚等国家亦有少量栽培。枇杷喜光，稍耐阴，喜温暖气候和肥水湿润、排水良好的土壤，稍耐寒，不耐严寒，在温度 12~15℃，冬季不低于 -5℃，花期、幼果期不低于 0℃的地区，都能生长良好。实生、嫁接或高空压条繁殖均可，年降水量 800~2 200 mm 的地区均能正常结果。虽然枇杷性喜温暖，但在南方常绿果树中它的抗寒力最强。一般认为冬季低于 -2~-3℃低温，不适合枇杷露地栽培。制约北方枇杷露地栽培的主要限制因子是低温，加之枇杷属于时令果品，储藏期短，生产上缺少优良品种及先进的栽培技术，我国目前缺乏完善的冷藏运输系统，因此，在北方广大地区枇杷归属于高档果品范畴，需求量较大。

近年来，参照果树的矮、密、早栽培模式，北方许多地区进行了枇杷栽培，取得了成功。特别是北方温室生产和观光农业的发展，使枇杷生产有了较大的发展空间。日本、西班牙较早取得了设施栽培成功经验。我国福建省针对枇杷设施栽培进行了研究，减少了风害的影响，提前了成熟期，取得了较好的经济效益。20 世纪 90 年代末，沈阳农业大学、辽宁农业职业技术学院也开始尝试进行日光温室枇杷栽培研究。通过引进枇杷优良品种、枇杷花期调控和栽培调控等生产措施，实现了枇杷的南果北移，取得了成功经验。

二、日光温室枇杷生产现状

虽然枇杷在设施栽培中取得了一定的成功经验，但生产中还面临一些问题需要加以解决：

（一）枇杷植株生长旺盛，树体高度控制困难

由于枇杷原产于我国南方地区，植株的年生长量比较大，而日光温室的空间狭窄，常出现枇杷的枝梢长出日光温室骨架外的现象，不利于枝梢管理和日常的农事措施的实施，夏季管理措施落后问题相对突出。

（二）设施内光照条件不足，影响植株的花芽分化和产量

枇杷设施栽培中，由于日光温室的覆盖材料等因素限制，光照条件通常不及露地，易对枇杷的花芽分化产生不利的影响，最终影响植株的产量。

（三）日光温室内温度低，易影响果实发育及树体发育

在北方地区冬季寒冷季节，在日光温室提前成熟栽培过程中，枇杷植株及果实常容易受到低温胁迫，影响果实成熟和树体生长，对果实的产量和品质产生负面影响。

第二节
日光温室枇杷生产中的主栽品种

一、枇杷的分类

1. 根据地区分类　枇杷属蔷薇科枇杷属。该属共 20 余种，原产中国有 14 个种，多数原产我国东南部地区。枇杷主要有以下几类：

（1）普通枇杷　普通枇杷为常绿小乔木，高 6~10 m，果大，橙红色或橙黄色，种子 2~6 粒。各栽培品种均属本种，特点是冬花夏果，原生种主要分布于湖北、四川等地。

（2）台湾枇杷　台湾枇杷又称赤叶枇杷，原产台湾。叶薄，果小，圆形，10 月成熟，味甜可食，耐寒力弱。可作砧木，其特点是夏花秋果。台湾、广东有分布。

（3）南亚枇杷　南亚枇杷又称云南枇杷、光叶枇杷，云南及印度北部有原生种。常绿大乔木，果小，椭圆形，种子 1~2 粒。特点是冬花夏果。

（4）大花枇杷　大花枇杷在四川西部有原生种。花大，直径 2.0~2.5 cm，雌蕊 3 枚。果较大，近圆形，橙红色，光滑，种子 1~2 粒。该种分布于四川、贵州、湖北、湖南、江西、福建。特点是春花秋果。

（5）栎叶枇杷　栎叶枇杷产于我国云南蒙自及四川西部。小乔木，果小，卵形，肉薄可食，独核 (1 粒种子)。特点是秋花夏果。

（6）怒江枇杷　怒江枇杷分布于印度、缅甸以及我国云南的怒江等地，生长于海拔 1 600~2 400 m 的地区，常生长在亚热带季雨阔叶林中，目前尚未由人工引种栽培。小乔木，果球形，独核 (1 粒种子)，6~8 月成熟。特点是春花秋果。

2. 根据成熟期分类　枇杷品种有 300 多种。枇杷按成熟期,可分早、中、晚 3 类：早熟品种 5 月即能面市，中熟品种于 6 月大批面市，晚熟品种可延至 7 月上旬。

3. 根据果形分类　依果形分有圆果种和长果种之别，一般圆果种含核较多，长果种核少或独核者居多。

4. 根据果实色泽分类　按果实色泽又分为红肉枇杷和白肉枇杷，红肉枇杷因果皮金黄而被称为"金丸"。红肉枇杷寿命长、树势强、产量高，著名品种有圆种、鸡蛋红等。红肉枇杷特点为皮厚易剥，味甜质粗，宜于制罐头。白肉种枇杷肉质玉色，古人称之为"蜡丸"。白肉枇杷生长、产量等都不如红肉枇杷，但品质优良，著名品种有育种、鸡蛋白等。白肉枇杷特点为皮薄肉厚，质细味甜，适于鲜食。

二、枇杷主要优良品种

1. 解放钟　著名品种，1949 年选出（图 9-1）。果特大，平均果重 61 g，但早果性差，栽后 4 年挂果，易裂果，易受日灼，特别是风味偏淡、偏酸，品质明显不及大五星。

图 9-1　解放钟

2. 洛阳青　国内著名品种（图 9-2），平均果重 32 g，丰产性能好，但果实酸度大，果形偏小，外观欠佳，商品性能差，可作为加工品种适量发展，以鲜食为主的地区不宜盲目种植。

3. 大红袍　原安徽主栽品种（图 9-3），果重 40~50 g，果形偏小，肉质较粗，品质中等。一般 5~6 月成熟。北方日光温室 3~4 月成熟。

图 9-2　洛阳青　　　　　　　　　图 9-3　大红袍

4. 早钟 6 号　早熟品种（图 9-4），果重 25~30 g，果小味淡，新区可少量发展。

图 9-4　早钟 6 号

5. 白玉　品质较佳，但果个偏小，果重 25~30 g，过熟后风味变淡，可适量发展（图 9-5）。

图 9-5　白玉

6. 早五星　早熟品种（图 9-6），平均果重 66 g，比大五星（图 9-7）

图 9-6　早五星

图 9-7　大五星

早熟 20 d 左右，与早钟 6 号成熟期相当，但平均果重明显比早钟 6 号大 1~2 个等级，其他性状与大五星基本相同。

7. 晚五星（红灯笼） 该品种树势中庸，树姿直立（图 9-8）。成花极易，极丰产，采果后当年抽生的夏梢成花率在 80 % 以上，每穗着果 5~10 粒。一般栽后第二年开花挂果，第三年正式投产，五年生树平均株产 25 kg，十一年生株产 75 kg。按亩平均栽 111 株计算，五年生果园平均亩产 2 750 kg。比同树龄的早钟六号果园产量高 161 %，比同树龄的解放钟果园产量高 136.2 %。该品种果实卵圆形或近圆形，极大，平均果重 65 g。果皮橙红色，果面无锈斑或极少，果粉中厚，鲜艳美观。果肉橙红色，肉极厚，平均肉厚 1.21 cm，肉质细嫩，汁液特多，风味浓甜。可溶性固形物含量 13.5 %，可食率 76 %。

图 9-8 晚五星（红灯笼）

第三节
日光温室枇杷的生物学习性

一、日光温室枇杷的生物学特性

枇杷为常绿小乔木。树冠呈圆状，树干颇短，一般温室栽培树高2.0~4.0 m（图9-9）。

图 9-9　枇杷植株

（一）叶

枇杷小枝密生锈色茸毛。叶革质，倒披针形、倒卵形至椭圆形，先端尖或渐尖，基部楔形或渐狭成叶柄，边缘上部有疏锯齿，表面多皱、绿色，背面及叶柄密生灰棕色茸毛。

（二）花及花序

枇杷的花序圆锥形顶生，花梗、萼筒皆密生锈色茸毛，花白色，芳香。花期11月至翌年2月。枇杷的花为白色或淡黄色，花瓣5枚，直径约2 cm，以5~10朵成一束（图9-10）。

图 9-10　枇杷的花及花序

（三）果

果球形或椭圆形，黄色或橘黄色，果熟期5~6月。成熟的枇杷果实成簇挂在树上，每个果子长 3~5 cm，呈圆形、椭圆形或长状"琵琶"形。枇杷表面光滑，外皮一般为淡黄色，亦有颜色较深接近橙红色的。果肉软而多汁，有白色及橙色 2 种，称白沙或红沙，白沙甜，红沙较酸。每个枇杷果内有 5 个子房，当中有 3~5 颗发育成棕色的种子。

二、日光温室枇杷对环境条件的要求

（一）土壤

枇杷对土壤挑选不严，一般的土壤均能正常生长结果，但以土层深沉、土质疏松、富含腐殖质的沙质、砾质壤土或黏土为佳。枇杷对土壤酸碱度适应性较强，从红壤 pH 5.0 到石灰土 pH 7.5~8.5 均能生长，但以 pH 6.0 左右为适宜。

（二）温度

枇杷在年平均温度 15℃以上的地方能正常结果，平均气温 12℃以上的地区能生长，而且抗寒能力甚强，成年树可抵抗 -18℃的低温，花能抵抗 -4℃的低温，而且花期长，较少受冻害影响。

（三）光照

细苗喜欢散射光，定植后在光照强烈时应搭遮阳网遮阴。但成年树要求足够光照。阳光直晒易引起日灼，因此必须适当密植，夏季搭遮阳网遮阴。

（四）水分

枇杷喜空气湿润、水分充沛的环境。在果实发育期和新梢生长期浇薄水，在果实成熟期适当控水，以免发生裂果、果实品质下降和成熟期推迟等不良后果。

第四节
日光温室枇杷的育苗技术

枇杷用途不同繁殖方法也不相同，绿化用苗木多用播种繁殖，果用枇杷苗木多用嫁接繁殖。

1.种子处理   从成熟果实中选取饱满、大粒种子（种皮开裂的也无妨），洗净种皮上果汁，并用 70% 甲基硫菌灵可湿性粉剂 800 倍液浸泡处理 12 h，捞起晾干，勿置太阳下暴晒。晾干后即行播种，种子发芽率高，若进行沙藏至翌年春天播种，则发芽率将下降 40%~50%。

2.播种撒播或条插   撒播每亩用种量 100~120 kg；条播每亩种量 50~70 kg。条播的株行距为（5~8）cm×（25~30）cm。播种时应开沟，直接把种子播沟内，盖 2~3 cm 土，盖草，浇透水，或沟灌水。视天气情况，高温干旱应经常浇灌。

3.幼苗管理   种子发芽后应立即除去盖草，并对幼苗进行遮阴。可搭遮阴棚，待 10 月后阳光不强烈时除去遮阴棚。有些产区在育苗行间套种绿豆或红豆，豆类发芽早、生长快，能为实生苗提供遮阴保护。既能带来一定收入，又改善了土壤肥力，还节省了搭建阴棚的费用，一举多得。

第五节
日光温室枇杷的建园技术

枇杷栽培容易，管理简单，山地、平原和滩涂均可栽种，不论沙质或黏壤土，枇杷均能正常生长结果。同时，它对土壤的酸碱度要求也不严，在 pH 4.5~8.5 的地区均能正常生长结果。枇杷对光照要求也不严，属喜光耐阴树种。枇杷的分枝极有规律性，即使不进行整形修剪也能形成较规范的树形。枇杷病虫害少，用药量及用药次数比柑橘等果树少得多，特别适合技术水平低的农户种植。

枇杷温室栽培的建园技术主要有：

一、选择优良品种

由于温室栽培以高档果品为生产目标，在品种选择上应以甜度高、品质优良的品种为主。生产上多利用白沙种作为首选品种。应用早熟和晚熟品种排开果实成熟期，延长市场供应也是较好的选择。

二、改良土壤

由于温室栽培属于集约化生产，在建园时改良土壤可以促进以后的树体生长和提高果实产量、品质。一般以增加土壤有机质含量，提高土壤肥力为目标。主要措施是挖栽植沟，施用农家肥，进行控根栽培和改良土壤。

三、确定株行距

枇杷树在日光温室栽培以 3.0 m 行距，1.5~2.0 m 株距为适宜。

四、灌溉设施

以滴灌和沟灌为主；台式控根栽培，多采用台面滴灌。普通栽培可以沟灌以降低成本。

五、栽植方式

生产上有 3 种栽植方式：直接在设施内定植成苗，在棚室内整形，一般第三年有产量，第五年丰产；在棚室外假植成苗、整形、成花后，移入温室；购买已整好形并已大量成花的成龄树定植。

第六节
日光温室枇杷的促花调控技术

枇杷在北方日光温室内生长，具有一年内多次抽生新梢的特点，其花芽分化也因为多次生长而有明显的影响，花芽分化具有连续性，没有落叶果树的休眠期，枇杷集中于 7~9 月进行花芽分化，较南方栽培提前半月左右，而开花多集中于 10~11 月，果实发育 100~130 d。促花调控技术主要有：

一、培养健壮的结果母枝

通过加强枇杷园的肥水管理，增加树体营养积累，长出健壮优质的春、夏梢作结果母枝。

二、加强修剪及病虫防治

加强枇杷园病虫害防治，及时剪除病虫枝、枯枝、细弱枝和重叠枝等，增加树体通风透光，并喷施 0.3% 磷酸二氢钾，增加叶片光合作用，以利花芽分化。

三、做好排灌工作

夏秋要做好排水工作，防止园内积水，影响花芽分化。

四、露根、晒根或断根

对幼年初结果树或成年"空怀"树，8~9月应进行露根、晒根或断根处理，以抑制水分吸收，促进花芽分化。

五、环割促花

7~8月，对初结果树和成年旺树适当环割促花。环割部位幼树选在主干光滑平整处，成年旺树主要在主枝上进行。操作时刀口与皮层垂直相对，稍用力进行单圈环割或螺旋式环割。工具可采用电工刀或环割器等。

六、拉枝

对幼年初结果旺树，可通过拉枝削弱其顶端优势，既能促进花芽分化，又有利于扩大树冠、培养丰产稳产树形。

第七节
日光温室枇杷生产调控技术

一、温度的调控

（一）扣棚升温

应在枇杷进入冬季前，扣棚升温愈早，成熟期越早。北方地区一般 10 月中下旬扣棚升温为宜。

（二）揭帘升温到揭除棚膜期温度的调控

扣棚后的温室温度，主要靠开关通风窗、作业门和启盖草帘调控，必要时还需加温处理。扣棚升温后，1~3 d 通风窗、作业门全开，4~7 d 昼开夜关，8~10 d 晚上逐步盖齐草帘保温，使植株逐渐适应。为了保持地下和地上温度协调平衡，可在扣棚的同时或提前进行地膜覆盖提高地温。

1. 开花期要求　白天气温 15~22℃，夜间气温 8~12℃。温度过高过低都不利于花粉发芽。

2. 果实膨大期　白天气温 15~25℃，夜间 5~10℃，有利于幼果膨大，可提早成熟。

3. 果实成熟着色期　白天不超过 30℃，夜间 10~15℃，保持昼夜温差约 10℃。严格控制白天气温不能超过 35℃。

4. 揭除棚膜时间　根据气候条件、生产区域和果实生育期而定。过了霜期，可将棚膜部分卷起，放风锻炼 2~3 d，以后选择阴天将膜全部卷起。

二、湿度的调控

（一）土壤相对湿度

日光温室枇杷栽培要求土壤相对湿度为 60 %~80 %，20~40 cm 的土壤以手握成团，一触即散为度。

（二）空气相对湿度

一般规律，前期要求高，而后期要求相对较低。花期、果实膨大期，要求空气相对湿度为50%~80%；成熟期要求空气相对湿度为50%。增加空气相对湿度可向地面洒水和树体喷水；降低空气相对湿度通过启闭通风窗、门等来完成。

三、光照调控

由于冬春的太阳光照较弱，加上棚膜及其他因素的影响，不能满足生长发育对光的需要，难以达到优质高产高效。因此，采取有效的增光措施是很必要的。

1.温室结构的选择　选择科学合理的温室结构，包括温室的方位角，前、后屋面角，温室高度以及尽量减少支柱立架等。

2.棚膜的选择　选择透光性能好的棚膜，以聚乙烯长寿无滴膜为好。

3.屋面棚膜清扫　经常清扫屋面棚膜上的尘土、杂物，使其洁净光亮。

4.反光设施　内悬挂反光幕，地面铺设反光膜。

四、土肥水管理

日光温室枇杷生产的第一至第三年，要给以充足的肥水，以促进枝叶生长，迅速扩大树冠，增加枝量，早日投产。一般可在9~10月，株施腐熟鸡粪10~20 kg或优质猪圈粪50~60 kg，同时加入5 kg过磷酸钙，对加速生长、促进花芽分化有良好作用。对未结果的幼龄树追肥，主要集中在前期，在施足基肥的基础上，于发芽前每株追施复合肥0.5~1 kg。投产后，肥水供应要随产量的提高而增加。一般每株秋施优质圈肥20 kg、磷肥0.3 kg，钾肥0.8 kg；开花前每株追施尿素0.2 kg，并在花期前后连喷2~3次光合微肥和磷酸二氢钾，以促进坐果，增强叶片的光合能力；采果后每株补施尿素 0.3 kg、磷肥 0.2 kg、钾肥 0.8 kg，以复壮树势，促进花芽分化。每次施肥均结合灌水。

灌水应严格掌握灌水量，扣棚后灌水 30 mm 左右，发芽前再浇水 10~20 mm、果实膨大期一次可灌水 10~15 mm，着色期以后每次灌水 10 mm 以下为宜。

五、整形修剪

日光温室内进行枇杷生产 (图9-11)，要依据温室的结构特点采取相应的枇杷树形结构。目前温室内采用的树形主要有自然开心形、改良主干形及丛状形。也有采用前部用丛状形，中部以后则用自然开心形、改良纺锤形等。

图 9-11　枇杷日光温室生产

（一）自然开心形

干高 30 cm 左右，全树主枝 3~4 个，各主枝角度 55° 左右，每个主枝着生 4~5 个背斜或背后大型结果枝组，插空排列，开张角度 70°~80° 一般单轴延伸，树高不超 2 m。该树形适合多数枇杷品种。

（二）改良纺锤形

干高 40 cm，中央领导干保持优势生长，其上不分层次，配备 12~15 个主枝，单轴延伸，螺旋排列，插空生长。主枝角度应保持在 90°，在主枝上着生大量中小型结果枝组。树高 2.5~3.0 m。

六、花果管理

（一）提高坐果率

设施生产从开花前 10 d 开始，晴天中午放风，使花器官经受锻炼，开花期还要认真进行人工辅助授粉，以确保坐果良好。同时采用花期蜜蜂授粉、盛花期喷 1~2 次 20~40 mg·L^{-1} 的赤霉素、花后 10 d 及时对新梢摘心等措施，提高坐果率。

（二）疏花疏果

为增加单果重和提高果实的整齐度，采用疏花疏果措施。每个花束状果枝保留 7~8 朵花。生理落果后再进行疏果，疏除小果、畸形果，每穗保留 2~4 个果。此外，在果实着色期，还应摘除遮挡果实阳光的叶片。果实采前 10~15d，树冠下铺反光膜，促进果实上色，提高果实的商品价值。

七、采收、包装及保鲜

采收主要靠人工完成。采收时轻摘、轻放，防止果面损伤，果实带果柄采摘，勿使果柄脱落，同时注意不损伤结果枝。枇杷每序可着生 2~6 个果，其成熟度有差异，需分批采收。日光温室生产时，商品价值高，采收后应分级包装。

第八节
日光温室枇杷病虫害防治技术

一、枇杷病虫害综合防治技术

（一）化学防治

枇杷在春季、夏季、秋季的抽梢期经常发生多种病虫害。主要有炭疽病、黄毛虫和梨小食心虫等。防治的措施是采用杀菌剂 + 杀虫剂混合喷施。枇杷的花期主要病虫害有花腐病、叶斑病和梨小食心虫等，可以采用科学的喷雾药剂进行预防。结果期主要的病虫害有炭疽病、褐腐病和梨小食心虫，防治的措施主要是化学防治。

（二）农业技术防控

选择抗病虫良种可以减轻病虫害，健康的土壤可以提高枇杷养分的供给和有利于根系的发育，以此来增强枇杷对病虫害的防御能力，也可以抑制有害生物的出现和生长。枇杷可以在春、夏、秋 3 季修剪，一般要遵守春适时、夏宜早、秋宜晚的规则。枇杷收获后，果园的清理工作非常重要，主要清除病残枝、落叶、落果和病虫残体，集中清理或烧毁，以消灭大量潜伏在其中的病虫。加强田间管理，在冬季应每年进行翻耕，由于某些地下害虫在树盘基部或土壤中越冬，如梨小食心虫，通过翻耕破坏其生存环境，从而减少虫源，同时，要理顺排水沟，做到旱能灌，湿能排，降低园内湿度，减少病菌滋生，有利根系生长。

（三）生物防控

1. 提高枇杷园内生物种类的多样性　生物多样性是为了营造利于生物种群稳定的生长环境，它既可以有效抑制内在的有害病虫的暴发，又可抵御外来有害生物的入侵，一般在枇杷园合理间作矮秆农作物等，既可以改善生物环境，又可以增加短期经济收入。

2. 自然控制病虫危害　自然控制病虫危害是通过病虫的天敌来控制病虫，以达到以虫治虫的目的，且病虫的天敌来源较广，种类较多，可长期有效地抑制害虫的生长。常见病虫的天敌有蛙类、蜘蛛类、鸟类、昆虫类（如瓢虫、食蚜蝇、赤眼蜂）等。在利用这些有益生物的同时，也要做好对它们的保护工作，如在使用农药时，可以利用局部施药等对有益生物影响最小的方法，也可以在耕作时有意识保护有益生物的栖息场所。利用有益生物防控枇杷病虫害，不仅对人、畜、植物来说是安全的，重要的是害虫还不易产生抗性，是抑制病虫害最佳的方法。

（四）物理防控病虫

1. 人工捕杀　可以将某些个体较大的害虫，如天牛、黄毛虫等害虫，在发生量少时可采取人工捕杀的方法。如天牛产卵期，在中午进行捕杀，或人工挑刺产下的卵粒，在幼虫蛀入树干时，用棉花蘸敌敌畏塞入洞内，并用黏土堵住洞口。对食心虫危害的枝梢，可将其摘除带离田间，集中处理。

2. 灯光诱杀　因危害虫有趋光的特性，所以，可以使用各种光源来诱杀害虫。其中以黑光灯诱杀效果最好，它可以诱集上百种昆虫，是当下诱杀害虫与预测害虫的主要工具。关于黑光灯的安装既可自己安置竖杆，也可就近利用电线杆，要注意的是灯的高度要略高于枇杷植株的高度，灯的开关时间根据当地的具体情况选择。

3. 黄板诱杀　由于蚜虫具有趋黄性，可在新梢抽发期，蚜虫危害较重的枇杷园挂黄板，诱集后集中处理。

4. 植物诱杀　利用有些害虫对植物取食、产卵的习性，种植合适的植物对害虫进行诱杀，如在棉田里种植少量玉米、高粱等来诱集棉铃虫产卵后集中消灭。

二、侵染性病害

（一）枇杷腐烂病

1.发病症状　　如图9-12所示。

图 9-12　枇杷腐烂病

2.识别与防治要点　　见表9-1。

表 9-1　枇杷腐烂病识别与防治要点

发病部位	根颈，主干
发病症状	主要特征是枇杷树出现树皮开裂和流胶的情况，根颈，主干发生软腐，腐烂病通常易出现在郁闭潮湿的枇杷园内，并且阳光暴晒的西面出现较多
防治措施	强化培育和肥水管理，增强树势，一般防治措施是将枇杷树的病斑全部清理干净，消灭掉落树皮上的病菌后将其烧毁，同时在病斑伤口处涂抹病必清，或5%菌毒清水剂30~50倍液，或2%农抗液体10~20倍液，从而有利于树干伤口尽快愈合。定期将树身的病斑去除，被刮的树皮就地焚烧，并涂加一定的药剂，促进伤口的生长恢复(王艮龙，2016)

（二）枇杷叶斑病

1. 发病症状　如图9-13所示。

图 9-13　枇杷叶斑病

2. 识别与防治要点　见表9-2。

表 9-2　枇杷叶斑病识别与防治要点

发病部位	叶片
发病症状	叶斑病也是枇杷的常见病，分为角斑病、斑点病和灰斑病，是枇杷的主要病害。叶斑病对枇杷的危害较大，对树势生长产生不利影响，甚至会导致枇杷树落叶、叶片僵化和早枯现象，造成枇杷生长缓慢、降低产量
防治措施	提高果园管理能力，增强树的抗病能力，增强树势生长。同时在采果后萌芽初，使用80%大生M-45可湿性粉剂600倍液来防治叶斑病，也可以采用代森锰锌溶液。孕蕾前，为了避免枇杷树患病，应该为其补充钙元素和铜元素，也可以选择0.3~0.5波美度石硫合剂或者70%甲基硫菌灵可湿性粉剂800倍液，或65%代森锌可湿性粉剂500~600倍液喷洒果树

三、非侵染性病害

（一）枇杷裂果病

1. 发病症状　如图9-14所示。

图 9-14　枇杷裂果病

2. 识别与防治要点　见表9-3。

表9-3　枇杷裂果病识别与防治要点

发病部位	叶片
发病症状	在果实快速生长的时期，如果遇到干旱后突降大雨，会使果肉细胞迅速增大，造成外果皮开裂和涨破
防治措施	应尽量选择种植解放钟、长红3号、太城4号、红灯笼等裂果较轻或不易裂果的品种。枇杷最后一次疏果后进行套袋，这是减少因恶劣气候引起裂果的最可靠方法之一。同时可减轻病虫危害、机械伤、日灼与冻害。套袋前做好病虫害防治。在梅雨或暴雨季节，果园及时排除积水，以利果实平稳增大，减少裂果。同时注意氮、磷、钾、钙肥料配合施用，特别是增施钾肥，也能在一定程度上减少枇杷裂果。幼龄的枇杷树采取定干、整形、拉枝、整芽和短截等修剪技术，培养矮化树冠；盛产树应对骨干枝进行轮换回缩更新，抹芽整枝，培养健壮的结果枝组，促进枇杷果实的健壮均衡生长，减少裂果发生。在果实"转白期"，喷布800~1 000倍乙烯利能有效防止枇杷裂果发生，裂果率比对照降低89%，且成熟期提早7~10 d，果实着色更好，但果实偏小。在幼果迅速膨大期，用0.2%尿素、0.2%硼砂、0.2%磷酸二氢钾、0.2%氯化钙、0.2%硝酸钙、0.2%氨基酸钙、250倍喜农1号溶液等进行根外追肥，对促进果实生长发育、减轻裂果也有较好效果。抓好病虫害的防治，特别是在幼果期及疏果后及时喷药，保持果实健康发育，可减少裂果的发生

（二）枇杷日灼病

1. 发病症状　如图9-15所示。

图 9-15　枇杷日灼病

2. 识别与防治要点　见表9-4。

表 9-4　枇杷日灼病识别与防治要点

发病部位	枝干和果实
发病症状	在枝干上发病初期，树皮灰干瘪凹陷、燥裂起翘；之后呈胶块状，深度达木质部，类似于火灼烧过。枝干如长期裸露，树皮经太阳暴晒后极易灼伤。在果实上发病则表现为阳面果肉被灼瘪，使果实无法食用，同时诱发炭疽病
防治措施	种植时尽可能避免在西向坡地上建园。加强果园管理。采用果实套袋。有喷灌设施的，在高温时期中午时间喷水，防止此病发生。选择不易发生日灼病的品种建园

四、虫害

（一）枇杷黄毛虫

1.危害症状　如图9-16所示。

图 9-16　枇杷黄毛虫

2.识别与防治要点　见表9-5。

表 9-5　枇杷黄毛虫识别与防治要点

危害部位	嫩叶
危害症状	枇杷黄毛虫是枇杷最常见的害虫，主要损害嫩叶，影响树势生长；幼虫啃食果皮造成枇杷无法食用。该虫害主要损坏嫩叶，造成树势不能正常生长
防治措施	初龄幼虫群聚新梢叶面取食时，可人工捕杀。冬季从树干上收集虫茧，然后置于寄生蜂保护器中，以保护天敌，控制害虫。幼虫初发时喷2.5%联苯菊酯乳油2 500倍液或80%敌百虫晶体800倍液、30%桃小灵乳油2 500倍液

（二）枇杷桃蛀螟

1. 危害症状　如图9-17所示。

图 9-17　枇杷桃蛀螟

2. 识别与防治要点　见表9-6。

表 9-6　枇杷桃蛀螟识别与防治要点

危害部位	叶片，果实
危害症状	危害嫩叶，啃食果皮造成无法食用
防治措施	桃蛀螟是枇杷树开花期间最常见的病虫，直接影响了枇杷的产量和质量，因此需要高度重视该病的防治。防治的重点是潮湿、荫蔽的枇杷园，10月中下旬是防治的重要时期。一般借助药剂进行防治，但是在药物喷洒前应该先摘除被侵害的花朵，消灭害虫，然后选用24%毒死蜱乳油800~1 000倍液或5%顺式氯氰菊酯乳油800~1 000倍液防治桃蛀螟 (王艮龙，2016)

（三）枇杷刺蛾

1.危害症状　如图9-18所示。

图 9-18　枇杷刺蛾

2.识别与防治要点　见表9-7。

表 9-7　枇杷刺蛾识别与防治要点

危害部位	叶片
发病规律	该病虫能够安全地度过寒冷的冬天，其生长力十分旺盛，1年2~3代，同时成虫趋光性较高，随着年龄的增长，刺蛾渐渐从啃食叶肉和叶下表皮后变为吸食全部叶子，只剩下叶脉和叶柄，直接影响了枇杷树的健康生长
防治措施	在修剪树枝期间彻底清除全部的茧蛹，将整个叶面都布满了幼虫群的树叶摘掉。大范围喷洒药物，可以选择20%杀灭菊酯乳油5 000倍液，或选用趋光性强的药液(王艮龙，2016)

（四）枇杷木虱

1. 危害症状　如图9-19所示。

图 9-19　枇杷木虱危害症状

2. 识别与防治要点　见表9-8。

表 9-8　枇杷木虱识别与防治要点

危害部位	嫩梢、新叶、花穗和幼果
危害症状	在花中吸食汁液，出现干花，造成花而不实；危害幼果，形成畸形果
防治措施	首先要加强果园的管理，注重疏果工作。关键是将果树上的虫果和病果清理掉并销毁，避免引起一些病虫的再传播。其次要利用药剂进行喷洒，可以选用15% 阿维菌素乳油1 000~1 500倍液，搭配50%多菌灵可湿性粉剂500倍液，每周喷洒1次，连续喷洒2~3次

第十章
日光温室无花果生产技术

　　无花果具有独特的香味，有生津止渴、消食健胃及防癌等功效。本章介绍了日光温室无花果生产概述、日光温室无花果牛产中的品种选择、日光温室无花果的生物学习性、日光温室无花果的育苗技术、日光温室无花果生产建园技术、日光温室无花果生产的促花调控技术、日光温室无花果生产调控技术、日光温室无花果生产病虫害防治技术等内容。

第一节
日光温室无花果生产概述

一、日光温室无花果生产的历史

无花果属桑科落叶小乔木或灌木，原产于亚热带地区的阿拉伯半岛南部，后传入叙利亚、土耳其等地，目前地中海沿岸国家中栽培较多。唐朝时经丝绸之路传入我国，目前在我国新疆地区栽培最多，长江流域、陕西和华北沿海地带栽植较少，北京以南的内陆地区仅见有零星栽培。我国北方露地果树栽培的主要限制因子是低温，而一般认为冬季低于 -12℃，不适合无花果露地栽培。鉴于北方地区露地生态因子无法满足无花果对环境条件的要求，20 世纪 90 年代，参照果树的矮、密、早栽培模式，一些院校和科研单位利用日光温室进行"南果北引"尝试性栽培。无花果作为引进的南方树种，在辽宁开始进行栽培并获得成功，其中日光温室栽培和盆栽观赏栽培成为主要的栽培模式。

利用日光温室栽培，避免了北方冬季低温的不利因素，使无花果在北方地区得以栽培，果实成熟期可提前 1~2 个月。通过节能日光温室栽培和采取必要的技术措施，可以实现无花果四季采收，周年供应，具有广阔的发展前景。

二、日光温室无花果生产现状

目前，许多无花果生产国都采用保护地栽培，如日本主要采用加温温室、无加温温室（日光温室）、无加温风道（塑料冷棚）、覆盖防雨等栽培方式。在选择栽培方式时要根据劳力、加温费用、销售价格和成熟期等确定。

北方日光温室生产和观光农业的发展，使无花果生产有了较大的发展空间。沈阳农业大学、辽宁农业职业技术学院、辽宁职业学院等单位进行了日光温室无花果的栽培研究。通过引进优良品种，科学的修剪技术等生产措施，实现了南果北移并取得了成功经验。但栽培的面积还十分有限，无花果在日光温室栽培过程中也出现一些问题：无花果的果实成熟期长，集中销售存在一定困难，比较适合采摘园和家庭栽培；在日光温室栽培中，由于温室内光照条件不足，造成无花果的果实着色差、含糖量降低，进而影响无花果的果实品质；无花果在日光温室栽培中，由于北方地区的冬季低温，容易影响无花果的果实成熟和树体生长，栽培的调控技术措施还不十分完善。

目前，日光温室无花果生产技术方面已取得大量成果，无花果的日光温室生产和盆栽（图10-1）将会异军突起，蓬勃发展，成为一个新的热点。

图 10-1　无花果盆栽

三、日光温室无花果生产模式

北方地区日光温室无花果生产，可采取促成生产和延迟生产2种生产模式。

（一）日光温室促成生产

每年秋季无花果植株落叶后，于12月中旬开始加温，一般在翌年5月初开始成熟直至10月气温降低，11月植株逐渐落叶休眠。通过日光温室促成生产，可以使无花果春梢上的秋果在9月中旬以前采收完毕。北方地区，在9月下旬平均气温已降到16℃，不利于后期果实的成熟，可于9月中旬移入日光温室内，白天注意放风，夜间保温，如夜温低于15℃，可加一层草帘保温，使后期果实大部分成熟。果实全部采收后，白天覆盖草帘，夜间揭开草帘下部放风降温，强迫果树落叶，进入休眠。

（二）日光温室延迟生产

适合于北方地区进行延后栽培。10月中旬覆膜，夜间保温，使后期果实充分成熟，翌年2月底逐渐降温，迫使无花果进入休眠，以利下一年度的发育。

第二节
日光温室无花果生产中的品种选择

一、日光温室无花果生产的品种选择原则

选择日光温室生产品种应具备以下特点：

（一）以鲜食为主

露地生产的秋果成熟期大多集中在8~9月，而日光温室生产鲜果

1~3 月或 5~7 月上市。应以鲜食、大果为主。

（二）耐储运

无花果鲜果在北方市场很少，南方也是就近销售。要实现南果北移，填补北方市场的空白，只有就地栽培，就近销售，减少冷链环节，短时间内尽快进入市场。

（三）选择抗寒品种

无花果主栽区在长江流域，未超过北纬 35°，应选择抗寒品种在黄河流域进行抗寒栽培，降低生产成本。

（四）适于矮化密植栽培

无花果的树体较大。在保护地条件下栽培必须选择树势中庸偏弱，不易发二次枝，始果部位低，潜伏芽寿命长，适于重短截，容易更新复壮，宜于人工控制树形和产量的品种。

（五）选择夏秋果兼用品种

无花果一般以秋果为主，如夏果比例大的品种，则果大、成熟期早、品质好，经济效益更高。

二、日光温室无花果生产中的主要优良品种

无花果属于桑科榕属落叶乔木或灌木。此属约有 6 000 种，作为果树栽培的仅有普通型无花果一种。

（一）新疆早黄

新疆早黄是新疆南部特有品种。为夏秋果兼用品种。秋果扁圆形，单果重 50~70 g；果成熟时黄色、果顶不开裂；果肉草莓红色；可溶性固形物含量 15%~17%，甚至更高，风味浓甜，品质上等。在原产地新疆阿图什夏果 7 月上旬始熟，秋果 8 月中下旬成熟。该品种果中大，

品质好，丰产，鲜食加工均佳。

（二）麦司依陶芬

麦司依陶芬属普通无花果类型，夏秋果兼用，原产美国，树势强壮，树形开张，呈杯状，结果多（图10-2）。果实8月下旬成熟，果较大，倒圆锥形，最大果重达175 g，一般在70~100 g。果颈短，果实纵线明显，色浓，果皮薄，紫褐色。果肉桃红色，肉质粗、水分多，甜味及香气少，可溶性固形物含量13.2%，品质好，宜鲜食，秋果可采收到10月中旬，也可加工。适合在许多地区和保护地栽培。

图10-2　麦司依陶芬

（三）布兰瑞克

原产法国。该品种夏果少，以秋果为主。夏果呈长倒圆锥形，成熟时绿黄色，单果大者可达80~140 g（图10-3）。秋果倒圆锥形或倒卵形，一般单果重50~60 g，成熟时果皮绿黄色，果顶不开裂，果实中空，果肉淡粉红色，可溶性固形物含量16%以上，风味香甜，品质上等。夏果成熟期一般为7月上中旬，秋果成熟期8月中下旬，果实发育天数约70 d，供应期约60 d。耐盐力强，在含盐量0.3%~0.4%的土壤中生长结果正常；耐寒力很强，黄河以南地区栽培皆可露地越冬。本品种果实大小适中，品质良好，不仅可供鲜食，加工适性也很广，适宜制果脯、蜜饯、罐头、果酱、饮料。适应性强，较丰产，是目前国内重点推广的优良品种之一。

图10-3　布兰瑞克

（四）波姬红

原产美国，树势中庸，健壮，分枝力强，树势半开张，新梢年生长量可达2.5 m，叶色浓绿，单果重80~100 g，浅紫色，果面光滑美观，含糖量高、味甜、汁多，品质极佳。耐储，宜鲜食，耐寒较强，丰产性好。

（五）金傲芬

原产美国，树冠大，自然圆头形，树势旺，枝条粗壮直立，分枝少幼嫩枝黄绿色较脆。多年生枝条灰褐色，叶片较大，单果重 70~110 g，果面光滑，金黄色，十分美观。含糖量高，品质极上，耐储、丰产、耐寒。是鲜食大果优良品种。

（六）日本紫果

树势强旺，分枝力强，一年生枝条基部灰绿色，上部绿色，多年生枝条青灰色，叶片大而厚，成熟果深紫色，果肉鲜艳红色，单果重 40~90 g，味甘甜，品质极上，亮紫色，极为艳丽美观，耐储藏，结果早，特丰产，抗寒性强，耐旱耐涝。是鲜食加工兼用优良品种。

第三节
日光温室无花果的生物学习性

无花果属于落叶灌木或乔木，露地栽培高达 12 m。一般栽后 2~3 年开始结果，6~7 年进入盛果期，经济年限为 40~70 年，寿命可达百年以上。

一、根系

无花果的根为茎源根系，无主根，根系分布浅（图10-4）。根为肉质根，白色或褐色。抗旱力强。在 10℃ 开始生长，20~26℃ 时进入生长高峰，8℃ 以下停止生长。

图 10-4　无花果根系

二、枝

无花果生长势强，有多次生长习性，年生长可达 2 m。枝条开张角度大，萌芽力和成枝力弱。树干灰褐色，平滑或不规则纵裂。小枝粗壮，托叶包被幼芽，托叶脱落后在枝上留有极为明显的环状托叶痕。

三、叶和芽

叶片为掌状单叶，互生，革质，5~7 裂，裂片为倒卵形或圆形。叶面粗糙，下面有短毛。

无花果一年生枝上的顶芽饱满，中上部的芽次之，基部多为瘪芽而成为潜伏芽。潜伏芽的寿命可达数十年，骨干枝上容易形成大量的不定芽，所以树冠容易更新。无花果在春季气温 15℃ 以上时开始萌芽，22~28℃ 时新梢生长旺盛。萌芽后，新梢从基部 3~4 节起，在每一个叶腋内形成 1~3 个芽，中间圆锥形的小芽为叶芽，两侧圆而大的芽为花芽，花芽抽生隐头花序。

四、花与果实

隐头花序，花托肥大，多汁中空，顶端有孔，孔口是空气和昆虫进出的通道。在果实内壁密生小花，有 1 500~2 800 朵。当果实形成 20 d 左右时开花。普通型无花果的花托内只有雌花，但无受精能力，不经授粉受精即可膨大为聚合果。果实有短梗，单生于叶腋；雄花生于花序托内面的上半部；雌花生于另一花序托内。聚花果梨形，熟时黑紫色；瘦果卵形，淡棕黄色。日光温室栽培无花果自 6 月中旬至 10 月均可成花结果。

根据果实的成熟期可分为春果、夏果和秋果。果实一般从下向上逐个成熟，下一节位的果实成熟后，邻近的上节位果实才能成熟。

第四节
日光温室无花果的育苗技术

无花果育苗有扦插繁殖、压条繁殖、分株繁殖、嫁接繁殖和组织培养等几种方法，以扦插繁殖最为普遍，生产上采用硬枝扦插育苗为主。

一、扦插繁殖

（一）扦插方法

1.硬枝扦插　在秋季落叶后树液停止流动或春季发芽前采集插穗。在清水中浸泡 3 d，然后按一层插穗一层沙进行埋藏，温度在1~5℃最为适宜。春季日均气温 15℃以上时扦插，选择生长充实、直径 1.5 cm 一年生枝条，剪成长 10~15 cm，每个插穗上有 2~3 个芽。按 30°~45° 倾斜角扦插，向北倾斜，一定插在土里 1 个芽，上端芽眼露出土面 3~5 cm。扦插的密度为 30 cm×40 cm。每平方米苗床扦插 10~15 株。随扦插，随浇水。插后浇水，保持湿润，半个月后发芽3~6 cm 长，只保留基部壮芽一枝，其余剪去。扦插容易成活，管理方便，苗高 30 cm 时即可移栽，培育成高 1 cm 左右，基部直径 1.0~1.5 cm 壮苗。移栽苗部分当年即可挂果，第二年大多数都能挂果。

2.嫩枝扦插　嫩枝扦插在 6~8 月进行，选取当年生半木质化的枝条作插穗。清晨剪取插穗，剪成长 15~20 cm，保留 2 片叶，大叶剪去1/2。剪口要平滑，不可劈裂，要随采随插。用 500 mg·kg⁻¹ 萘乙酸溶液浸泡插穗基部 5~10 s，随后扦插。直插，行距 20 cm，株距 15 cm，扦插深度 5~7 cm。插后浇透水，遮光 80%~90%，控温 30℃以下，在19~26℃的情况下，插后 20 d 左右生根，生根后撤去遮阴物。扦插成活后，每株苗保留 1 个芽。

（二）土壤选择

无花果树虽抗盐碱，但土壤含盐碱稍高，扦插期易受害而致死亡，应以肥沃的沙壤和有机质含量高的土壤为好。

（三）插条采集

应在秋季落叶后树液停止流动时采集，如春季采插条则要在发芽前进行。采母树地面或母树主干下部的萌发枝作插条，为保障储存的质量，插条在存放前应放在清水中浸泡 3 d 左右，捞取后按一层插条一层沙土，浇适量水以保持土壤湿润。

（四）扦插后的管理

无花果虽插穗易愈合生根，要注意扦插后应及时提高地温。愈合生根后期插穗长出大量的毛根，此时气温逐渐升高，应注意增加土壤水分。愈合生根后和发叶期要避免浇泥浆水，且防糊叶现象出现，对低床扦插的更应注意。坚持看土壤墒情浇水，土壤潮湿要少浇或不浇，土壤干旱要多浇水，以保持土壤湿润状态为适宜。无花果幼苗不耐寒，在初冻或倒春寒前要做好防寒（冻）保温工作，简单的方法是埋好土或盖好草帘、树叶、稻草等覆盖物。当幼苗进入营养生长期后，坚持每个月轻施一次以氮肥为主的复合肥。施肥量随苗长大而逐渐增加，并随着苗根系的加深，以深沟施效果为好，但施肥时注意避免伤根（黄爱玲等，2017）。

（五）扦插苗移栽

扦插苗长到 10 cm、有 3~5 片叶时，不同地区根据温度可移出室外，定植到室外或种到大花盆里。移出室外前，最好进行炼苗。移栽时小心从营养钵中取出幼苗，避免土坨松散，栽植不宜过深，移栽后及时浇透水。以后根据植株生长需要进行整形修剪等生产管理。

二、压条繁殖

无花果压条繁殖主要有水平压条、堆土压条和高空压条 3 种方法。

（一）水平压条

要求早春时对母树重剪，夏季为母树追肥，使其多发新枝梢，翌年春进行压条。压条前，从株丛向外挖放射性沟，将枝条引向纵沟，紧贴沟底，盖土，尖端露出土外。秋季落叶后，将新株与母株分离。曲枝压条方法是早春时，对母树松土施肥，挖好压条坑，将一年生枝弯向坑底，盖土，秋季落叶后将新株与母株分离。

（二）堆土压条

与水平压条对母树的准备工作相同，当新梢基部半木质化时，将整个株丛基部用土培起来，厚 10 cm，以后每隔 20~30 d 培土 1 次。秋季落叶时，可将新株与母株分离。在冬季修剪时将靠近地面的枝条，包括不成熟枝与幼嫩枝压土，于翌年 6 月取其生根的压条；也可在 4 月中下旬进行低主干压条，在落叶后挖开土层，取其苗木；再于 5 月中下旬进行萌发新枝压条，7 月中旬切断枝条，使其脱离母体。应用生长调节剂能促进无花果压条生根，研究表明，使用质量浓度为 600 mg·L^{-1} 的 NAA 处理能显著增加压条无花果的生根数和平均根长（杨学儒，2011）。

（三）高空压条

近年来无花果繁殖的新方法，采用高空压条法，从无花果树株上选取上部生长健壮、有 3~4 个分枝的老枝，距分枝以下 8~10 cm 处进行环状剥皮，环割部位加入湿泥，用透明塑料薄膜包裹，在薄膜上下两端用绳捆好，便形成高空压条，经过 10~15 d 薄膜内即出现白色根系（陈爱玲，2003）。

三、分株繁殖

无花果会自行繁殖根蘖苗，于适宜种植的春、秋季节，一般是在 2~3 月进行。进行分株繁殖时，将无花果根部的泥土刨开，这时候无花果的根部会萌发出一些根苗，我们需要将这些根苗连同根部一起切割挖出，挖出之后直接将这些根种植在泥土里就完成了无花果的分株繁殖。

四、嫁接繁殖

无花果嫁接的方法主要分为芽接法和枝接法 2 种。刘伟等（1996）对无花果的嫁接繁殖技术及嫁接效应进行试验研究，结果表明，在 2 月下旬至 3 月中旬进行硬枝劈接，成活率普遍在 85% 左右，最高为 90%，苗木整齐，出苗率高。嫁接砧木的繁殖一般采用扦插繁殖，不同砧木年龄对嫁接成活率影响不大，但砧龄对无花果的生长结果有显著影响，随着砧龄增大，生长量和结果量依次提高。

五、组织培养

近年来，利用组织培养技术繁殖无花果，在短时间内扩繁出大量的幼苗，已成为无花果繁育的工厂化生产方式之一。无花果的组织培养研究中，对再生体系建立的研究比较系统，对外植体的选择，各阶段培养基的选择等方面也有较完善的研究方法。

首先，外植体宜选择未分化的顶芽、茎尖和茎段，0.1% 的升汞为消毒剂；其次，在生根培养基并附加 6-BA1.0 mg·L^{-1} 和 NAA0.1 mg·L^{-1} 进行组织培养，在增殖培养基中添加 89 mg·L^{-1} 间苯三酚能显著提高外植体成活率。通过高浓度 6-BA 溶液浸泡新梢，然后接种到无激素培养基中生根，或者用 1/2MS+NAA0.3 mg·L^{-1} 为适宜生根培养，生根率达 95% 以上。

注意事项

育苗的技术请参阅《当代果树育苗技术》（ISBN978-7-5542-1166-3）

第五节
日光温室无花果生产建园技术

一、园地准备

（一）园地的选择

鲜食无花果园宜建在城市附近，交通便利的地区。选园址时应注意防风和防止水涝。

（二）改良土壤

由于日光温室生产属于集约化生产，在建园时改良土壤可以促进以后的树体生长和提高果实产量、品质。一般以增加土壤有机质含量，提高土壤肥力为目标。主要措施是挖栽植沟，施用农家肥，进行控根栽培和改良土壤。

（三）灌溉设施

以滴灌和沟灌为主；台式控根栽培，多采用台面滴灌。普通栽培可以沟灌以降低成本。

二、栽植技术

（一）选择优良品种

由于日光温室生产以高档果品为生产目标，在品种选择上应以甜度高、品质优良的品种为主。为观赏和采摘园考虑可以多选择几个品种，增加市场供应和选择的种类。

（二）栽植方式

无花果栽植，生产上有 2 种栽植方式：直接在设施内定植成苗，在温室内整形，一般第二年有产量，第五年丰产；在日光温室直接进行扦插育苗、原地进行抚育整形处理（图10-5），利用无花果生长快的特点直接建园，降低苗木成本。

图 10-5　无花果扦插苗栽植

（三）定植时期及密度

日光温室中无花果定植时期选择每年的 11 月上旬到翌年 1 月上旬，或在 4 月上旬定植。在温室内按南北行定植，行距 1.8 m，共 20 行；每行 2 株，株距 3.0 m。

（四）定植技术

定植前挖栽植沟，沟宽 60 cm，深 60 cm，沟底下填 20 cm 厚切碎的秸秆，每亩施入腐熟的厩肥 5 000 kg、过磷酸钙 300 kg。苗木选用一年生苗，用生根粉蘸根，按定好的点定植，先覆土，后提苗，使根系舒展，肥与心土混合后回填到定植沟的 4/5 处，定干、灌水后回填表土，覆盖地膜。

定植后及时定干，定干南低北高，南株定干 10 cm，北株 15 cm。定干时剪口要平，将剪口用油漆密封好，然后用专用果树袋将树干套住，防止树苗抽干死亡。

第六节
日光温室无花果生产的促花调控技术

无花果具有与其他果树不同的自然休眠特性。自然休眠的打破，需要有短时间的低温过程 (3~10℃ 的温度，80~100 h)。在适宜的温度条件下，随时都有发芽现象。被覆薄膜、加温时期提早，结果枝发育反而延迟。无花果的休眠需冷量通常极低，只有 80~200 h，由于霜冻，使叶片受冻枯萎，被迫休眠，一旦条件合适就可以继续生长。无花果在北方日光温室内生长，具有一年内多次抽生新梢的特点，当年抽生的新梢即可以结果，春果花芽分化集中于 4~5 月，主要依靠上一年储存的营养。秋果在当年抽生的新梢上完成花芽分化，主要利用新梢本身制造的营养。促花调控技术主要有：

一、培养健壮的结果母枝

主要通过加强肥水管理，增加树体营养积累，长出健壮优质的春、夏梢作结果母枝。

二、增加光照

无花果花芽分化需要较充足的光照条件，特别是温室内容易光照不足，应及时修剪多余枝条，保证花芽分化的光照条件。

三、加强修剪及病虫防治

加强病虫害防治，增加树体通风透光，并喷施 0.3% 磷酸二氢钾，增加叶片光合作用，以利花芽分化。

四、做好排灌工作

夏秋要做好排水工作，防止园内积水，影响花芽分化。

第七节
日光温室无花果生产调控技术

一、温度的调控

（一）移入日光温室的时期

落叶果树进入自然休眠后，需要一定限度的低温期，才能通过休眠，否则花芽发育不良，翌年发育延迟。各种落叶果树要求低温量不同，一般在 0~7.2℃ 条件下，200~1 500 h 才能通过休眠。在入冬后，经霜冻，叶片被迫脱落，此时南方的气温已降到 3.8~5.4℃。需要 1 周左右的时间即可以通过休眠。这对于南果北移的日光温室栽培十分有利，只要利用设施，满足它生长发育的温光条件，即可以提前发芽，进行促成栽培。在辽宁地区，在 11 月 15 日即可以完成休眠过程。

移入日光温室升温应在无花果解除休眠后，若室温可在 15℃ 以上即可升温催芽。无加温日光温室一般于立春过后，外界平均气温达到 -5℃ 时揭帘升温较好。移入日光温室愈早，成熟期越早。北方地区一般 12 月中下旬移入日光温室为宜。冬季定植的无花果苗，已经通过休眠，可以直接进行升温。空气相对湿度控制在 80%~90%，白天升温时空气相对湿度会相对下降，要进行人工喷水。当地表 15 cm 土层温度在 10℃ 以上时，无花果根系开始活动，1 月初（定植 1 个月后）开始萌芽，浇大水 1 次。

（二）温度管理

日光温室升温后，白天温度控制在 20~25℃，夜间温度不低于 8℃。萌芽后 50~70 d 内，当 ≥ 10℃ 有效积温达 1 400℃ 时，开始结果。为使结果部位降低，防止徒长，此时温度要相对低些，白天气温控制在 25℃，夜间气温控制在 13℃。

升温后的第二个月内，使温室温度保持在 25~30℃，空气相对湿度控制在 60%~70%。升温后的第三个月内，温室内温度保持在 25~30℃，空气相对湿度在 60% 左右，后期如外界气温达到生长适宜温度，则部分揭膜。5 月上旬当夜温 ≥ 15℃ 撤掉草帘，6 月上旬揭掉塑料薄膜。为防止夏季雨水侵袭无花果，要保留塑料薄膜，将顶部和前裙打开通风、控温。夏季较热时，进行人工喷水降温。果实膨大期，白天气温 22~25℃，夜间 10~12℃，有利于幼果膨大，可提早成熟。9 月下旬平均气温降到 16℃ 时扣膜，10 月下旬室内夜温低于 15℃，加盖草帘保温。

二、湿度的调控

（一）土壤相对湿度

日光温室无花果生产要求土壤相对湿度 60%~80%，20~40 cm 的土壤的湿度以手握成团，一触即散为度。

（二）空气相对湿度

日光温室无花果生产要求前期要高，而后期要求相对较低。温室内空气相对湿度应控制在 80% ~90%，白天升温时空气相对湿度会相对下降，要进行人工喷水。当地表 15 cm 土层温度在 10℃ 以上时，无花果根系开始活动，1 月初（定植 1 个月后）开始萌芽，将专用套袋摘掉，浇大水 1 次。花期、果实膨大期，要求空气相对湿度 50%~60%；成熟期要求空气相对湿度 50%。增加空气相对湿度可向地面洒水和树体喷水；降低空气相对湿度通过启闭通风窗、门等来完成。

三、肥水管理

（一）培肥管理

无花果枝叶茂盛，生长量大，结果多，对氮、磷、钾、钙等肥料需要多，由于无花果树的根多分布于浅土层中，在日光温室中栽培时，适当深翻和培土有利于引导根系深扎。同时，应加强松土除草，以增强根系的吸收机能。基肥应在秋季施入，并以有机肥为主在株间或行间开沟深 50 cm、宽 30 cm，每亩施腐熟农家肥 4 000 kg，同时加入过磷酸钙 150 kg 和硝酸钾 10 kg。生长季节每年追肥 4~6 次，注意氮、磷、钾等营养元素的合理配合。日光温室栽培无花果，因结果枝易徒长，每年亩施氮素 10.5 kg。在 11 月上旬施入基肥，追肥在 6~9 月的生育期分 5 次施入，每次氮 1.3 kg、磷 1.2 kg、钾各 3.6 kg。

（二）水分管理

无花果根系较发达，有较强的抗旱能力。但叶片较大，蒸发水分多，如果供水不足，会抑制新梢生长，影响果实产量、品质。无花果一般在秋季施肥后浇 1 次大水，催芽期浇 2 次薄水，7~9 月花芽分化和果实成熟期需水量较多，7~10 d 浇水 1 次，但灌水不宜过多，以浸透根系层为度。每次浇水后要浅耕、松土。果实生长前期干旱，成熟期水分过多，会降低含糖量，造成裂果（图10-6），影响销售。

图 10-6　裂果

四、整形修剪技术

（一）树形

无花果树冠主枝直立，分枝角度大，喜光。因此，在温室内应选择适合人工制矮的树形为宜，生产中主要采用开心形、水平 X 形、一字形和丛状形等树形。

1. 开心形　无花果定植后，主干留 60 cm 定干，培养 3~4 个强壮主枝（图 10-7）。当新梢长到 40~50 cm 时摘心，促进发枝，每个主枝上培养 2~3 个侧枝。利用拉线可以快速完成整形，并简化修剪技术。第二年春对主枝延长枝进行中短截，促进萌发健壮枝。日光温室无花

图 10-7　开心形

果生产一般在二年内可以成形。

2. 水平 X 形　主干高度 50 cm，主枝 4 个，每株结果枝控制在 24~26 个，结果枝间隔约 50 cm（图 10-8）。无花果定植后应立即设立支柱，防止植株歪倒，并保留 50 cm 左右的主干高度定干，以加速植株成形。

3. 一字形　结构特点是树干高度 20 cm 左右，2 个主枝沿行间水平向前伸展。由铁丝引缚。在水平式主枝上均匀分布结果母枝，结果母枝直立生长，用绳引缚到上层铁丝，使结果部位处于两个斜面上，每株留结果枝 24~26 个，结果枝间隔约 20 cm。该树形结果枝密度大。产量高，管理方便。日本普遍采用这种树形。

4. 丛状形　树冠比较矮小，无主干，成丛生状态。幼树结果枝直接从基部抽生。成年树从由结果母枝演变来的主枝抽生结果，结果后转为新的结果母枝，抽生部位较低。该树形适于风大地区以及冬季进行防寒保护的塑料大棚栽培。但光照条件差，结果部位低影响果实品质。丛状形整形修剪容易，苗木栽植当年留 10~15 cm 短截，促进基部发枝并当年结果。以后从所发枝条中选留 3~5 个作丛状主枝培养，在主枝上培养结果枝组。在主枝衰弱后，回缩至基部，再从所发枝中重新培养主枝，形成新的树冠。

（二）修剪管理

1. 抹芽　日光温室内无花果的结果枝生长旺盛，发芽开始后，要尽早摘去上部芽，防治植株直立生长过于旺盛，不利于管理。

2. 摘心　无花果发枝力较弱，修剪程度应轻，对较长的枝条，可以用摘心的方法进行控制。在无花果展叶后，摘除着果不良的结果枝，并调整每株的结果枝数。叶片展开至 16 片叶时进行摘心处理，以防止植株的叶面积过大，影响植株的光照。

3. 枝梢管理　日光温室内，植株下部光照条件不足，常影响果实膨大和品质，要除去发出的副梢控制枝叶的徒长以解决光照。对于以收夏果为主要生产品种，宜采用疏枝为主的修剪手段，疏除过密的纤弱枝、病虫枝、下垂枝、徒长枝和抽梢发育较迟的幼嫩枝，保留枝条充实，芽眼饱满，节间短而粗的健壮枝条；对于以生产秋果为主的栽培

图 10-8　水平 X 形

品种，对结果母枝太密集的进行适当疏枝，其余可通过短截促发分枝，使其在当年秋季结果；对于夏、秋果兼用品种，则应同时适当疏枝和短截修剪，并根据树势进行回缩更新剪截。

五、综合管理技术

（一）休眠期

进行整形修剪，培养树形。萌芽前，全园喷1次4波美度的石硫合剂。灌1次萌芽水。

（二）萌芽和新梢生长期

萌芽后抹芽定梢，保留健壮的枝条，使枝条间距在20~25 cm。加强肥水管理，追肥以农家肥为好。

（三）果实发育期

追施叶面肥，保持通风透光，可以利用摘心、摘老叶的方法。

（四）采收和落叶期

适时采收成熟的果实（图10-9）。采收后及时进行施基肥，灌封冻水。

图 10-9　采收与包装

第八节
日光温室无花果生产病虫害防治技术

一、侵染性病害

（一）无花果锈病

1.病因及症状　该病由担子菌亚门真菌转主寄生发病，主要危害无花果叶片、幼果及嫩枝。叶片在 5 月上旬发病,初期叶片正面出现黄绿色小斑点,逐渐变成橙黄色圆形病斑,边缘红色;发病后 7~14 d,病斑表面密生鲜黄色小粒点,并逐渐变黑,后叶背面隆起,生出许多土黄色毛状物。嫩枝受害时,病部橙黄色,稍隆起,呈纺锤形。幼果染病,表面发生圆形病斑,初为黄色,后变褐色。

2. 防治方法　防治无花果锈病要从 6 月下旬开始,做到无病早预防,8~9 月是防病的关键时期,做到勤喷药,保夏秋叶,壮新梢。药剂预防每隔 10~15 d 喷布 1 次 65% 代森锰锌可湿性粉剂 500 倍液,连喷 2~3 次,以保护叶片不受锈病菌侵染。在无花果叶片刚开始发病,即出现针尖大小的红点时,立即喷施内吸性杀菌剂,常用的有氟硅唑、苯醚甲环唑、三唑酮等,连喷 2~3 次,防止病情扩散。可用 50% 三唑酮乳油 500~800 倍液防治。

(二)无花果炭疽病

1. 病因及症状　该病由炭疽真菌引起发病。发病初期,果面出现淡褐色圆形病斑并迅速扩大,果肉软腐,呈圆锥状深入果肉,病斑下陷,表面呈现不同颜色的轮纹;当病斑扩大到直径 1~2 mm 时,病斑中心产生突起的小粒点,初为褐色,后变为黑色,呈同心轮纹状排列,逐渐向外发展。此病在果实近熟时发生,一般在 7~8 月高温、高湿条件时发病最多。

2. 防治方法　炭疽病防治应在夏秋季果实发病前及早喷布 200 倍石灰倍量式波尔多液或 75% 百菌清可湿性粉剂 600~800 倍液,后者施药的安全间隔期为 7~14 d。

(三)无花果枝枯病

1. 病因及症状　该病由多种真菌引起发病。发病初期枝条染病先侵染顶梢嫩枝,后向下蔓延至枝条和主干,染病部呈现紫红色的椭圆形凹陷,后变成浅褐色或深灰色,并在病部形成很多胶点,初显黄白色,渐变褐转黑。胶点处的病皮组织腐烂、湿润,有酒糟味,可深达木质部。后期病部干缩凹陷,表面密生黑色小粒点,空气潮湿时涌出橘红色丝状孢子角。济宁地区 5 月中旬开始发生,6 月发病较弱,7~8 月病害再次发展。

2.防治方法　发芽前可喷 3~5 波美度石硫合剂，50% 退菌特可湿性粉剂 500 倍液，以保护树干；5~8 月每隔 7~10 d 喷 1∶3∶300 的波尔多液，成熟前 30 d 禁止用药。

（四）无花果根腐病

1.病因及症状　该病由腐霉、镰刀菌、疫霉等多种病原侵染引起。主要危害无花果幼株，成株期也能发病。发病初期，仅仅是个别侧根和须根感病，并逐渐向主根扩展，早期植株不表现症状，随着根部腐烂程度的加剧，新叶首先发黄，后植株上部叶片出现萎蔫；病情严重时，整株叶片发黄、枯萎，根皮变褐，并与髓部分离，最后全株死亡。

2.防治方法　无花果苗床、定植坑使用甲霜噁霉灵、多菌灵等进行土壤消毒；插穗前，用 80% 的 402 抗菌剂乳油 2 000 倍液浸 1 h 后扦插；已定植幼苗感病后，施用 20% 五氯硝基苯 +50% 多菌灵 +50% 根病清 +50% 甲霜灵锰锌 300 倍液灌根。

（五）无花果疫霉果腐病

1.病因及症状　该病由多种真菌侵染引起，主要危害果实。果实受害多从病果内壁开始，逐渐向外扩展霉烂，病果内壁果肉变褐、霉烂，充满灰色或粉红色霉状物。当果内霉烂发展严重时，果实胴部可见水浸状不规则湿腐斑块，斑块可彼此相连，最后全果腐烂，果肉味苦。

2.防治方法　发病前，用 40% 多菌灵可湿性粉剂 600 倍液喷雾，7 d 1 次，连用 3 次。发病时，于 5 月下旬和 6 月上旬 2 次施用 25% 噻嗪酮可湿性粉剂，每亩每次按 40 g 施用。

（六）无花果灰斑病

1.病因及症状　该病由半知菌亚门真菌引起发病。叶片受侵染后，初期产生圆形或近圆形病斑，直径为 2~6 mm，边缘清晰；以后病斑灰色，在高温多雨的季节，迅速扩大成长条形、不规则形病斑，病斑内部呈灰色水浸状，边缘褐色，后病斑扩大相连，整叶变焦枯，老病斑中散生小黑点。

2.防治方法　40%多菌灵胶悬剂按每亩 100 g，稀释成 1 000 倍液喷雾；或 2.5% 溴氰菊酯乳油每亩 40 mL，与 50% 多菌灵可湿粉每亩 100 g 混合喷雾施用。

二、虫害

（一）桑天牛

1.鉴别　桑天牛是危害无花果的主要害虫之一，在济宁市地区 2~3 年发生 1 代，成虫始发于 6 月中旬，6 月中下旬为盛期，产卵期在 6 月下旬至 8 月中旬，成虫啃食无花果树叶柄和新梢嫩皮，被害处呈不规则条状伤疤，可造成新梢凋萎枯死。卵产于新梢基部或二年生枝上，产卵于"U"形刻槽内，深达木质部，初孵幼虫就近蛀食，后经木质部向下逐渐深入髓部，将枝干蛀空，并在同方位隔一定距离向外蛀排粪孔，幼虫在韧皮部越冬，翌年春木质部蛀食，第三年 5~6 月老熟幼虫化蛹，6~7 月羽化成虫。受害植株轻者枝梢被风吹折、枯萎、树势衰弱，重者可全株枯死。

2.防治方法　在 4~5 月和 9~10 月，对有新鲜虫粪排出的枝干，在最后一个排粪孔处用 80% 敌敌畏乳油 200 倍液灌注，后将虫孔周围用泥封堵，塑料薄膜缠裹紧扎，3 d 后对遗漏者再加处理。也可用高粱面与除虫菊酯按 3∶1 加水混合成膏状物，堵塞虫孔，毒杀幼虫。

（二）黄刺蛾

1.鉴别　1 年发生 1~2 代。发生 1 代时，成虫于 6 月中旬出现，产卵于叶背，卵期 7~10 d；幼虫于 7 月中旬至 8 月下旬危害，仅食叶肉，残留叶脉。发生 2 代时，幼虫于 10 月在树干和枝杈处结茧过冬，翌年 5 月中旬开始化蛹，下旬始见成虫；5 月下旬至 6 月为第一代卵期，6~7 月为幼虫期，7 月下旬至 8 月为成虫期，第二代幼虫 8 月上旬发生，10 月结茧越冬。

2.防治方法　幼虫 3 龄前抵抗力弱，可用干黄泥粉喷洒，5 龄后抗药性强，也可用 2.5% 溴氰菊酯乳油 2 000~3 000 倍液、50% 杀螟松乳油 800~1 000 倍液或 50% 辛硫磷乳油 1 500~2 000 倍液喷雾施用。

（三）植物病原线虫

1. 鉴别　植物病原线虫寄生在无花果根部，危害根系的幼根组织，呈结节状，引起腐烂、肿大、根系缩小并因此诱发植株矮小、叶片黄化、提早落果等症状。老园发病较为严重，重茬常使无花果受害情况加重，沙质土壤中比黏性土危害重。

2. 防治方法　采用 30% 甲霜噁霉灵水粉散粒剂 800~1 000 倍液进行灌根，15~30 d 灌根 1 次，连灌 3 次。或采用 15% 涕灭威颗粒剂行施或点施于植株根部附近的土壤中，并结合灌溉来杀灭线虫。

（四）金龟子

1. 鉴别　危害无花果的主要有黑绒金龟子（图 10-10）与白星花金龟子，二者危害稍有区别。黑绒金龟子幼虫取食无花果树根，成虫主要取食无花果嫩枝、新叶，喜群集暴食；1 年发生 1 代，以成虫在土壤内越冬，翌年春天土层解冻后成虫开始活动，4 月中下旬至 5 月初大量

图 10-10　黑绒金龟子（付俊范提供）

出土，取食嫩叶和芽，5 月初至 6 月中旬危害盛期；6 月中下旬开始出现新一代幼虫，幼虫取食幼根，至秋季 3 龄老熟幼虫钻入 20~30 mm 深的地下做土室化蛹，蛹期 10 d 左右，羽化出的成虫不出土而进入越冬状态。白星花金龟子在果实成熟期将果实吃成大空洞、腐败变质，尤以被鸟啄食和易裂品种的果实上为多；1 年发生 1 代，以幼虫在土中越冬，5 月下旬开始羽化，后在榆树、杨树等植株上危害，无花果进入成熟期后，转移危害果实一直持续至 9 月中下旬。

2. 防治方法　在成虫出土期，每亩用 50% 辛硫磷乳油 200~250 g加细土 25~30 kg 混匀，撒后浅耕；50% 辛硫磷乳油 250 g 加水1 000~1 500 kg，顺垄浇灌。成虫危害盛期，无风情况下，用杨（柳）树带叶枝条蘸 80% 敌百虫可溶性粉剂 200 倍液，按每亩用 15 束的原则插立于园间诱杀成虫。

第十一章
日光温室菠萝生产技术

　　菠萝作为一种流行于南方的水果，具有营养丰富、经济价值高等特点。开展日光温室菠萝生产，既可以丰富我国北方地区水果市场，又可带来丰厚的利润。本章介绍了我国日光温室菠萝生产现状及存在的问题、日光温室菠萝生产中的主要品种、日光温室菠萝的生物学习性、日光温室菠萝生产的育苗技术、日光温室菠萝生产的定植技术、日光温室菠萝生产的促花调控技术、日光温室菠萝生产田间管理技术、日光温室菠萝生产病虫害防治技术等内容。

第一节
我国日光温室菠萝生产现状及存在的问题

　　菠萝为凤梨的俗称，是著名热带水果之一，有 70 多个品种，岭南四大名果之一。有些地区称之为旺梨或者旺来，有地区称为黄梨，有些地区称作菠萝（图11-1）。

图 11-1　盆栽菠萝

　　菠萝原产于南美洲巴西、巴拉圭的亚马孙河流域一带，16世纪从巴西传入我国。其可食部分主要由肉质增大之花序轴、螺旋状排列于外周的花组成，花通常不结实，宿存的花被裂片围成一空腔，腔内藏有萎缩的雄蕊和花柱。叶的纤维甚坚韧，可供织物、制绳、结网和造纸。由于菠萝原产地位于热带地区，果实成熟前采收并进行远距离运输，北方市场销售的果品存在成熟度不足，品质下降，酸度高，糖度低，影响市场销售。日光温室栽培比较具有观赏性，果实成熟期香味浓郁，完全成熟后就近供应市场，非常适合日光温室栽培和观光采摘园栽培。菠萝作为盆栽果树，近年也有了发展，根据叶片生长数量的多少，采用人工促花技术，可以在盆栽栽培中调控花期和果实成熟期，并能够调控果实大小。菠萝的花序类型独特，观赏性好；果实观赏期长，在居室内可以观赏3个月以上，成熟时释放香气30 d左右。

第二节
日光温室菠萝生产中的主要品种

　　通常菠萝的栽培品种分4类，即卡因类、皇后类、西班牙类和杂交种类。日光温室栽培和盆栽以无刺品种较好。

一、卡因类

　　卡因类又名沙捞越，法国探险队在南美洲圭亚那卡因地区发现而得名。栽培极广，约占全世界菠萝栽培面积的80%。植株高大健壮，叶缘无刺或叶尖有少许刺。果大，平均单果重1 100 g，圆筒形，小果扁平，果眼浅，苞片短而宽；果肉淡黄色，汁多，甜酸适中，可溶性固形物含量14%~16%，高的可达20%以上，酸含量0.5%~0.6%，为制罐头的主要品种。

二、皇后类

皇后类系最古老的栽培品种，有 400 多年栽培历史，为南非、越南和我国的主栽品种之一。植株中等大，叶比卡因类短，叶缘有刺；果圆筒形或圆锥形，单果重 400~1 500 g，小果锥状凸起，果眼深，苞片尖端超过小果；果肉黄至深黄色，肉质脆嫩，糖含量高，汁多味甜，香味浓郁，以鲜食为主。

三、西班牙类

西班牙类植株较大，叶较软，黄绿色，叶缘有红色刺，但也有无刺品种；果中等大，单果重 500~1 000g，小果大而扁平，中央凸起或凹陷；果眼深，果肉橙黄色，香味浓，纤维多，供制罐头和果汁。

四、杂交种类

杂交种类通过有性杂交等手段培育出的杂交良种。植株高大直立，叶缘有刺，花淡紫色，果形欠端正，单果重 1 200~1 500 g。果肉色黄，质爽脆，纤维少，清甜可口，可溶性固形物含量 11%~15%，酸含量 0.3%~0.6%，既可鲜食，也可加工罐头。

第三节
日光温室菠萝的生物学习性

一、日光温室菠萝的生物学特征

菠萝为草本多年生果树，株高 50~100 cm。

（一）叶片

菠萝茎短，叶多数，莲座式排列，剑形，长 40~90 cm，宽 4~7 cm，顶端渐尖，全缘或有锐齿，腹面绿色，背面粉绿色，边缘和顶端常带褐红色，生于花序顶部的叶变小，常呈红色（图 11-2）。

图 11-2　菠萝叶片

（二）花序

花序（图11-3）于叶丛中抽出，状如松球，长 6~8 cm，结果时增大；苞片基部绿色，上半部淡红色，三角状卵形；萼片宽卵形，肉质，顶端带红色，长约 1 cm；花瓣长椭圆形，端尖，长约 2 cm，上部紫红色，下部白色。

图 11-3　菠萝的花序

（三）果实

菠萝的果实为肉质的聚花果，长 15 cm 以上。果实成熟期可以用乙烯利灌心进行调控。

二、日光温室菠萝对环境条件的要求

（一）温度要求

菠萝原产南美洲热带高温干旱地区，性喜温暖，在年平均 24~27℃生长最适宜，15~40℃均能生长，15℃以下生长缓慢，10℃以下基本停止生长，5℃是受寒害临界温度。

（二）水分要求

菠萝耐旱性强，在苗期和冬季应减少水分供应。但生长发育旺盛时期仍需较多的水分，在年降水量 500~2 800 mm 的地区均能生长，而以 1 000~1 500 mm 且分布均匀为最适，我国产区年降水量多在 1 000 mm 以上，又多集中在生长旺盛的 4~8 月，基本满足了对水分的要求。土壤缺水时菠萝植株有自行调节的功能，降低蒸腾强度、减缓呼吸、节约叶内储备水分，以维持生命活动；严重缺水时，叶呈红黄色，须及时灌溉，以防干枯；雨水过多，土壤湿度大，会使根系腐烂，出现植株心腐或凋萎。因此，大雨或暴雨后须及时排水。

（三）光照要求

菠萝原生长在半荫蔽的热带雨林，较耐阴，由于长期人工栽培驯化而对光照要求增加，充足的光照下生长良好、果实含糖量高、品质佳；光照不足则生长缓慢、果实含酸量高、品质差。光照减少 20%，产量下降 10%。但光照过强、加上高温，叶片变成红黄色，果实也易灼伤。

（四）土壤要求

菠萝对土壤的适应性较广，由于根系浅，怕水涝，故以疏松、排水良好、富含有机质、pH 5~6.5 的沙质壤土或山地红土较好，瘦瘠、黏重、排水不良的土壤以及地下水位高均不利于菠萝生长。

第四节
日光温室菠萝生产的育苗技术

菠萝种苗，除了杂交育种用种子繁殖外，一般是用冠芽、裔芽、吸芽及茎部等进行无性繁殖。也有采用整形素催芽繁殖、组织培养育苗，老茎切片育苗等。无性繁殖的菠萝苗，也常发生各种不良的变异，如多冠芽、鸡冠果、扇形果、多裔果、畸形果等，甚至不结果，故在繁殖采芽时，应注意母株的选择。目前，海南生产上大部分都是采用裔芽、吸芽和冠芽3种芽种进行无性系繁殖。

此处只介绍营养钵繁殖和组织培养繁殖2种方法。

一、营养钵繁殖

（一）小苗培育

集中果园中的小冠芽、小托芽、小吸芽，分类种植在苗圃中。具体做法是留出育苗地，整地起畦，施下基肥后等待育芽；将采集来的小芽大小分级，以5~10 cm² 的株行距假植，种植不宜过深，以利根叶伸展；待小苗长至25 cm 即可出圃供应定植。苗圃地宜选择离种植大田较近，土壤疏松，排水良好，土壤肥沃的坡地，先将圃地犁耙后，然后起畦，畦长15~20 m，高20 cm，宽1 m，畦沟宽30~50 cm。

（二）延留柄上托芽和延缓更新期育苗

采果后留在果柄上的小裔芽仍能继续生长，长至高25 cm 时摘下作种苗，对于待更新地段推迟耕翻，并以正常施肥培土管理护理一段时间，如喷水肥或过后撒施速效肥，使小芽迅速粗壮以供定植，然后才翻地更新，可增加不少种苗。

（三）植株挖生长点育苗

在优良品种推广当中出现种苗奇缺的情况下，利用未结果的植株挖去生长点以增殖种苗（母本）也是可取的。方法是待植株生长20片绿叶时，用螺丝刀挖除植株生长点，深度以破坏生长点为准，促使吸芽萌发、生长，达种植标准时分芽定植。植株越大，长出的吸芽越壮；以5~8月处理最好，一般可长出吸芽2~5个。

二、组织培养繁殖

（一）繁殖材料

菠萝组织培养繁殖系数较大，繁殖的种苗较整齐，可以实现工厂化生产大规模繁育种苗。采用优良栽培品种的健壮植株，其果形正、果实大的顶芽（开花后约 60 d），利用顶芽的茎端进行组织培养繁殖种苗。

（二）取样、消毒及接种

取大田中刚成熟果实上的顶芽，经自来水冲洗干净顶芽上的污染物晾干后，在干燥室内剥去外叶、切去大部分心叶，装在消毒的搪瓷盆中，然后进行消毒。先采用 95% 酒精溶液浸泡，后放入次氯酸钙溶液（1 000 g 水加 60 g）浸 20 min（分几次、每次几分、停几次），取出去心叶基部，随后在无菌水中漂洗 3 次，在超净工作台上将其分成碎粒，最后接种在培养基中培养。

（三）培养基

诱导愈伤组织用 MS 作基本培养基，另加 0.2~1.6 mg 的 2，4-D 和 1~2 mg 的激动素，蔗糖浓度 2%~6%，pH 5.6~5.8；分化培养基仍以 MS 为基本培养基，不附加 2，4-D，改加 0.11 mg IAA 和 1~2 mg 激动素，蔗糖浓度降为 2%，pH 5.6~5.8。

（四）培养条件

培养温度 20~30℃，每天给予 12 h 的光照；如无控温设备的实验培养室，则可在常温的培培室培养，但必须在气温稳定在 25~30℃ 时才能进行培养，室内还必须具备加光设备。

（五）瓶苗的移植

当瓶苗分化成具有叶和根的小苗，在瓶内长至高 4~5 cm、长有 4~5 片叶、2~4 条根时将瓶移出培养室外炼苗数天，然后再将瓶苗移到室内或大田大棚内假植。瓶苗假植可用有孔塑料篮或假植苗床，培养基质采用火烧过并打碎、筛的塘泥，碎塘泥直径分为 3 级，1 级粒直径 1 cm，2 级直径 0.4~0.5 cm，3 级直径 0.4 cm 以下。先用粗塘泥颗粒铺于篮下层或苗床下层，厚 3~5 cm；中层用 3 级塘泥，厚 3~4 cm；上层用 2 级塘泥厚 3~4 cm，铺好后用清水淋湿备用。将经炼苗后的瓶苗取出用自来水冲掉附着在根上的增培养基并洗净，按瓶苗大小分级假植在篮内或假植床，株行距为 3 cm × 4 cm，深度宜浅、种稳为准，假植完后即淋透定根水；以后经常淋水或喷水，等长新根以后在淋水或喷水时再加入 0.1% 尿素与硫酸钾。当假植苗长至 10 cm 时，可将小苗再移植到大田苗圃假植 (图11-4)，假植圃可设在水源充足、交通方便、质地疏松、土壤肥沃、地势较平缓的地段。整地后起畦宽 1.5 m、畦沟宽 40 cm、畦高 20 cm。假植按行距 15 cm、株距 8 cm，深度以种稳为准；发新根后再追水肥或喷施叶面肥；经常除草和雨后培土，保持畦沟无杂草、平坦和易排水。苗长至 30 cm 以上、苗茎直茎达 2 cm 时，可移到大田种植 (图11-5)。

图 11-4　菠萝小苗移植大田苗圃假植

图 11-5 菠萝组培苗移植

注意事项

具体的育苗方法详见《当代果树育苗技术》（ISBN978-7-5542-1166-3）

第五节
日光温室菠萝生产的定植技术

一、日光温室菠萝的栽植方法

（一）双行式

常用宽畦，双行式栽植（图11-6），它的优点是：

图 11-6　双行式栽植

　　畦较宽须根能够向外扩展，畦上的株行距比较均匀，茎基互相挤靠，叶片伸展成半球面，能充分利用阳光，又易形成行间"自荫"环境，减少畦沟杂草，方便管理。用这种方式种植菠萝一般畦宽 100~110 cm，小行距 40~50 cm，株距随密度而变动。每亩种植 3500~4000 株，株距 20 cm 左右。

（二）三行式

　　其中畦面宽 120 cm，小行距 35~40 cm，株距随密度而变，一般在 20~25 cm，这种方式，菠萝植株个体的营养面积均匀（图11-7）。

图 11-7　三行式栽植

二、日光温室菠萝的栽植深度

一般以不超过芽长的 1/5 为宜。插后放遮阴处，保持土壤偏干些为好。在 22~24℃的温度下约经 1 个月便可生根（图11-8）。根生长适温为 29~31℃，低于 5℃或高于 43℃即停止生长。5 月下旬至 7 月生长达最高峰，10 月以后又趋缓慢，12 月至翌年 2 月近地表根系因寒冷与干旱而死亡。春暖叶片开始抽生，5~7 月叶色浓绿，生长较快，冬季基本停止抽生，叶色变红黄，如受寒害叶组织脱水褪绿，会干枯。

图 11-8　菠萝扦插苗

第六节
日光温室菠萝生产的促花调控技术

日光温室菠萝的成功栽培与促花措施密切相关，通过人工调控措施可实现温室内菠萝植株花芽分化良好。

一、植株生长的要求

北方温室菠萝生产一般采用乙烯利灌心促花技术，但在药剂处理前要求菠萝植株生长达到 16 个月后，植株的叶片在 35 片以上，才可有效进行促花处理。可通过增加肥水管理，提升菠萝植株的发育水平。

二、药剂的要求

对菠萝进行促花的乙烯利使用浓度一般在 250~500 mg·L^{-1} 浓度，每株 30~50 mL 灌心。处理 30 d 左右可抽出花序，其他生长类激素也有促进菠萝抽生花序的作用。

第七节
日光温室菠萝生产田间管理技术

一、栽培密度

温室内的土壤通常要进行改良，施足基肥；选壮苗进行种植。定植的密度可适当加大，卡因类每亩可定植 3 000~4 000 株，皇后类每亩

4 000~5 000 株。

二、肥水管理

定植后要加强肥水管理，可每亩施氮 42.2 kg、磷 26.8 kg、钾 38.5 kg，N：P_2O_5：K_2O=1：0.62：0.9 为宜。水分管理要注意及时排灌、防涝抗旱。

三、其他管理措施

为了不影响菠萝果实的生长发育，应适当地进行除芽和留芽；为了促花要进行催花处理；为提高果实重量和果实的品质，要在菠萝的小花全部谢花后，用 50 mg·L^{-1} 赤霉素加 0.5% 尿素液喷果，过 20 d进行第二次处理，喷 70 mg·L^{-1} 赤霉素加 0.3% 尿素液。为保证菠萝果实的成熟一致，可于果实发育到转色时期，喷布 300 mg·L^{-1} 的乙烯利催熟。

第八节
日光温室菠萝生产病虫害防治技术

北方地区日光温室菠萝的病虫害很少，一般不用进行农药防治。但在管理不良条件下，温室内栽培的菠萝也会发生雨季水涝、冬季冻害、侵染性病害和虫害等问题。由于北方地区进行温室果树栽培，控制温室内温度和湿度是预防病虫害的关键。因此，在坚持"预防为主，药剂防治"的原则下，在栽培上可多利用地表加高畦面、地膜覆盖减少湿度等一系列措施加以预防，病害的药剂防治可参考其他南方果树进行。

一、侵染性病害

（一）菠萝炭疽病

1. 发病症状　菠萝炭疽病（图11-9）主要危害叶片，主要是有越冬病原菌的病株和残体。发病后产生的分生孢子，近距离的由分生孢子借风雨、水流和昆虫媒介传播；远距离传播依靠带病种苗的调运。分生孢子在水膜中萌发后产生芽管，形成吸器从伤口侵入。发病初期叶片长出近圆形或椭圆形的浅褐色斑点，逐渐扩展为中部渐凹陷、边缘颜色较中部深，且稍隆起的褪绿病斑，病斑中央具排列不规则的、稀疏的黑色小点粒或无；后期病斑连接形成大斑块，严重时导致叶片枯死。发病最适温度25~28℃、相对湿度在90%以上。30℃以上对该病发生有一定抑制作用。管理粗放、长势较差的菠萝园易发病，偏施氮肥病情较重。

图 11-9　菠萝炭疽病

2. 防治方法　在菠萝新叶抽发期、发病初期或损伤后，用70%甲基硫菌灵可湿性粉剂和75%百菌清可湿性粉剂等比例混合1 000倍液，喷施新叶或伤口3~4次，也可用50%福美双可湿性粉剂800~1 000倍液，在发病初期喷施新叶。喷药时各种药剂可轮换使用，甲基硫菌灵不能与含铜制剂混用。

（二）菠萝凋萎病

1.发病症状　菠萝凋萎病（图11-10）主要危害叶片，发病后，叶片开始变软下垂，叶色从绿色变为红色，病情严重时，植株基部腐烂，最终导致枯死，此病大都由粉蚧引起。

图11-10　菠萝凋萎病

2.防治方法　首先要特别注意不用病苗繁殖，其次要及时扑灭粉蚧。定植时用40%乐果乳油800~1 000倍液浸苗，倒置晾干后种植。种植后发现粉蚧危害，要及时喷50%甲基硫菌灵可湿性粉剂400倍液。再则，菠萝园若发现病株，要及时挖除，以防蔓延。

（三）黑腐病

1.发病症状　受害果心变黑，逐渐扩大至全果腐烂，病菌多由摘芽处及采果的果柄伤口侵入。黑腐病（图11-11）是由奇异根串珠霉引起的，发病时果实容易发病，变黑发臭并危害种苗使种苗腐烂，果实在冷藏或者运输过程中发生磕碰也会发病。

图 11-11　菠萝黑腐病

2. 防治方法　注意不要在雨天打顶及采果，以减少病菌入侵机会。此病也是储藏菠萝鲜果的主要病害。在植株打顶或者起苗时天气要干燥，在冷藏或者运输过程中果实出现伤口要用 70％ 甲基硫菌灵 1 000 倍液喷涂，种苗存在伤口时必须做晾干处理。

（四）苗心腐病

1. 发病症状　幼苗烂心死亡主要是堆放发热或积水引起。苗心腐病（图11-12）主要是由寄生疫霉菌、樟疫霉菌、胡萝卜软腐欧文菌以及细菌性软腐病菌引起的，该病大多数发生在种苗期，在高温多雨的 5~6 月以及 8~9 月也常发生。发病后，菠萝植株从叶片到根系乃至整株逐渐腐烂。

2. 防治方法　要选择健康、苗壮的种苗，种植园土要选用沙土或者排水性好的土，病区种苗要用 25％ 多菌灵 600 倍稀释液浸泡 15 min，非病区种苗要用 25％ 多菌灵 1 000 倍稀释液浸泡 15 min。同时避免种苗堆放过久，特别是远途运输过程中应尽量减少堆放过久，以免因高温、高湿或不透气致发热伤苗。运到目的地后即刻摊开，略晒 1~2 d 后再种植，要避免雨天种植，注意深耕浅种。

图 11-12　苗心腐病

二、非侵染性病害

（一）日灼病

1. 发病症状　光照太强，晒伤果实表皮，进而导致果实腐烂的现象。日灼病（图11-13）多发生在光照比较强的 6~8 月。

2. 防治方法　利用遮盖物遮盖果实，防止太阳直晒，采用松枝铺盖在植株上，也可以利用菠萝植株自身叶片进行遮挡。

（二）菠萝绿萎病

1. 发病症状　植株缺铜引起的，病株叶色较健壮植株浅、薄、窄，部分出现绿色斑，抽出的心叶较窄，无红色，严重时造成整株死亡。

2. 防治方法　每个月喷施1次氢氧化铜或者波尔多液，连续喷2~3次。

（三）菠萝黄萎病

1. 发病症状　由于土壤含有过量的石灰、锰等，使 pH 超过 7，以致缺铁引起的黄化萎蔫，其表现为叶色变黄，下垂，全株逐渐枯死。

2. 防治方法　发现缺铁后可用硫黄粉∶硫酸铁∶水（1∶2∶100）的

含铁混合液喷 2 次，即第一次喷药后隔 2~3 个月再喷第二次。

图 11-13　菠萝日灼病

三、虫害

（一）菠萝粉蚧

1. 发病症状　菠萝粉蚧（图11-14）多聚集在菠萝的根、茎、叶和果实的间隙，导致菠萝叶片枯萎，而菠萝粉蚧分泌的汁液则会导致菠萝植株病害的发生。

2. 防治方法　选择无虫植株、用 50% 乐果乳油 800 倍液浸泡种苗根部。

（二）中华蟋蟀

1. 发病症状　中华蟋蟀主要咬食菠萝的果实、根系和叶片，最终造成果实腐烂、根系和叶片损伤乃至枯萎。在果实成熟时被大头蟋蟀咬伤，会使果实品质差，成为"级外果"。

2.防治方法　用米糠 5 kg 炒熟甘薯 1 kg 调入少量咸菜汁，再加90% 敌百虫晶体 100 g，做成豆粒大小的毒饵，在晚上将每饵撒于植株周围诱杀。

图 11-14　菠萝粉蚧

主编杜国栋教授与丛书策划段敬杰研究员
观察油桃生产情况（杜国栋　供图）

主编杜国栋教授樱桃生产情况（杜国栋　供图）

日光温室果树生产基地（齐红岩　供图）

日光温室葡萄生产（隋秀奇　供图）

（三）蛴螬

1. 发病症状　蛴螬主要咬食菠萝植株的叶片和根茎为主，从而造成植株损伤乃至枯萎，该虫害主要在 5~7 月爆发。

2. 防治方法　施肥时拌施呋喃丹毒杀蛴螬，用敌百虫对其进行毒杀或者在果园里使用黑光灯对其进行诱杀。